"十三五"重点规划教材
材料科学与工程系列教材

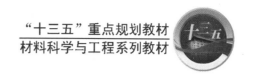

材料力学实验基础

（第2版）

主　编　邹广平
副主编　张学义　夏兴有
主　审　隋允康

哈尔滨工程大学出版社
Harbin Engineering University Press

内容简介

本书是根据国家教育部高等工业学校材料力学课程教学基本要求编写的，主要介绍了材料力学实验基本原理、方法及仪器设备，主要内容包括机测法、电测法和光测法等基本测试原理，以及相关仪器设备方面的基础知识。书中编入了 8 个基本实验，32 个选择实验，以及配套的仪器设备的工作原理、使用方法介绍；在附录中介绍了实验误差分析及数据处理、常用材料力学性能、国际单位换算表、部分实验国家标准和材料力学实验术语中英对照等有关知识。

本书可作为高等工业院校的本科生、专科生的材料力学实验课及实验独立设课的教材，也可供研究生和有关工程技术人员参考。

图书在版编目(CIP)数据

材料力学实验基础／邹广平主编. —2 版. —哈尔滨:哈尔滨工程大学出版社，2018.1(2023.1 重印)
ISBN 978 - 7 - 5661 - 1801 - 1

Ⅰ.①材… Ⅱ.①邹… Ⅲ.①材料力学 – 实验 Ⅳ.①TB301 – 33

中国版本图书馆 CIP 数据核字(2018)第 004096 号

责任编辑　张忠远　宗盼盼
封面设计　语墨弘源

出版发行　哈尔滨工程大学出版社
社　　址　哈尔滨市南岗区南通大街 145 号
邮政编码　150001
发行电话　0451 - 82519328
传　　真　0451 - 82519699
经　　销　新华书店
印　　刷　哈尔滨午阳印刷有限公司
开　　本　787 mm × 1 092 mm　1/16
印　　张　16.25
字　　数　423 千字
版　　次　2018 年 1 月第 2 版
印　　次　2023 年 1 月第 6 次印刷
定　　价　35.00 元

http://www.hrbeupress.com
E-mail:heupress@ hrbeu.edu.cn

前　言

材料力学实验是材料力学教学中的重要组成部分,对学生综合素质、实践能力和创新精神的培养都具有非常重要的作用。本书是根据国家教育部高等学校材料力学课程教学基本要求编写的,在内容上着重突出如下特点:

1. 着重阐述实验中的力学基础、测试原理和方法,实验内容由基本实验和选择实验组成,适合目前开放式实验教学,方便学生菜单式选课;

2. 针对目前实验教学现状,在选择实验中有难易程度不同的实验,以便根据教学方式及学生实际情况进行选择;

3. 对于材料的力学性能分析,引用了金属学位错理论简化模型,从宏观与微观相结合的角度解释了材料力学现象的物理本质;

4. 在脆性材料压缩试件破坏过程和扭转实验某些现象的分析中,介绍了实验室多年的研究成果。

本书可作为高等工业院校本科生、专科生的材料力学实验课及实验独立设课的教材,也可供研究生和有关工程技术人员参考。

本书由邹广平教授主编,张学义和夏兴有副教授副主编,实验中心芦颉、薛启超、唱忠良、夏培秀和曲嘉讲师参编。全书由北京工业大学隋允康教授主审。实验室孙文艳技师和实验室助理等为实验项目及书稿的准备付出了辛勤的劳动。

在本书的编写过程中,参考了多本兄弟院校的材料力学实验教材及实验设备厂家提供的部分仪器设备资料,在此表示诚挚的谢意。

由于编者水平有限,教材中定有不足之处,望读者和同行不吝赐教。

编　者

2017 年 7 月

目　　录

第1章　材料力学实验概述 ········· 1
1.1　课程简介 ········· 1
1.2　材料力学实验内容 ········· 1
1.3　实验室管理系统简介 ········· 2
1.4　注意事项 ········· 9

第2章　基本实验 ········· 10
2.1　实验机操作练习 ········· 10
2.2　拉伸实验 ········· 11
2.3　压缩实验 ········· 13
2.4　剪切实验 ········· 14
2.5　剪切弹性模量 G 的测定 ········· 15
2.6　圆轴扭转实验 ········· 17
2.7　用电测法测定低碳钢弹性模量 E 和泊松比 μ 的值 ········· 18
2.8　梁在纯弯曲时正应力的测定 ········· 21

第3章　选择实验 ········· 25
3.1　塑性材料名义屈服极限 $\sigma_{0.2}$ 的测定 ········· 25
3.2　三点弯曲冲击实验 ········· 26
3.3　纯弯曲对称循环疲劳实验 ········· 28
3.4　光弹性演示实验 ········· 31
3.5　偏心板拉伸实验 ········· 33
3.6　压杆稳定实验 ········· 34
3.7　等强度梁综合电测实验 ········· 36
3.8　组合梁应力分析实验 ········· 39
3.9　用应变花测量悬臂铝管的应力状态 ········· 41
3.10　三点弯曲梁应力测试实验 ········· 45
3.11　力与变形传感器的标定 ········· 47
3.12　测定未知载荷实验 ········· 50
3.13　光弹性材料常温条纹值和应力集中系数的测定 ········· 51
3.14　真应力应变曲线测定实验 ········· 55
3.15　测量电桥应用方法实验 ········· 57
3.16　测定静应力集中系数实验 ········· 60
3.17　积木式组合实验台自行设计实验 ········· 62

3.18 框架应力分析实验 ………………………………………………… 77
3.19 云纹干涉测材料弹性常数 …………………………………………… 80
3.20 散斑干涉测面内位移实验 …………………………………………… 82
3.21 剪切散斑干涉实验 …………………………………………………… 83
3.22 激光全息干涉实验 …………………………………………………… 84
3.23 平面应变断裂韧度 …………………………………………………… 86
3.24 光纤光栅传感器应变测试实验 ……………………………………… 88
3.25 力和变形数据的采集与处理 ………………………………………… 90
3.26 利用超声波检测方法测厚度 ………………………………………… 91
3.27 电阻应变片的粘贴 …………………………………………………… 93
3.28 低碳钢试件 $S-N$ 曲线的测定 ……………………………………… 95
3.29 低碳钢材料的成组对比实验 ………………………………………… 97
3.30 金属材料应力波强度及波速测量实验 ……………………………… 98
3.31 金属材料动态压缩力学性能测量实验 ……………………………… 104
3.32 配比升降法测量低碳钢材料的疲劳极限 …………………………… 107

第 4 章 金属材料基本性能概述 ………………………………………… 109
4.1 金属材料拉伸时的力学性能 ………………………………………… 109
4.2 金属材料压缩力学性能 ……………………………………………… 117
4.3 金属材料扭转时的力学性能 ………………………………………… 120
4.4 金属材料弯曲时的力学性能 ………………………………………… 124

第 5 章 电测原理及测试方法 …………………………………………… 127
5.1 应变计的工作原理与构造 …………………………………………… 127
5.2 应变计的分类和工作特性 …………………………………………… 129
5.3 黏结剂及应变计的粘贴与防护 ……………………………………… 132
5.4 测量电路 ……………………………………………………………… 134
5.5 电阻应变仪 …………………………………………………………… 137
5.6 温度效应的补偿 ……………………………………………………… 140
5.7 应变计接入电桥的方法 ……………………………………………… 141
5.8 贴片方位及应变应力换算 …………………………………………… 143

第 6 章 光测原理及测试方法 …………………………………………… 149
6.1 光学的基本知识 ……………………………………………………… 149
6.2 平面应力-光学定律 ………………………………………………… 152
6.3 平面偏振光场通过受力模型的光场效应 …………………………… 152
6.4 等倾线和等差线的区别 ……………………………………………… 154
6.5 非整数级条纹级数的确定 …………………………………………… 154
6.6 激光全息干涉测量原理 ……………………………………………… 156
6.7 散斑干涉测量原理 …………………………………………………… 159

6.8 云纹干涉测量原理 ································· 161

第7章 实验仪器设备介绍 ································· 165
7.1 万能材料实验机 ································· 165
7.2 扭转实验机 ································· 176
7.3 电阻应变仪 ································· 180
7.4 疲劳实验机 ································· 197
7.5 RKP450 示波冲击实验机 ································· 200
7.6 光学测试系统 ································· 201
7.7 光纤光栅应变测试系统 ································· 209
7.8 4017 信号采集仪 ································· 214
7.9 积木式组合实验台 ································· 216

附录A 误差分析及数据处理 ································· 219
A.1 误差和有效数字 ································· 219
A.2 直接测量中的误差 ································· 222
A.3 随机误差的性质和分析 ································· 225
A.4 间接测量中的误差 ································· 228
A.5 实验结果的表示方法 ································· 229
A.6 实验数据的最小二乘法曲线拟合 ································· 231

附录B 常用材料力学性能 ································· 236
附录C 国际单位换算表 ································· 238
附录D 部分实验国家标准 ································· 240
附录E 材料力学实验术语中英对照 ································· 246
参考文献 ································· 250

第 1 章　材料力学实验概述

1.1　课程简介

材料力学实验是材料力学教学中的一个重要环节,是工科学生必须掌握的重要实践课程。本课程通过实验来加强学生对材料力学基本理论、基本概念和研究方法的理解与掌握,培养学生用实验的手段发现问题、分析问题和解决问题的能力,提高学生的实验技能和工作实践能力。通过对本课程的学习,为相关的后续专业课程的学习与工程应用奠定坚实的基础。

1.2　材料力学实验内容

在材料力学理论建立的过程中,要求研究材料的本构关系,并确定有关的材料参数。此外,还需要确定材料的其他力学性能参数。精确地测量上述力学量,是对构件进行准确可靠的力学分析和计算,最后正确做出力学预测和判断的前提。

材料力学不是纯粹由严谨的逻辑推理建立起来的理论学科。在材料力学的研究中,引进了许多假设与简化。如关于材料的连续性、均匀性,以及各向同性的假设;关于构件的小变形条件,实际上材料弹性范围的线性关系也不是严格的,尤其是材料力学中引入了平面假设等来简化变形几何关系。虽然这些假设简化了材料力学的理论,但是由这些假设推导出的材料力学理论的有效性、精确程度、应用范围如何呢?最简单易行的办法就是通过实验进行验证。这样的验证,对于材料力学这门实践性较强的学科,从思维逻辑和理论的完整性来说,是不可缺少的。

材料力学的实验研究也是材料力学研究、解决实际问题极为重要的方法和手段。对于很多重要的工程构件或结构,由于数学方法上的困难,仅靠理论分析,难以求得理论解析解。材料力学的实验研究,正是求解这些较为复杂问题的有效而又可靠的方法。对于重要的实际问题,实验测试研究是不可缺少的,它可以与理论解、数值解相互佐证。材料力学实验与现代计算机相结合,还可以发展新理论、设计新型结构,为研制新材料提供充分、可靠的依据,有效地解决许多理论上尚不能解决的工程难题。

材料力学实验涉及力学、误差理论、电学、光学和金属学等多学科的知识。本书简要地介绍了与材料力学实验有关的测试原理、方法,以及实验仪器设备方面的基础知识,给出一定数量的基本实验和若干选择实验,便于学生课程学习和实验能力的培养。

1.3　实验室管理系统简介

实验室综合管理系统是对实验室教学与管理的综合系统,学生进入实验室首先要刷卡进入该管理系统进行登记,确认实验项目,以便整个实验教学过程都能在线监测与管理。

该系统主要由以下几部分组成。

1.3.1　公共资源

1. 实验室一览

进入实验室页面以后,可以看到所有的实验室,包括本科教学实验中心、国家级实验教学示范中心、国防科技重点实验室、省级实验教学示范中心、部级重点实验室、省级重点实验室和联合实验室。网址为 http://lims.hrbeu.edu.cn,点击"实验室一览"菜单项,进入浏览页面。实验室一览界面如图 1.1 所示。

图 1.1　实验室一览界面图

如果想具体了解某个实验室,可以把鼠标放在实验室名字上,点击后就可以进入该实验室网站,查询其具体信息。

2. 实验室开放

本部分包括实验室运行情况和实验室开放管理系统两部分。

可在线查看实验室运行情况,根据"上课"和"空闲"查看实验室各个实验台的利用情况,如图 1.2 所示。

进入首页,点击"实验室开放"菜单项下面的"实验室开放管理系统"后可进入开放实验室选择实验,如图 1.3 所示。

3. 实验队伍

此部分包括人员构成和队伍建设两部分。可以浏览实验室各类型人员信息,包括院系领导、中心主任和实验教师的信息。

4. 实验教学

此部分包括教学大纲和实验项目两部分的查询。

用户可以查看全部实验课程教学大纲,也可以选择查看某个院系的实验课程教学大纲。在进入首页以后,可以看到"实验教学"下面的"教学大纲"链接,点击即可进入教学大

图 1.2　实验室运行情况界面图

图 1.3　实验室开放管理系统登录界面

纲查询页面,选择院系点击"开始查询"按钮即可查出对应院系的教学大纲信息,点击后面的"查看"按钮即可看到教学大纲的详细信息。在教学大纲模块中,用户可以查看全部实验课程教学大纲,也可以选择查看某个院系的实验课程教学大纲。

在实验项目一览模块中,用户可以查询实验室所开放的所有实验项目。

5. 创新平台

在这个模块,用户可以查看学校所有的创新实验室的具体信息。在进入首页以后,可以看到"创新平台"链接,点击进入创新平台以后,看到哈尔滨工程大学创新实验室汇总表,可以看到如图 1.4 所示的信息。

图 1.4　创新平台界面图

6. 实验室安全

要强调实验室安全的重要性,提高师生的自我安全意识。进入主页后点击"实验室安全"→"安全须知"可进行实验室安全知识的浏览。

7. 示范中心

浏览国家级实验教学示范中心和省级实验教学示范中心的信息。

8. 仪器设备

设置仪器设备查询平台的目的是充分利用学校的教学资源,掌握了解各个实验室设备的分配情况。点击"实验室综合管理系统"首页→"仪器设备",进入界面,如图 1.5 所示。

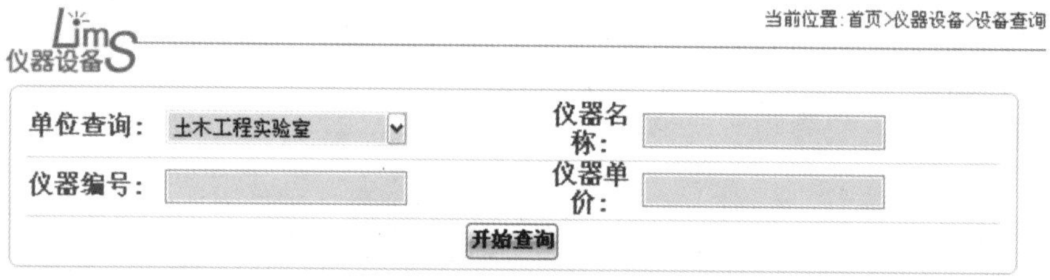

图 1.5　仪器设备查询界面

设备按照四种方式进行查询,分别是:单位查询、仪器名称、仪器编号、仪器单价。也可以将这四种方式任意组合来进行查询。其中仪器名称和仪器编号支持模糊查询,如果记得不深刻,只要打出匹配的字符也可以很方便地进行查询,"开始查询"下方会显示出符合条件的数据记录的个数。

9. 资源共享

资源共享由教学资源和仪器设备资源两部分组成,提供教学资源的查看与相关文件的下载,如图 1.6 所示。

仪器设备可提供使用者需要查看的设备共享信息(大型仪器设备共享平台),链接到 http://gxpt.hrbeu.edu.cn/首页。

10. 电子导航

链接到学校电子导航与房产信息查询系统首页。

11. 规章制度

在这个模块中,用户可以看到实验室相关的规章制度,如图 1.7 所示。

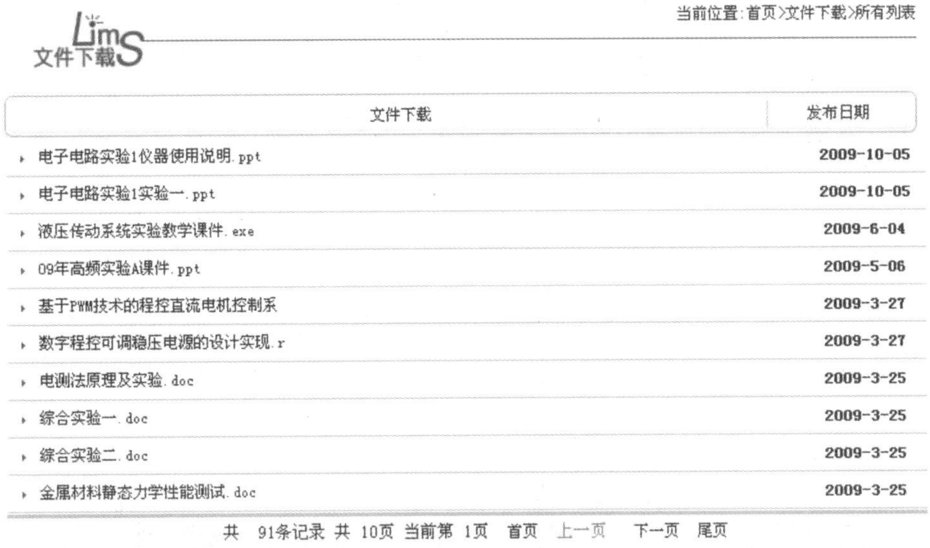

图 1.6 教学资源共享界面

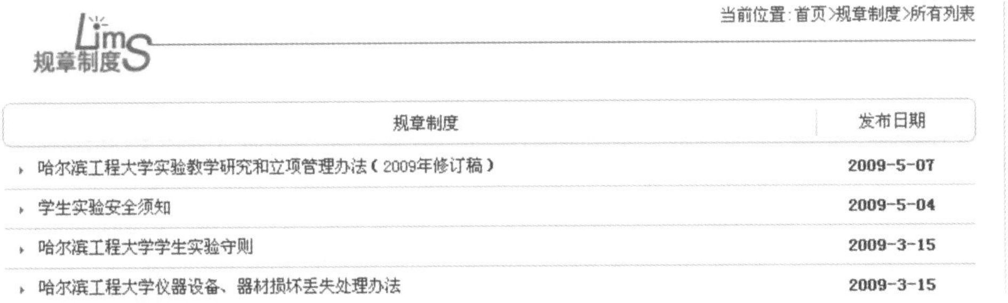

图 1.7 实验室规章制度界面

12. 师生交流

主要用于学生、教师、管理人员,以及实验室人员之间的交流。学生、教师、管理人员和实验室人员都可在留言板上留言,而教师、管理人员、实验室人员可以对留言进行回复和解答。

13. 公告板

浏览各学院发布的公告,包括公告标题、公告单位、公告日期等信息。

1.3.2 实验室开放管理系统

实验室开放管理系统是全校实验教学、实验室管理的综合平台,包括教学管理、实验室管理、教学资源、个人信息修改、公告板和师生交流等功能。用户可通过登录进入实验室开放管理系统。

实验室开放管理系统的用户类型有:学生、教师、学校管理人员、学院管理人员、实验室人员和系统管理人员。其中,学生为在校就读的学生(包括本科生、研究生);教师为讲授实验课程的教师;学校管理人员是相关的学校管理人员;学院管理人员为院系主管领导或学院级管理人员；实验室人员是指专门管理实验室的人员。

在主页面的登录窗口中，输入用户名和密码，选择用户类型即可进入系统界面。进入实验室开放管理系统后，可以点击一级横向菜单项，选择执行相应的功能。例如，点击"学生预约"，左部菜单即可显示学生预约的各子功能菜单。

1.3.3 浏览查询

浏览查询的功能是查看系统的主要信息，主要包括教学信息、实验室信息等。

1. 教学信息

查询实验课程。可查询全校各学院开设的实验课程，包括实验课程的课程名称、课程编号、教学计划版本号、课程说明、总学时数、上课专业、开课学期和考试类型。进入系统后，单击"浏览查询"→"教学信息"→"查询实验课程"。实验课程查询界面如图1.8所示。

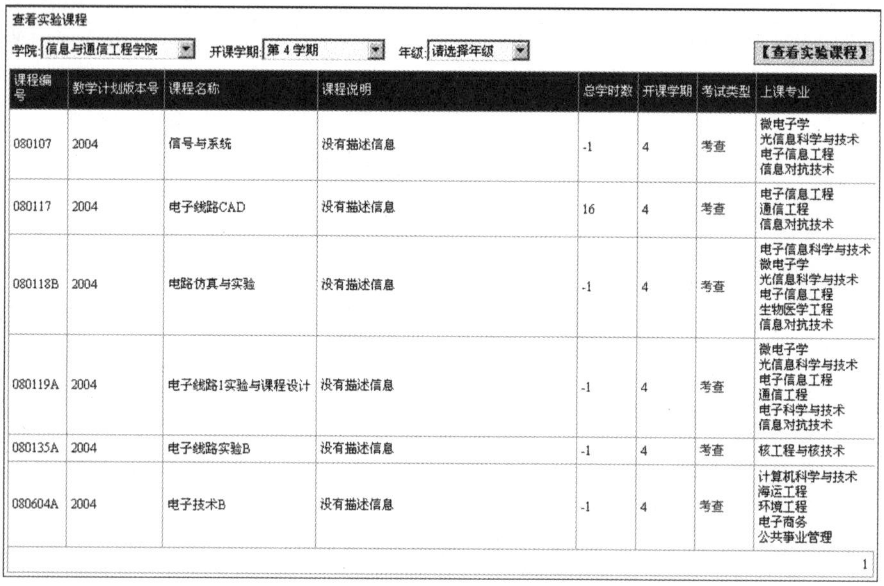

图1.8 实验课程查询界面

在学院下拉列表框中选择一个学院，单击"查看实验课程"，下方的表格会列出这个学院开设的实验课程。

在开课学期和年级下拉列表框中选择学期和年级，单击"查看实验课程"，系统即可按学期和年级进行过滤，下方的表格会列出过滤后的实验课程信息。

查询实验项目。可查询全校各学院开设的实验课程的实验项目，包括实验项目的名称、教学时数、预习报告比重、实验操作比重、实验报告比重和实验项目占课程得分的比重。进入系统后，单击"浏览查询"→"教学信息"→"查询实验项目"。实验项目查询界面如图1.9所示。

在学院下拉列表框中选择一个学院，单击"查看实验项目"，下方的表格会列出这个学院开设的实验课程。单击要查看的实验课程右侧的"实验项目明细"，弹出查看实验项目子窗口，表格中列出了这门实验课程下属的所有实验项目的信息。单击要查看的实验项目右侧的"查看下级选题"，转到查看实验项目选题子窗口，表格中列出了这个实验项目下属的

课程编号	教学计划版本号	课程名称	课程说明	总学时数	开课学期	考试类型	查看实验项目
080118A	2004	电路仿真与实验	没有描述信息	-1	3	考查	实验项目明细
080605	2004	电工与电子技术	没有描述信息	-1	3	考查	实验项目明细
080107	2004	信号与系统	没有描述信息	-1	4	考查	实验项目明细
080117	2004	电子线路CAD	没有描述信息	16	4	考查	实验项目明细
080118B	2004	电路仿真与实验	没有描述信息	-1	4	考查	实验项目明细
080119A	2004	电子线路1实验与课程设计	没有描述信息	-1	4	考查	实验项目明细
080135A	2004	电子线路实验B	没有描述信息	-1	4	考查	实验项目明细
080604A	2004	电子技术B	没有描述信息	-1	4	考查	实验项目明细
080106	2004	微机原理及接口技术	没有描述信息	16	5	考查	实验项目明细
080108	2004	数字信号处理	没有描述信息	8	5	考查	实验项目明细

图 1.9　实验项目查询界面

所有实验项目选题的信息。

查询任务书。可查询全校各学院在某一学期设置的任务书信息,包括课程编号、课程名称、总学时数、任课教师和上课班级。进入系统后,单击"浏览查询"→"教学信息"→"查询任务书"。在学院下拉列表框中选择一个学院,在学期下拉列表中选择一个学期,单击"查看任务书",下方表格会列出这个学院在这个学期设置的所有任务书的信息。在年级、实验课程、任课教师下拉列表框中进行选择,然后单击"查看任务书",系统会根据选择的条件列出符合条件的任务书信息。

查询实验室课表。可查询全校各学院所有实验室的课表。进入系统后,单击"浏览查询"→"教学信息"→"查询实验室课表"。在学院下拉列表框中选择要查看的学院,在实验室下拉列表框中选择与当前用户相关的实验室,在开始时间下拉列表框中选择要编排课表的起始教学周,在结束时间下拉列表框中选择结束教学周,单击"确定",下方表格中会列出选定教学周的课程表。

查询预约。可查看全校各学院各实验室的预约情况。进入系统后,单击"浏览查询"→"教学信息"→"查询预约"。

可以在页面中的学院下拉列表框中选择要查看的学院,在实验室下拉列表框中选择要查看的实验室,单击"查询",下方表格中会列出安排在这个实验室的所有实验课程名称、实验项目名称、上课教师、已预约人数、最大预约人数和上课时间。单击"详细明细"查看实验的具体预约情况。

2. 实验室信息

实验室设备管理。可浏览查看各院系实验室设备数。点击"实验室信息"→"实验室设备管理"进入界面。通过学院和实验室下拉框,可以任意选择学院和实验室进行查询,在这里只是设备的查询并不包含设备的管理功能。

1.3.4　学生预约

"学生预约"是指对学生在本学期所需完成实验课程的提前预约,一般在开学初进行。如图 1.10 所示。通过该界面,学生可以根据自身的课程情况预约本学期的实验课程、上课时间等,也可以编辑已经完成的实验预约情况。同时该界面还包括查询预约功能、按实验课程查询成绩功能、按实验项目查询成绩功能、预约重修课程功能及考试预约功能等。可以根据需要,点击界面左侧的按钮,根据右侧的提示,完成相应的预约功能。

图 1.10　学生预约界面

1.3.5　教学资源

该部分是教师为了方便学生学习所上传的一些实验课程的参考资料,点击"教学资源",在实验室综合管理系统界面的左侧会出现"教学资源下载"选项,点击该按钮,即可出现各教学院系下属的实验室所上传的实验课程参考资料。学生选择所开设实验课程的院系,即可出现该院系所有实验室上传的实验课程参考资料,选择所需要的资料自行下载即可。

1.3.6　个人信息

该部分可以修改密码,即修改当前用户的登录密码。进入系统后,单击"个人信息"→"修改密码",在旧密码文本框中输入旧密码,然后依次输入新密码和确认密码,单击"确认"保存修改的密码,单击"重置"清空已填写的信息。

该部分可以编辑联系方式。主要是编辑当前用户的联系方式。进入系统后,单击"个人信息"→"编辑联系方式",输入新的联系方式,单击"确定"保存修改后的联系方式,单击"重置"清空已填写的信息。

该部分可以进行个人信息编辑。主要是编辑当前用户的信息。进入系统后,单击"个人信息"→"个人信息编辑"。

该部分还可以进行注销登录。主要是注销当前登录的用户,返回首页。进入系统后,单击"个人信息"→"注销登录"。单击"注销登录"退出系统,清空用户的登录信息。如果用户没有动作,系统将在 3 s 内转到首页。

1.3.7　公告板和师生交流

公告板用于发布新公告。登录系统后,点击"公告板"→"发布公告",也可以登录系统后在公告板中点击"新公告"。

师生交流用于学生与教师之间的交流。登录系统后,点击"师生交流"→"发送、查询短消息"。

1.4 注意事项

材料力学实验所用的仪器设备多数属于大型仪器,为了保证良好的教学秩序,达到预期的教学目的,保护国家财产,避免实验事故的发生,使学生养成科学严谨的工作作风,参加实验的学生必须遵守下述规则。

1. 学生进入实验室之前要参加安全教育和培训,经院系实验室培训考核合格后方可进入实验室做实验。学生进入实验室必须遵守学校及实验室的各项规章制度和仪器设备的操作规程,做好安全防护。在实验室发生事故时要立即处置,及时上报。

2. 实验课前必须认真预习,清楚实验的目的和内容,以及通过实验要测取哪些数据,初步了解掌握所用的仪器和设备。

3. 准时进入实验室,按照要求认真进行实验。未经指导教师同意,不得擅自动用与本次课程无关的设备。实验结果经指导教师审阅、签名后,方可结束实验。实验结束时关闭电源,整理、清点实验物品,经指导教师同意后,方可离开实验室。

4. 课后按时完成、上交实验报告。

第 2 章 基 本 实 验

2.1 实验机操作练习

一、实验目的

1. 了解万能实验机的构造原理；
2. 练习操作万能实验机，学习操作规程，了解使用时的注意事项，为后续实验打好基础。

二、实验设备

WJ-10B 型机械式，WE-300A 型油压式和 WDW3100 型电子式万能材料实验机。

三、实验要求

实验机的构造原理将在第 7 章详细叙述。在材料力学实验中学习这些原理，主要是为了正确地使用实验机。所以要求学生对其基本原理了解之后，再在实验室通过亲自动手操作，学习使用方法。

为了保证机器的正常运行和使用精度，对任何设备都要根据它的构造、原理和特性，制定操作规程。在使用之前应熟悉这些规程，并在使用时严格遵守。否则，就可能导致错误的实验结果，还可能降低设备的精度和寿命，甚至发生严重事故。按操作规程使用机器和仪表，是一种科学的工作作风，必须注意学习和培养。

四、实验步骤

1. 听取教师对实验机构造原理的介绍，结合具体机器认识主要部件及其作用，了解它的性能特点。

2. 学习电子式万能实验机的操作软件，了解机械式和油压式万能实验机的操作规程、安全注意事项和操作方法。

3. 按照操作软件和操作规程认真练习，尤其是以下环节：

（1）检查实验机是否处于正常状态。主要是电子式万能实验机的紧急制动旋钮是否在弹起状态，试件夹头的形式是否与试件要求一致，操纵机构或油路阀门是否在正确的开始位置，有关的保险开关和限位装置能否正常工作等。

（2）学生根据教师给出的最大载荷，在控制软件中设定相应的载荷，选择合适的测力度盘和相应的摆锤等。一般选用的最大载荷在量程范围的 50%～80%。

（3）安装试件。如果是拉伸试件，应将试件夹正；如果是压缩试件，则要把试件摆正、对中。

（4）练习对试件进行慢速加载。加载至指定的最大值后，缓慢卸载。

4. 关闭电源，将实验机的一切机构复原。做上述练习的同时，观察实验机的工作情况是否正常。

五、实验结果的处理

操作练习后，每人做一份报告，总结这次实验的收获。报告包括下列内容：

1. 实验目的;
2. 实验机的型号及主要性能;
3. 总结机器的操作规程和注意事项。

六、注意事项

1. 未经指导教师同意不要开动机器。
2. 练习时要严格遵守操作规程。操作者不得擅自离开操纵台。
3. 电子式万能实验机要低速加载。其他型号的机器也要慢速均匀加载,使测力指针匀速缓慢转动。卸载时要低速或慢速,按需要将载荷卸到某一个选定值。

七、思考题

1. 电子万能实验机限位器的作用是什么,怎样设置限位器?
2. 为什么对于油压式万能实验机要将工作台升起一定高度后才调整指针"零点"?
3. 加载荷、变更加载速度和卸载时要注意什么?
4. 根据什么原则选择测力度盘和摆锤?

2.2 拉伸实验

一、实验目的

1. 测定低碳钢的屈服极限(流动极限)σ_s、强度极限 σ_b、延伸率 δ 和截面收缩率 ψ;
2. 测定铸铁在拉伸时的强度极限 σ_b;
3. 观察拉伸过程中的各种现象(包括屈服、强化和颈缩等),并绘制拉伸图。

二、实验设备

1. WDW3100 型电子式万能材料实验机,WJ-10B 型机械式万能材料实验机,WE-300A 型油压式万能材料实验机和 INSTRON4505 电子式万能材料实验机。
2. 游标卡尺。

三、试件

试件采用两种材料:低碳钢和铸铁。低碳钢属于塑性材料;铸铁属于脆性材料。图 2.1 为试件的示意图。我国现行的拉伸实验标准——《金属材料室温拉伸实验方法》(GB/T 228—2002),对一些术语和符号做了较大的修改。为叙述方便,便于理解,避免和其他同类教材不一致,本书仍沿用旧标准符号。本实验采用的试件是 GB 228—87 规定的"标准试件"中的一种。试件的标距 $l_0 = 100$ mm,直径 $d_0 = 10$ mm。

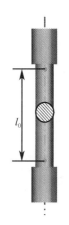

图 2.1 拉伸试件示意图

四、实验方法和步骤

测定一种材料的力学性能,一般应用一组试件(3~6 根)来进行,而且应该尽可能每一根试件都测出所要求的性能。我们主要是学习实验方法,所以我们测定低碳钢 $\sigma_s,\sigma_b,\delta,\psi$ 的拉伸实验只用一根试件来进行。其实验步骤如下:

1. 测量试件尺寸,主要是测量试件的直径和标距。在标距部分取上、中、下三个截面,对每一个截面用游标卡尺(精度 0.02 mm)测量互相垂直方向的直径各一次,取其平均值最小截面处的平均直径作为试件的直径。

2. 顺时针旋转钥匙打开实验机。

3. 用远控盒调整上下夹头的位置,将试件装在实验机的夹具上。

4. 打开实验控制软件,先点击联机按钮,然后设置参数。点击试样录入按钮,输入实验编号及试样参数等。点击参数设置按钮,在弹出的对话框中输入实验开始点载荷、横梁速度及方向等。

5. 选择实验编号和实验曲线,将负荷与位移清零。

6. 点击"实验开始"按钮,开始实验,同时仔细观察试样在实验过程中的各种现象。

7. 试件被拉断后取下试件,量取拉断后的标距和颈缩处的直径,填到软件中出现的对话框里。

8. 查看并保存数据。

9. 实验结束后,点击"脱机"按钮,关闭实验软件。最后关闭实验机及计算机。

五、实验结果处理

1. 记录实验数据,并填入表 2.1 中。

表 2.1 试件尺寸原始数据

材料	标距 l_0/mm	原始直径 d_0/mm						最小处平均值	截面面积 A_0/mm²	拉断处直径 d_1/mm			断口处截面积 A_1/mm²	拉断处的标距 l_1/mm
		截面Ⅰ		截面Ⅱ		截面Ⅲ				(1)	(2)	平均		
		(1)	(2)	(1)	(2)	(1)	(2)							
低碳钢														
铸铁														

2. 写出实验数据的处理过程,并将实验结果填入表 2.2 中。

表 2.2 测试数据及实验结果

材料	屈服载荷 P_s/N	屈服极限 σ_s/MPa	最大载荷 P_b/N	强度极限 σ_b/MPa	延伸率 δ	截面收缩率 ψ
低碳钢						
铸铁						

3. 绘制两种材料的拉伸图。
4. 对实验结果进行详细分析。

六、思考题

1. 如何测定拉伸试件的直径？
2. 对低碳钢和铸铁来说，"破坏"的含义有何不同？试分析这两种材料的试件拉伸时的破坏原因。

2.3 压缩实验

一、实验目的

1. 测定在压缩时低碳钢的屈服极限 σ_s 和铸铁的强度极限 σ_b；
2. 观察低碳钢和铸铁在压缩时的变形及破坏形式，并进行比较；
3. 比较低碳钢(塑性材料)与铸铁(脆性材料)力学性能的特点。

二、实验设备

1. WDW3100 型电子式万能材料实验机，WJ-10B 型机械式万能材料实验机，WE-300A 型油压式万能材料实验机和 INSTRON4505 电子式万能材料实验机。
2. 游标卡尺。

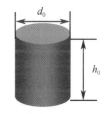

图 2.2 压缩试件示意图

三、试件

试件的形状如图 2.2 所示，本实验采用的试件是国家规定的"标准试件"中的一种。

四、实验方法和步骤

1. 测量试件的尺寸。用游标卡尺测量相互垂直方向的直径各一次，取其平均值作为试件的直径。
2. 将试件放在实验机上、下两个压头之间，开动实验机进行实验。
3. 打开实验软件，先点击联机按钮，然后设置参数。点击试样录入按钮，输入实验编号及试样参数等。点击参数设置按钮，在弹出的对话框中输入实验开始点载荷、横梁速度及方向等。
4. 选择实验编号和实验曲线，将负荷与位移清零。
5. 点击"实验开始"按钮，开始实验，同时仔细观察试样在实验过程中的各种现象。
6. 试件被压断(铸铁压断，而低碳钢过屈服或规定的载荷值)点击"实验结束"按钮，停止实验。
7. 查看并保存数据。
9. 控制横梁上升，取下试件。实验结束后，点击"脱机"按钮，关闭实验软件，最后关闭实验机及计算机。

五、实验结果的处理

1. 将实验测试数据填入表 2.3 中。

表 2.3 测试数据及实验结果

材料	原始直径 d_0/mm			截面面积 A_0/mm^2	屈服载荷 P_s/N	屈服极限 σ_s/MPa	最大载荷 P_b/N	强度极限 σ_b/MPa
	(1)	(2)	平均					
低碳钢								
铸铁								

2. 写出实验数据处理的过程。
3. 将计算结果填入表 2.3 中。
4. 对实验结果进行详细分析。

六、思考题

1. 压缩试件为什么比拉伸试件设计得短？
2. 低碳钢压缩时的屈服极限 σ_s 为什么比拉伸时难于测量？
3. 低碳钢和铸铁在压缩时的力学性能有什么区别？
4. 分析低碳钢和铸铁在压缩时的破坏原因。

2.4 剪切实验

一、实验目的

1. 用直接剪切方法测定低碳钢的剪切强度极限 τ_b；
2. 观察试件破坏断口形式，并分析破坏原因。

二、实验设备

1. WJ－10B 型机械式万能材料实验机和 WE－300A 型油压式万能材料实验机；
2. 剪切夹具；
3. 游标卡尺。

三、实验原理

我们所做的剪切实验和实际上用来承受剪切的一些零件如铆钉、螺栓等的受力情况极为相似。试件中的应力分布很复杂，由此实验所确定的剪切强度极限，可作为类似剪切件强度计算的依据。计算公式为

$$\tau_b = \frac{P_b}{A_0}$$

式中　P_b——剪切过程最大的载荷；
　　　A_0——剪切面的原始面积，计算 A_0 时要注意本实验采用双剪切。

四、实验方法和步骤

1. 试件。测量试件直径。测量部位应与实验时的两个剪切面位置大致对应。对每处截面在两个垂直方向各测一次，两处共测四次，取其平均值计算剪切面面积。

2. 实验机。首先复习实验机操作规程,然后根据操作要求对实验机各主要部件进行检查。根据低碳钢的拉伸强度极限及试件截面面积,依照 $\tau_b \approx 0.6 \sim 0.8 \sigma_b$,估算出实验中可能达到的最大载荷,依此来选择适当的测力量程。

3. 安装试件。将试件插入剪切夹具内,放到实验机工作台上的砧块正中。

4. 进行实验。开动实验机,直至剪断为止,记下相应强度极限的载荷 P_b,并取下试件,将实验机复原。

五、实验报告

可参照拉伸实验报告的格式,写出本次实验报告。

六、思考题

1. 通过剪切实验,对剪应力的假定计算公式的实用性有什么认识?
2. 低碳钢剪切实验能否测定屈服载荷,为什么?
3. 低碳钢剪切试件的断口有什么特点?

2.5 剪切弹性模量 G 的测定

一、实验目的

验证剪切胡克定律,测定低碳钢的剪切弹性模量 G。

二、实验设备

JY – 2 型扭角仪。

三、试件

本试件采用公称直径 $d_0 = 10$ mm 的圆截面低碳钢试件,标距长度 $l_0 = 200$ mm。

四、实验原理

圆轴承受扭转时,材料处于纯剪切应力状态。因此常用扭转实验来研究不同材料在纯剪切状态下的力学性能。

JY – 2 型扭角仪如图 2.3 所示。试件标距(横截面 A,B 间距离)为 l_0。当对试件施加扭矩时,百分表就指示出距试件中心轴线为 b,分别在 A 和 B 横截面上两点的相对周向位移为 δ。故 A,B 横截面的相对扭转角为 $\phi = \delta/b$。在材料的剪切比例极限内,扭转角为

$$\phi = \frac{M_n l_0}{G I_p} \quad (2.1)$$

采用增量法逐级加载,就可以用下式算出材料的剪切弹性模量 G。

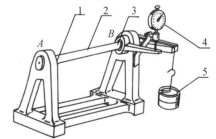

图 2.3 JY – 2 型扭角仪
1—A 截面;2—试件;3—B 截面;
4—百分表;5—砝码

$$G_i = \frac{\Delta M_n l_0 b}{I_p \Delta \delta_i} \quad (2.2)$$

式中　i——加载级数$(i=1,2,\cdots,n)$；
　　　l_0——试件的标距。

五、实验步骤

1. 用游标卡尺测量试件的直径 d_0、标距 l_0、试件轴线到百分表顶杆的实际距离 b；

2. 根据材料的扭转剪应力屈服极限 τ_s 和百分表的量程拟订加载方案，选定初载荷 M_{n_0}、最终载荷 M_{n_p} 和载荷增量 ΔM_n 及加载级数；

3. 预加载荷至略小于最终载荷，然后卸载，检查扭角仪及各处是否处于正常工作状态；

4. 首先加载至初载荷，记下百分表的读数，然后逐级加载，每增加一级 ΔM_n，读数一次，直至最终载荷。

重复以上实验，重复次数不少于两次。

六、实验结果的处理

1. 把测得的实验数据代入式(2.1)和式(2.2)，计算出 ϕ 和 G_i 的值；

2. 以扭矩 M_n 为纵坐标，扭转角 ϕ 为横坐标，作弹性阶段 $M_n - \phi$ 图，观察是否为一直线，以验证剪切胡克定律；

3. 计算每次的剪切弹性模量 G_i，再按算术平均值计算剪切弹性模量 G 的实验结果；

$$G = \frac{\sum_{i=1}^{n} G_i}{n} \tag{2.3}$$

4. 完成表 2.4 和表 2.5，按照要求的报告格式完成这次实验的实验报告。

表 2.4　试件、测试装置原始数据

试件公称直径 d_0/mm	
试件标距 l_0/mm	
测试点至轴线距离 b/mm	
试件极惯性矩 I_p/mm^4	

表 2.5　实测扭矩及百分表读数

i	扭矩/(N·m)		百分表读数/mm	
	M_{ni}	ΔM_{ni}	δ_i	$\Delta \delta_i$
1				
2				
3				
4				

七、思考题

1. 能否通过剪切实验测量 G，为什么？

2. 扭转试件各点受力和变形并不均匀，为什么能由它验证剪应力与剪应变之间的线性关系？

2.6 圆轴扭转实验

一、实验目的

1. 测定低碳钢的剪切屈服极限 τ_s 及剪切强度极限 τ_b；
2. 测定铸铁的剪切强度极限 τ_b；
3. 观察并分析低碳钢和铸铁试件的扭转破坏形式。

二、实验设备

1. 扭转实验机（NJ-100B 型扭转实验机或 ND1000 型电子式扭转实验机）；
2. 游标卡尺。

三、实验原理

由实心圆试件进行扭转实验，记录了 M_n-ϕ 图，如图 2.4 需经过作图计算才能获得较正确的 τ-γ 图，从而确定有关的强度指标，如屈服极限 τ_s 及强度极限 τ_b。下面根据实验过程，介绍计算 τ_s 及 τ_b 的近似方法。

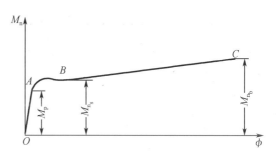

图 2.4 低碳钢的 M_n-ϕ 曲线

当外力偶较小时，试件上的扭矩和扭转角成正比关系。随着外力偶的不断增加，试件横截面外边缘各点的应力首先达到材料的剪切屈服极限，横截面内部各点仍然处于弹性范围。此时 M_n-ϕ 关系开始偏离直线，我们就把图 2.4 所示的 B 点的纵坐标作为 M_{n_s}，按近似理论公式计算得

$$\tau_s = \frac{3M_{n_s}}{4W_p} \qquad (2.4)$$

式中，$W_p = \dfrac{\pi d_0^3}{16}$ 是试件抗扭截面模量。

继续增加外力偶，试件横截面上，由边缘向里应力逐步达到屈服极限进而发生强化现象，应力达到强度极限，直到扭断。这时，可以近似认为整个横截面上的剪应力都达到材料的强度极限 τ_b，由此可得到下面的计算公式

$$\tau_b = \frac{3M_{n_b}}{4W_p} \qquad (2.5)$$

式中，M_{n_b} 是试件扭转过程最大的扭矩值。

对于铸铁，认为试件直到破坏 M_n-ϕ 近似保持直线关系，因此有

$$\tau_b = \frac{M_{n_b}}{W_p} \qquad (2.6)$$

四、实验方法和步骤

1. 测量试件直径 d_0，打开实验机电源预热仪器。

2. 将试件安装于机器夹头中,并夹紧。

3. 打开实验软件,点击试样录入按钮输入实验材料、实验方法、实验编号、试样参数等。点击参数设置按钮,输入实验速度和转动夹头的转动方向,选择是否计算、实验结束条件等。

4. 选择"实验编号",将扭矩、扭角、转角清零。点击"实验开始"按钮开始实验。对于低碳钢试件在过屈服阶段后可逐渐加快实验速度。

5. 当试件被扭断时,停止实验,将试件取下。

6. 查看并保存数据。

7. 点击"脱机"按钮,关闭实验软件。关闭实验机及计算机。

五、实验结果处理

1. 记录实验数据,并填入表 2.6 中。

表 2.6　试件尺寸原始数据

材料	原始直径 d_0/mm						最小处平均值	截面面积 A_0/mm²
	截面Ⅰ		截面Ⅱ		截面Ⅲ			
	(1)	(2)	(1)	(2)	(1)	(2)		
低碳钢								
铸铁								

2. 写出实验数据的处理过程,并将实验结果填入表 2.7 中。

表 2.7　测试数据及实验结果

材料	屈服扭矩 M_{ns}/(N·m)	剪切屈服极限 τ_s/MPa	最大扭矩 M_{nb}/(N·m)	剪切强度极限 τ_b/MPa
低碳钢				
铸铁				

3. 对实验结果进行详细分析。

六、思考题

1. 剪切实验和扭转实验所测定的剪切强度极限有何不同,哪一个表示纯剪切应力状态的强度极限?

2. 试估计试件表面轴向线在扭转过程中积累发生的线应变。它为什么远远大于由延伸率算出的拉伸试件的线应变?

3. 综合分析低碳钢和铸铁在拉、压、扭实验中的破坏形式和原因。

2.7　用电测法测定低碳钢弹性模量 E 和泊松比 μ 的值

一、实验目的

1. 用电阻应变仪测量低碳钢的弹性模量 E 和泊松比 μ;

2. 在比例极限内,验证胡克定律;

3. 了解电阻应变仪的工作原理,学习使用电阻应变仪的原理和操作。

二、实验设备

1. WDW3100 型电子式万能材料实验机,WJ – 10B 型机械式万能材料实验机,WE – 300A 型油压式万能材料实验机和 INSTRON4505 电子式万能材料实验机;

2. TS3865 动/静态电阻应变仪;

3. 矩形截面低碳钢拉伸试件;

4. 游标卡尺、螺丝刀等。

三、实验原理

1. 测定材料弹性模量 E。一般采用比例极限内的拉伸实验,材料在比例极限内服从胡克定律,其关系式为

$$\sigma = E\varepsilon = \frac{P}{A_0} \tag{2.7}$$

由此可得

$$E = \frac{P}{\varepsilon A_0} \tag{2.8}$$

如图 2.5 所示,在拉伸试件上,沿轴向粘贴一片电阻应变片,并且把应变计的两端分别接在电阻应变仪的接线端上,然后将试件在实验机上缓慢加载,通过电阻应变仪就能测出对应载荷下的轴向应变值 ε_a,再将实际测得的值代入式(2.8),即可求得 E 值。

在实验中,为了尽可能减少测量误差,一般采用等量加载法,逐级加载,分别测得各相同的载荷增量 ΔP 作用下产生的应变增量 $\Delta \varepsilon$,如图 2.6 所示,并求出 $\Delta \varepsilon$ 的平均值,这样式 (2.8)可写成

$$E = \frac{\Delta P}{\overline{\Delta \varepsilon} A_0} \tag{2.9}$$

式中,$\overline{\Delta \varepsilon}$ 为试件中实际轴向应变增量的平均值,这就是等量加载法测 E 的计算公式。

等量加载法可以验证力与变形间的线性关系,若各级载荷的增量 ΔP 均相等,相应地,由应变仪读出的应变增量 $\Delta \varepsilon$ 也应大致相等,这就验证了胡克定律。

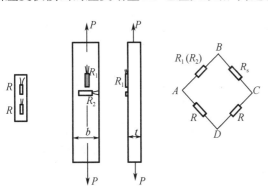

图 2.5 测定 E,μ 的贴片及接线

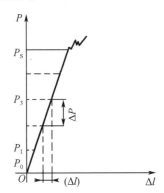

图 2.6 等量加载

2. 测定泊松比 μ 值。为了测泊松比值,可在测 E 的试件上,纵向应变计附近,沿与其垂直的方向再贴一横向电阻应变计,如图 2.5 所示,在加载过程中,同时分别测出轴向和横向线应变值 $\varepsilon_a, \varepsilon_1$,其比值的绝对值即为泊松比

$$\mu = \left| \frac{\varepsilon_1}{\varepsilon_a} \right| \tag{2.10}$$

四、实验步骤

1. 测量试件尺寸,在试件横向和纵向各贴一片电阻应变计。将试件装夹在实验机上。
2. 把工作应变计和温度补偿计按 1/4 电桥接线法接到 TS3865 动/静态电阻应变仪上。
3. 双击打开 TS3865 动/静态电阻应变仪操作软件。在进行测试之前可以新建一个测试项目以保存测试数据,选择好保存位置后给保存文件命名,然后点击确定。
4. 选择显示曲线图表,这里我们选择图表一和图表二进行曲线的显示。为观察方便,可以选择平铺窗口。
5. 选择设置,通道设置,对通道参数进行设置。这里测试选择 1,2 通道,所以 1,2 通道的通道状态选择"开",电阻选择"120",线阻选择"0",单位选择应变单位,灵敏系数选择"2",弹性模量和泊松比可选用默认值,测量内容是"应变测量",桥路方式选择"四分之一桥",设置好后,选择确定。
6. 设置好后,点击"调零",再按"确定"。等待"清零结束"出现后,点击"确定"。
7. 对于右侧的采集控制,采用频率选用 128 即可。参数设置中的示波点数可选 128,坐标值选 100 即可,设置好参数后点击"连续采集"按钮,进行应变测试。
8. 对试件进行加载,先加少量预载荷,读取并记录应变仪的 1,2 通道的平均值读数。然后每增加一级载荷,分别读取并记录应变仪的 1,2 通道的平均值读数。
9. 测试完毕后点击"停止"即可结束数据采集。
10. 实验完毕,关掉电源,卸去载荷,整理仪器。

五、实验结果处理

1. 根据实验数据,分别算出算术平均值,即

$$\overline{\Delta \varepsilon_a} = \frac{\sum_{i=1}^{n} \Delta \varepsilon_{ai}}{n} \tag{2.11}$$

$$\overline{\Delta \varepsilon_1} = \frac{\sum_{i=1}^{n} \Delta \varepsilon_{1i}}{n} \tag{2.12}$$

再按式(2.9)和式(2.10)分别算出实验结果,并将实验数据及结果填入表 2.8 和表 2.9 中。

表 2.8 试件尺寸

横截面形状	宽 b/mm	厚 t/mm	截面面积 A_0/mm²

表 2.9 实验数据

i	载荷/N		轴向读数应变/$\mu\varepsilon$		横向读数应变/$\mu\varepsilon$	
	P	ΔP	ε_a	$\Delta\varepsilon_a$	ε_1	$\Delta\varepsilon_1$
1						
2						
3						
4						
5						
应变增量平均值/$\mu\varepsilon$			$\overline{\Delta\varepsilon_a}=$		$\overline{\Delta\varepsilon_1}=$	

实验结果

弹性模量 $E=$ 　　　　　　　　　　泊松比 $\mu=$

2. 对结果进行分析。

六、思考题

1. 为什么要用等量加载法进行实验？用等量加载法求出的弹性模量与一次加载到最终载荷所求出的弹性模量是否相同？
2. 试件尺寸和形状对测定弹性模量有无影响？
3. 实验时为什么要加初始载荷？
4. 简述电阻应变计电测法的工作原理。

2.8　梁在纯弯曲时正应力的测定

一、实验目的

1. 用电测法测定矩形截面梁在承受纯弯曲作用时横截面高度方向上正应力的分布规律；
2. 验证纯弯曲梁横截面上正应力计算公式；
3. 进一步学习电测法测定应力的基本原理及应变仪的操作使用方法。

二、实验设备

1. 纯弯曲梁实验装置；
2. TS3865 动/静态电阻应变仪；
3. 数字电子式测力仪。

三、实验原理

矩形截面纯弯曲钢梁的贴片如图2.7(a)所示。随着载荷的增加,梁的中间段部分承受纯弯曲。根据平面假设和纵向纤维间无挤压的假设,可得到纯弯曲梁横截面的正应力计算公式为

$$\sigma = M_z y / I_z \tag{2.13}$$

式中 M_z——横截面弯矩;

I_z——横截面对形心主轴(即中心轴)的惯性矩;

y——所求应力点至中性轴的距离。

由式(2.13)可知沿横截面高度,正应力按线性规律变化。

实验时可以连续加载,载荷大小由拉压传感器的数字测力仪读出。当载荷增加 ΔP 时,通过两根加载杆,使得测试梁两端的受力点分别增加 $\Delta P/2$。如图2.7(b)所示。

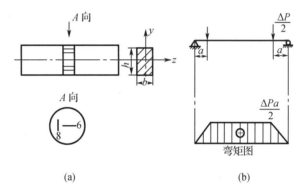

图2.7 贴片及受力简图

(a)贴片;(b)受力

为了测量梁纯弯曲时横截面上正应力分布规律,在梁的纯弯曲段沿梁的侧面各点轴线方向分别贴上一组电阻应变计。如图2.7(a)所示,应变计1贴在梁的中性层上;应变计2,3和4,5分别贴在离中性层不同的高度上,即$h/4$和$3h/8$;应变计6,7贴在梁的上下表面上,即$h/2$处。此外,在$h/2$处再贴上一横向应变计8,由实验测得应变计7和8的应变值,即ε_7和ε_8满足

$$\mu \approx |\varepsilon_8 / \varepsilon_7| \tag{2.14}$$

则可证明梁弯曲时接近单向应力状态,即梁的纵向纤维间无挤压假设成立。于是可根据单向应力状态下的胡克定律

$$\sigma_e = E\varepsilon_e \tag{2.15}$$

求出沿中性层不同高度点的正应力实验值,最后将实验值与理论值进行比较,来验证弯曲正应力公式。

四、实验步骤

1. 测量矩形截面梁的宽度 b 和高度 h,载荷作用点到梁支点距离 a,并测量各应变计到中性层的距离 y。

2. 接通拉压载荷传感器和数字测力仪的电源,并开启数字测力仪,进行满量程校定及

零点调整。

3. 把工作应变计和温度补偿计按 1/4 电桥接线法接到 TS3865 动/静态电阻应变仪上。

4. 双击打开 TS3865 动/静态电阻应变仪操作软件。在进行测试之前可以新建一个测试项目以保存测试数据，选择好保存位置后给保存文件命名，然后点击确定。

5. 选择显示曲线图表，选择图表一、图表二、图表三、图表四、图表五、图表六、图表七和图表八进行曲线的显示。为观察方便，可以选择平铺窗口。

6. 选择设置，通道设置，对通道参数进行设置。这里测试选择 1，2，3，4，5，6，7，8 通道，所以 1，2，3，4，5，6，7，8 通道的通道状态选择"开"，电阻选择"120"，线阻选择"0"，单位选择应变单位，灵敏系数选择"2"，弹性模量和泊松比可选用默认值，测量内容是"应变测量"，桥路方式选择"四分之一桥"，设置好后，选择确定。

7. 设置好后，点击"调零"，再按"确定"。等待"清零结束"出现后，点击"确定"。

8. 对于右侧的采集控制，采用频率选用 128 即可。参数设置中的示波点数可选 128，坐标值可选 100，设置好参数后点击"连续采集"按钮，进行应变测试。

9. 对梁进行加载，先加少量预载荷。然后每增加一级载荷，分别在应变仪上读取并记录相应的 1~8 通道应变计的平均值读数。

10. 测试完毕后点击停止即可结束数据采集。

11. 实验完毕，关掉电源，卸去载荷，整理仪器。

五、实验数据处理

1. 将测得的数据填入表 2.10 和表 2.11 中。
2. 计算理论值和实验值，并填入表 2.12 和表 2.13 中。
3. 结果分析。

表 2.10　应变计至中性层距离　　　　　　　　　　　　　　　　单位：mm

y_1	y_2	y_3	y_4	y_5	y_6	y_7	y_8

表 2.11　钢梁和加载点尺寸

应变计灵敏系数 K	
钢梁弹性模量 E/MPa	2.1×10^5
梁截面尺寸宽 b/mm	
梁截面尺寸高 h/mm	
截面惯性矩 $(I_z = bh^3/12)$/mm^4	
加载点到支座距离 a/mm	

表 2.12 测试点应变值

载荷/N		读数应变值/με														
		1#		2#		3#		4#		5#		6#		7#		8#
P	ΔP	ε_1	$\Delta\varepsilon_1$	ε_2	$\Delta\varepsilon_2$	ε_3	$\Delta\varepsilon_3$	ε_4	$\Delta\varepsilon_4$	ε_5	$\Delta\varepsilon_5$	ε_6	$\Delta\varepsilon_6$	ε_7	$\Delta\varepsilon_7$	ε_8	$\Delta\varepsilon_8$
$\overline{\Delta P}=$		$\overline{\Delta\varepsilon_1}=$		$\overline{\Delta\varepsilon_2}=$		$\overline{\Delta\varepsilon_3}=$		$\overline{\Delta\varepsilon_4}=$		$\overline{\Delta\varepsilon_5}=$		$\overline{\Delta\varepsilon_6}=$		$\overline{\Delta\varepsilon_7}=$		$\overline{\Delta\varepsilon_8}=$

表 2.13 应力增量理论值与实验值的比较

应变计号	1#	2#	3#	4#	5#	6#	7#	8#
实验值 σ_{e_i}/MPa								
理论值 σ_{t_i}/MPa								
误差/%								

六、实验要求

1. 计算实验值时，要采用增量的平均值，即

$$\Delta\sigma_e = E\overline{\Delta\varepsilon_e} \tag{2.16}$$

2. 按同一比例分别画出各点应力的理论值和实验值，将两者进行比较；

3. 计算 $|\varepsilon_8/\varepsilon_7|$ 与钢的泊松比 $\mu\approx0.28$ 相比较，若 $|\varepsilon_8/\varepsilon_7|\approx\mu$，说明纯弯曲梁为单向应力状态。

七、思考题

1. 电阻应变测量为什么须做温度补偿？温度补偿为什么能消除工作应变计的温度影响？对温度补偿计有何要求？

2. 本实验中，对各应变计的粘贴位置有何要求？在外缘粘贴应变计 8 的用意何在？

第 3 章 选 择 实 验

3.1 塑性材料名义屈服极限 $\sigma_{0.2}$ 的测定

一、实验目的

1. 学习使用电子万能实验机与引伸计使用方法;
2. 利用拉伸曲线测定材料的名义屈服极限。

二、实验设备

1. WDW3100 电子万能实验机;
2. 被测试样;
3. 游标卡尺;
4. 引伸计。

三、实验原理

很多金属材料的拉伸图没有明显的屈服点,从弹性进入塑性是光滑过渡的,这种材料的屈服强度用规定塑性变形量的办法来定义。在拉伸图上把产生 0.2% 残余应变时的应力定义为屈服极限,称作名义屈服极限,用 $\sigma_{0.2}$ 来表示(图 3.1)。

$\sigma_{0.2}$ 常用图解法来测定。图解法是用自动记录的方法精确绘制拉伸曲线,然后按卸载规律在 ε 坐标的 0.2% 处做平行于弹性阶段的斜直线,斜直线与拉伸曲线交点的力值即为 $P_{0.2}$。

$$\sigma_{0.2} = P_{0.2}/A \quad (3.1)$$

实验时,用实验机软件自动记录 $\sigma - \varepsilon$ 或 $P - \Delta l$ 曲线,以保证测试精度。

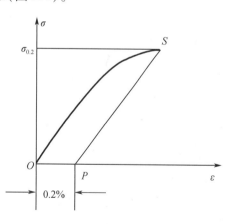

图 3.1 名义屈服极限曲线示意图

四、实验步骤

1. 顺时针转动钥匙,打开实验机。
2. 根据试件的长度,调整横梁至合适位置。
3. 将试件安装于下夹头。
4. 双击桌面软件【P - MAIN】,直接点击确定,进入软件界面。
5. 点击"联机"按钮。
6. 点击实验力"清零"按钮将负荷清零。
7. 将试件安装于上夹头。
8. 点击"试样录入"按钮,输入"试样材料""试样编号""实验方法""试样形状""试样参数"及"开环实验"。

9. 点击"参数设置"按钮,设置实验时所需的参数,选择初始实验力值、横梁控制等;选择计算内容名义屈服应力与载荷,电脑会自动计算名义屈服应力和载荷。

10. 在主界面左上角选择"实验编号",选择"实验力位移曲线",在各参数显示区点击"清零"按钮。

11. 点击"实验开始"按钮,开始实验。

12. 实验进行一定程度后点击"实验结束"按钮,停止实验。

13. 点击"数据管理"按钮,查看实验数据。

14. 点击"上升"按钮,卸载至100 N,点击"脱机"按钮。

15. 取下试件。

16. 逆时针转动钥匙关闭实验机。

五、实验报告

1. 输出原始数据,重新绘制实验曲线;
2. 完成实验报告。

六、思考题

1. 引伸计原理是什么?
2. $P-\varepsilon$ 曲线上力轴的起点 $P_0 \neq 0$,而设定为一个初读数,这对测试结果有无影响?

3.2 三点弯曲冲击实验

一、实验目的

1. 测定低碳钢（A_3 钢）和铸铁材料在冲击载荷下抵抗冲击的性能,即冲击韧度 α_k 值;
2. 观察试件破坏后断口情况;
3. 学习冲击实验机的使用方法。

二、实验设备

1. RKP450 型示波冲击实验机;
2. 游标卡尺和直尺。

三、实验原理

冲击实验是研究材料在冲击载荷作用下所表现的机械性能的一种实验。金属的冲击韧度对于评定材料在冲击载荷作用下的力学性能,评定材料的脆化倾向以及测定钢材的敏感性有很重要的作用,它与强度、塑性、硬度一样,是一个重要的力学性能指标。此外,冲击实验方法简便易行、费用低廉,是工业生产及科学研究中常用的力学性能实验方法之一。

冲击载荷作用从开始到结束的作用时间极短,测量载荷的变化和构件的变形都很困难,但是构件受冲击载荷作用破坏所消耗的能量比较容易测量,消耗的能量除以面积,称之为冲击韧度。

冲击实验的试件是采用 GB/T 229—2007 规定的标准试件,根据其缺口形状的不同要求可分为 V 形缺口试件和 U 形缺口试件两种类型。

(1) V 形缺口试件。标准试件尺寸为 10 mm × 10 mm × 55 mm,在长度中部开有 2 mm 深的 V 形缺口,其形状、尺寸如图 3.2 所示。

(2) U 形缺口试件。标准试件尺寸为 10 mm × 10 mm × 55 mm,在长度中部开有 2 mm 深 U 形缺口,其形状、尺寸如图 3.3 所示。

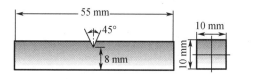
图 3.2 V 形缺口试件

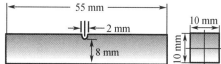
图 3.3 U 形缺口试件

试件开缺口的目的是使试件在承受冲击时在切口附近造成应力集中,使塑性变形局限在切口附近不大的体积范围内,保证试件一次就被冲断且使断面就发生在切口处。α_k 值对切口的形状和尺寸十分敏感,切口愈深,愈尖锐,α_k 值愈低,材料的脆化倾向愈严重。因此,同种材料用不同切口试件测定的 α_k 不能相互换算和直接比较。

材料在冲击载荷作用下,其变形和破坏过程一般仍可分为弹性变形、塑性变形和断裂破坏几个阶段。材料在冲击载荷作用下的机械性能与静载荷时有明显的差异,由于弹性变形是以声速在介质中传播的,所以加速度对金属材料的弹性变形及相应的机械性能没有影响。塑性变形的传播则比较缓慢,若加载速度太快,塑性变形就来不及充分进行,在宏观上表现为屈服强度与静载时相比有较大的提高,但塑性却明显下降,材料会产生明显的脆化现象。

冲击实验就其变形形式可分为弯曲冲击、拉伸冲击和扭转冲击等,其中弯曲冲击应用较广泛。

冲击实验的方法很多,经常使用的弯曲冲击实验有两种:一种是简支梁式弯曲实验,即"夏比(Charpy)冲击实验";另一种是悬臂式弯曲冲击实验,即"艾佐(Izod)冲击实验"。在上述两种弯曲冲击实验中,艾佐冲击实验对试件的夹紧需较高的技术要求,故其应用受到一定的限制;而夏比冲击实验因其较为简便且可在不同温度下进行,同时可以根据测试材料和实验目的的不同,采用带有不同几何形状和深度的缺口试件,因此,应用较为广泛。

夏比冲击实验是将具有规定形状和尺寸的试件安放在实验机固定支座上,使之处于简支梁状态,同时将具有一定质量的摆锤举至规定的高度,使之获得一定的能量,再落下摆锤,以弯曲冲击力冲断试件,这时实验机的表盘上即可指示出冲击吸收功 W_x,如图 3.4 所示。冲击吸收功 W_x 与试件缺口处最小截面面积 A 之比称为冲击韧度值,以 α_k 表示。

实验结果表明,材料的 α_k 值往往随温度降低而减小,它不仅决定于材料本身,同时还随试件缺口的深浅、加工精度和实验温度等因素在很大范围内变化,因此冲击韧度值并不直接用于设计计算,它只是衡量材料抗冲击能力的相对指标。将冲击实验机上所测得的能量读数(吸收功) W_x 除以试件缺口处最小截面面积 A,就可以分别得到低碳钢和铸铁的冲击韧度值 α_k,即

$$\alpha_k = \frac{W_x}{A} \tag{3.2}$$

式中　α_k——冲击韧度,J/cm^2;

W_x——试件所得的冲击能量,即实验机上的读数,J;

A——试件缺口处最小截面面积,cm^2。

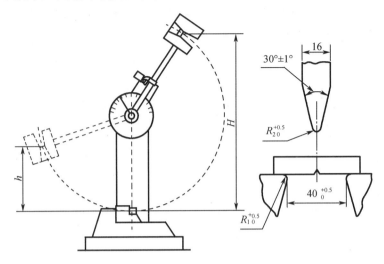

图 3.4 摆锤冲击示意图

四、实验步骤

1. 测量标准试件的尺寸,并计算缺口处的最小截面面积。

2. 把试件安放在实验机下部的支座上,用样板校正试件位置,使缺口在支座中间位置,同时使试件的缺口背对着摆锤的刀刃,即处在刀刃的冲击面中。

3. 检查实验机,根据能量要求,选用不同的摆锤(300 J 摆锤或 450 J 摆锤)。打开电源开关,指示灯亮,信号装置的伺服电机开始工作,同时用手将指针拨到表盘的最大位置。

4. 开始实验。按"开始(Start)"按钮使摆锤下落而冲断试件,这时指针将在刻度盘上指示出冲断试件所需的能量读数 W_x 值。

5. 清理实验场地,切断电源。

五、思考题

1. 脆性材料(铸铁)和塑性材料(低碳钢)的断口有何区别?

2. 比较低碳钢和铸铁冲击断裂特点。

3. 如何理解 α_k 这个物理量?

4. 冲击试件为什么要开切口?

5. 冲击韧度值 α_k 为什么不能用于定量换算而只能用于相对比较?

3.3 纯弯曲对称循环疲劳实验

一、实验目的

1. 观察疲劳破坏现象;

2. 了解测定疲劳极限的方法。

二、实验设备

1. 纯弯曲机械式疲劳实验机；
2. 游标卡尺。

三、标准试件

一般选择小直径试件,直径为 7~10 mm,长度及端部结构由实验机结构而定。试件表面要光洁,必须磨光,表面粗糙度 Ra 为 0.2~0.125 μm 达到 ▽10 以上。一组试件毛坯的切取部位和方向必须完全相同,切忌使用边角料加工试件,加工时选择相同切削用量。试件过渡圆角必须光滑,防止应力集中。试件两端允许留顶针孔,要同心,径向跳动量不应超过 0.01 mm,如图 3.5 所示。实验过程中试件的受力情况(弯矩图和应力分布图)如图 3.6 所示。

四、实验原理

工程结构和机械设备中,许多构件受到交变应力作用,如蒸汽活塞杆、火车的车轴等。在交变应力作用下工作的构件,其破坏形式与静载荷作用下截然不同,构件最大应力虽然低于材料的

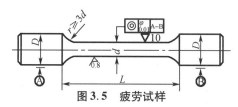

图 3.5 疲劳试样

屈服极限,甚至低于比例极限,但经过多次重复之后,也会发生突然断裂。在静载荷作用下具有良好塑性的材料,在交变应力下发生断裂前几乎没有明显的塑性变形。这种情况下,如果按静载强度设计或校核,就不能保证构件的安全性。工程上把这种破坏形式称为疲劳破坏。要确定材料疲劳破坏时的极限应力必须通过疲劳实验来测定,这个极限应力称为疲劳极限。依实验方法不同,疲劳实验可分为拉压疲劳、弯曲疲劳、扭转疲劳等。

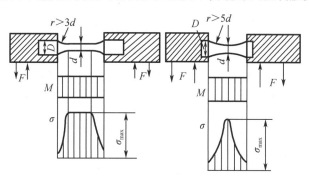

图 3.6 疲劳试件受力图

试件在交变应力作用下的疲劳破坏情况与静应力作用下破坏有本质的不同,当交变应力远小于材料的静强度极限 σ_b,甚至低于屈服极限 σ_s 时,材料就会产生疲劳裂纹,并逐渐扩展至完全断裂。疲劳破坏时,即使是塑性材料也没有显著的塑性变形,呈脆性断裂。在疲劳断裂的断口上,一般呈现两个区域,一个是光滑区,另一个是粗糙区。

材料破坏前所经历的循环次数称为疲劳寿命 N,施加在试件上的应力愈小,则疲劳寿命愈长。对于一般碳钢,如果在某一交变应力下经受 10^7 次循环仍不破坏,则实际上可以认为该材料能承受无限次循环而不发生破坏,通常以对应 10^7 次循环的最大应力 σ_{max} 值作为疲劳极限 σ_{k-1}。但对某些合金钢和有色金属却不存在这一性质,它们经过 10^7 次循环后仍会

发生破坏。因此，通常以循环次数为 10^7 或 10^8 对应的最大应力值作为条件疲劳极限，此处 10^7 或 10^8 称为循环基数。

五、实验步骤

1. 试件准备

取 7～10 根试件，检查表面加工质量。如有锈蚀或擦伤，用细砂纸或砂布沿试件轴向抛光，加以消除，测量试件直径并记录。选取其一做静力拉伸实验，测定材料强度极限。

2. 实验机准备

先了解实验机操作规程。开动实验机使其空转，检查电动机运转是否正常。

3. 安装试件

将试件转入实验机，牢固夹紧，使试件与实验机转轴保持良好的同心度。当用手慢慢转动实验机时，用千分表在纯弯曲式疲劳实验机套筒上测得的上下跳动量不大于 0.02 mm。

4. 检查及试车

开动实验机，空载正常运转时，再测跳动量，最大跳动量不应超过 0.06 mm。

5. 进行实验

(1) 根据试件尺寸及疲劳实验机加载装置确定载荷 F 大小（砝码质量），方法如下：

试件的最大弯矩

$$M_{max} = a\frac{F}{2} \tag{3.3}$$

试件的弯曲应力

$$\sigma_{max} = \frac{M_{max}}{W_z} \tag{3.4}$$

抗弯截面系数

$$W_z = \frac{\pi d^3}{32} \tag{3.5}$$

其中，a 为滚动轴承距离（图3.6），将式(3.3)和式(3.5)代入式(3.4)得

$$F = \sigma_{max}\frac{\pi d^3}{16a} \tag{3.6}$$

(2) 第一根试件的交变应力的最大值大约取 $\sigma_1 = 0.6\sigma_b$，根据式(3.6)算出对应载荷 F_1。加载前先开动机器，再迅速而无冲击地将砝码加到规定值，并记录转数计的初读数，试件经过一定次数的循环后，发生断裂，实验机也自动停止工作，此时记录下转数计的末读数。再取第二根试件，弯曲应力 σ_2 比前一根试件的应力值 σ_1 减少 20～40 N/mm²，根据式(3.6)计算相应载荷 F_2，重复实验。这样依次降低各试件的最大应力，测定出相应的疲劳寿命。

(3) 假定第 6 根试件在应力 σ_6 作用下，未达到 10^7 次循环就发生破坏，而依次取的第 7 根试件在应力 σ_7 作用下经历 10^7 次循环没有断裂，那么必须取第 8 根试件，使应力 $\sigma_8 = 1/2(\sigma_6 + \sigma_7)$。若试件在 σ_8 的作用下经历 10^7 次仍不断裂，而 σ_8 与 σ_7 相差不大于 10 N/mm²，实验就可以停止，σ_7 相当于材料的疲劳极限。若试件在 σ_8 的作用下发生断裂，而 σ_8 与 σ_7 相差不大于 10 N/mm²，实验亦可停止，σ_7 相当于材料的持久极限。

6. 观察断口形式，注意疲劳破坏特征

（略）

7. 注意事项

（1）在实验机的软轴和皮带轮处应安装安全罩；

（2）开动实验机使试件旋转后，迅速而无冲击地施加载荷；

（3）加载完毕后即记录转数计的初读数；

（4）实验时如实验机转速过高而使试件发热，则需降低转速或采取冷却措施（可用电扇吹风）。

六、实验结果处理

疲劳实验，每个试样需要几小时到几十个小时才能得出试样实验数据，各实验小组可分别取一根试件进行实验，实验结束，将数据集中处理，并将实验所得结果绘制成疲劳曲线图，如图 3.7 所示的 $S-N$ 关系曲线。

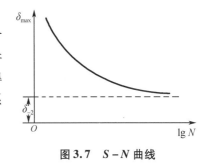

图 3.7　$S-N$ 曲线

七、思考题

1. 材料的强度极限和材料的疲劳极限有何不同？
2. 疲劳破坏有哪些特点？
3. 疲劳极限在实际工程上有何实际使用意义？

3.4　光弹性演示实验

一、实验目的

1. 了解光测弹性仪各部分名称和作用，初步掌握光测弹性仪的使用方法；

2. 观察光测弹性模型受力后在偏振光场中的光学效应，加深对典型零件模型受力后全场应力分布情况的了解；

3. 学会判断等差线图案中的条纹级数及进行简单应力分析的基本方法。

二、实验设备模型

1. 408-1 型光测弹性仪；

2. PJ-20 偏光弹性仪；

3. 光弹性模型，如梁、圆盘、圆环等。

三、实验原理和方法

光弹原理见第 6 章内容。

光测弹性仪一般是由光源（包括白光和单色光）、两个偏振片、两个 1/4 波片以及透镜等组成。光路如图 3.8 所示。

在光弹性测试中，最基本的光场是平面偏振光场，主要是由一对偏振镜和光源组成，靠近光源的偏振片为起偏镜，另一片则为检偏镜。调整两个偏振镜，当两个偏振镜的偏振轴互相垂直时，形成暗场，称为正交平面偏振光场；平行时为亮场，称为平行平面偏振光场。通常采用暗场，起偏镜轴取铅垂方向，而检偏镜轴为水平方向。

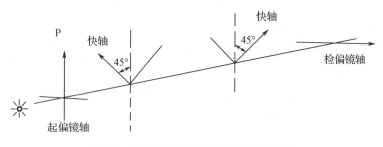

图 3.8 正交圆偏振光场及各个镜片布置

在正交平面偏振光场中,由双折射材料制成的模型受力后,使入射到模型的平面偏振光分解为沿各点主应力方向振动的两列平面偏振光,且其传播的速度不同。偏振光通过模型后,产生一个光程差 δ,此光程差与模型的厚度 t 及主应力差 $\sigma_1 - \sigma_2$ 成正比,即

$$\delta = Ct(\sigma_1 - \sigma_2) \tag{3.7}$$

式中,C 为光学应力系数。

式(3.7)即为平面应力—光学定律。当光程差 δ 为光波波长 λ 的整数倍时,即

$$\delta = N\lambda \quad (N = 0,1,2,\cdots) \tag{3.8}$$

产生消光干涉,呈现暗点,同时满足光程差为同一整数倍数波长的各点,形成连续的黑条纹,称为等差线。由式(3.7)和式(3.8)可得

$$\sigma_1 - \sigma_2 = \frac{Nf}{t} \tag{3.9}$$

式中,$f = \lambda / C$ 称为模型材料的条纹值。由此可知等差线上各点主应力差相同。对应于不同的 N 值则有 0 级、1 级、2 级……等差线。在模型内凡主应力方向与偏振镜轴重合的点,亦形成一条黑色的干涉条纹,此线称为等倾线。此时若同步旋转起偏镜和检偏镜,则能测出一系列的等倾线。其各点主应力与铅垂或水平线夹角相同。

等差线和等倾线为光弹性实验提供的两个重要数据,据此可以根据模型干涉条纹分析、计算应力场。

为了消除等倾线以获得清晰的等差线图,在两偏振镜之间加入一对 1/4 波片,以形成正交圆偏振光场,各镜片光轴的相对位置如图 3.8 所示。

一般观测等差线时,首先采用白光光源。此时,等差线为彩色条纹,故又叫等色线。当 $N = 0$ 时呈黑色,此时等差线条纹级数为 0 级,其余的等差线条纹级数可根据 0 级、1 级依次排出。非 0 级条纹为彩色。色序按黄、红、绿次序代表着主应力差 $\sigma_1 - \sigma_2$ 的增加,并以红绿之间的深紫色交线为整数级条纹,观察时若采用单色光光源(即钠光),可提高测试精度。

四、实验步骤

1. 观看光测弹性仪各部分,了解其名称和作用。
2. 在投影屏幕上观察圆孔拉伸试件孔边应力集中处的等差线图案。
3. 开启白光光源,去掉 1/4 波片,单独旋转检偏镜,观察平面光场变化的情况。
4. 正确布置正交平面偏振光场,放入圆盘加载荷,同步旋转两偏振镜的偏振轴,观察等倾线变化及特点,尤其要注意圆盘边界处等倾线角度值。把光路调至正交圆偏振光场(加入两个 1/4 波片,并分别与偏振镜轴成 45°角)。此时等倾线被消除,逐级加载,观察等差线的变化情况。

5. 把光路调至平行圆偏振光场(即两偏振片的偏振轴平行),观察等差线图案变化情况(此时所看到的只是半数级等差线条纹),并拍摄条纹。

6. 把白光光源换成单色光源(即钠光),重复前面步骤和观察内容,拍摄条纹。

7. 取下圆盘模型,换上其他模型,观察等差线的特点及变化情况。

8. 关闭光源,卸掉载荷取下模型,清理仪器、模型及有关元件。

五、思考题

1. 什么是等倾线?什么是等差线?如何来区分等差线和等倾线?
2. 简述光测法的测试原理、光路的布置及每个光学元件的功能。
3. 应力条纹图中的等差线和等倾线是如何产生的?结合纯弯梁及孔板拉伸图说明如何分析0级条纹。
4. 通过纯弯梁应力条纹图的分析,能否验证弯曲正应力呈线性分布的规律,能否得出梁的正应力公式的适用范围?

3.5 偏心板拉伸实验

一、实验目的

1. 掌握应变片的粘贴方法,了解电测方法的全过程;
2. 学会自主选择应变仪测量的方式,并连接应变片,调节应变仪,读取示数;
3. 分析偏心拉伸板的应力分布规律,验证材料力学的正应力计算公式。

二、实验设备

1. WDW3100 型电子式万能实验机;
2. WE300A 型液压式万能实验机;
3. WJ-10B 型机械式万能实验机;
4. 电阻应变仪;
5. 偏心拉伸板试样。

三、实验原理

宽为 b 的板在力 F 作用下偏心拉伸时(图3.9),会对轴心产生弯矩,当施加的力偏心距 e 较大时,弯矩会导致另一端产生压应力,整个平板表面应力分布的规律为

最大应力

$$\sigma_{\max} = \frac{F}{A} + \frac{F \cdot e}{I_z} \cdot \frac{b}{2} \quad (3.10)$$

最小应力

$$\sigma_{\min} = \frac{F}{A} - \frac{F \cdot e}{I_z} \cdot \frac{b}{2} \quad (3.11)$$

在板上粘贴7个应变片,测出各点应变值,填入表3.1中,根据下式计算各点应力值:

$$\sigma = E \cdot \varepsilon \quad (3.12)$$

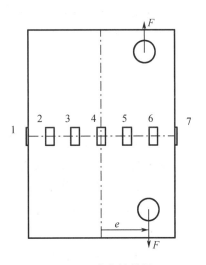

图3.9 应变计编号

表 3.1 各测试点应变值

载荷/N		读数应变值/$\mu\varepsilon$												
		$1^{\#}$		$2^{\#}$		$3^{\#}$		$4^{\#}$		$5^{\#}$		$6^{\#}$		$7^{\#}$
P	ΔP	ε_1	$\Delta\varepsilon_1$	ε_2	$\Delta\varepsilon_2$	ε_3	$\Delta\varepsilon_3$	ε_4	$\Delta\varepsilon_4$	ε_5	$\Delta\varepsilon_5$	ε_6	$\Delta\varepsilon_6$	ε_7	$\Delta\varepsilon_7$
	$\overline{\Delta P}=$		$\overline{\Delta\varepsilon_1}=$		$\overline{\Delta\varepsilon_2}=$		$\overline{\Delta\varepsilon_3}=$		$\overline{\Delta\varepsilon_4}=$		$\overline{\Delta\varepsilon_5}=$		$\overline{\Delta\varepsilon_6}=$		$\overline{\Delta\varepsilon_7}=$

四、实验步骤

1. 粘贴应变片，按照步骤在板上粘贴应变片；
2. 连接应变片的引出线；
3. 根据应变片的灵敏度系数标定应变仪；
4. 用半桥接线法将应变片和应变仪连接起来；
5. 使用万能实验机对偏心拉伸板加拉力，每次增量为 15 kN，记录数据；
6. 处理数据，对实验结果进行分析。

五、实验结果的处理

对比实验得出的应力和计算所得的应力，验证材料力学公式是否正确，并且在同一坐标系内画出应力与距板中心轴线距离之间的关系图，对比两条曲线。

六、思考题

1. 偏心拉伸板与未偏心拉伸板横截面应力分布有什么区别？
2. 对测试拉伸与弯曲应变组桥方案进行说明。

3.6 压杆稳定实验

一、实验目的

1. 观察细长杆件在轴向压力作用下的失稳现象；
2. 测量细长压杆的临界压力，验证欧拉公式。

二、实验装置、仪器

1. 实验装置如图 3.10 所示；
2. WDW3100 电子万能材料实验机；
3. 百分表、卡尺。

三、实验原理

强度、刚度和稳定性是材料力学研究的三大问题。稳定性主要研究细长杆件在承受轴向压力时表现出的与强度问题迥然不同的破坏现象。根据材料力学理论,对于两端受压的理想压杆,若压力不超过一定值时,压杆保持直线平衡,即使有微小的横向干扰力使压杆发生微小弯曲变形,在干扰力解除后,它仍将恢复直线平衡状态,称此时压杆是稳定的。但当压力逐渐增加到某一极限值时,再有微小横向干扰力使细杆发生弯曲变形时,解除干扰力后,压杆将继续保持在微弯平衡状态而不再回到原来的直线平衡状态,这种现象称为失稳。这个压力的极限值称为临界压力,用 P_{cr} 表示。

根据欧拉公式,有

$$P_{cr} = \frac{\pi^2 EI}{(\mu l)^2} \quad (3.13)$$

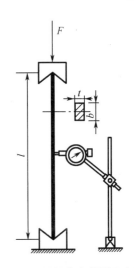

图 3.10 压杆稳定装置示意图

式中 E——材料的弹性模量;
  I——压杆截面的最小惯性矩;
  l——压杆的长度;
  μ——与支承条件有关的长度系数,在两端铰支时,$\mu = 1$。

如果把压杆所受压力 P 和平衡时压杆中点挠度 δ 的关系做成曲线,则如图 3.11 所示。对于理想压杆,在压力小于临界压力 P_{cr} 时,压杆保持直线平衡,$\delta = 0$,对应图中直线 OA;当压力达到临界压力 P_{cr} 时,压杆的直线平衡变为不稳定,按照欧拉的小挠度理论,P 与 δ 的关系相当于图中的水平线 AB。实际压杆难免存在初弯曲、材料不均匀以及压力偏心等缺陷。由于这些缺陷,实验表明,在承受的轴向压力 P 远小于 P_{cr} 时,压杆就已经出现了弯曲。开始挠度 δ 很小,且增长缓慢,如图

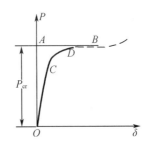

图 3.11 压杆的 P-δ 曲线

3.11 中曲线 OCD 所示。随着 P 逐渐接近 P_{cr},δ 将急剧增大。当 δ 大到一定程度时,将引起塑性变形,直到破坏。一般压杆要在小挠度下工作,工作压力小于 P_{cr}。

实验采用矩形截面薄钢杆作为压杆试样,两端放在 V 形槽内,相当于两端铰支。压力 P 通过电子万能实验机加载。压杆的临界压力的理论值为

$$P_{cr} = \frac{\pi^2 EI}{(\mu l)^2} = \frac{\pi^2 E b a^3}{12 l^2} \quad (3.14)$$

四、实验步骤

1. 打开实验机,启动控制软件;
2. 调整横梁位置,按要求将试样和百分表安装在相应的卡具中;
3. 将百分表与计算机相连,使百分表触头尽量保持与试样表面垂直;
4. 进入测试软件,按照实验要求设定实验参数,然后再点击"实验开始",此时计算机便测出对应的变形。

五、实验结果处理

1. 根据实验记录载荷和变形值按一定比例绘制稳定图(轴向力 P 为纵坐标,变形 δ 为横坐标),从稳定图中确定临界压力 P_{cr};
2. 按理论公式计算理论临界压力 P_{cr}。

六、思考题

1. 复习材料力学有关压杆稳定理论内容;
2. 简述实验原理和测量方法。

3.7 等强度梁综合电测实验

一、实验目的

1. 掌握使用静态电阻应变仪的应变测量方法;
2. 学会粘贴应变计;
3. 利用等强度梁学习电阻应变计的半桥、全桥接法。

二、实验设备

1. 等强度梁装置,加载砝码;
2. TDS3865 动/静态电阻应变仪及配套电脑、软件;
3. 应变片,在等强度梁上下表面粘贴四枚,在补偿块上下粘贴两枚。

三、实验原理与方法

电阻应变仪电桥输入电压 U 与各电桥应变片的指标应变 ε 有下列关系:

$$U = EK(\varepsilon_1 - \varepsilon_2 + \varepsilon_3 - \varepsilon_4)/4 \tag{3.15}$$

式中 $\varepsilon_1, \varepsilon_2, \varepsilon_3, \varepsilon_4$ ——各个桥臂应变片的应变值;

K ——应变片灵敏系数;

E ——桥压。

实验装置的布片图如图 3.12 所示。对于半桥接法,如应变 R_1(正面,受拉应变 ε_1)与温度补偿片 R_5 接成半桥,另外半桥为应变仪内部固定桥臂电阻,则输出只有应变 ε_1;如梁上表面有应变片 R_1(正面,受拉应变 ε_1)与梁下表面应变片 R_2(反面,受压应变 ε_2)接成半桥,则输出为 $\varepsilon_1 - \varepsilon_2 = 2\varepsilon_1$(因为 $\varepsilon_2 = -\varepsilon_1$)。

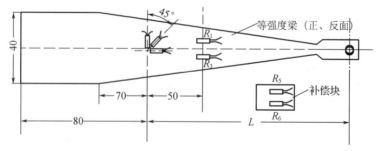

图 3.12 布片图(纵向,正反面各 2 枚应变片)

对于全桥接法,如应变片 R_1 和 R_3(正面,受拉)与 R_2 和 R_4(反面,受压)接成全桥,则输出为 $\varepsilon_1 - \varepsilon_2 + \varepsilon_3 - \varepsilon_4 = 4\varepsilon_1$ ($\varepsilon_2 = \varepsilon_4 = -\varepsilon_1 = -\varepsilon_3$)。

四、实验步骤

分别按图 3.13 所示各种接法接成桥路。先在初载荷下将应变仪调零,加载 10 kg,将应变仪示数记录在表 3.2 中,加卸载 3 次,并进行数据处理。

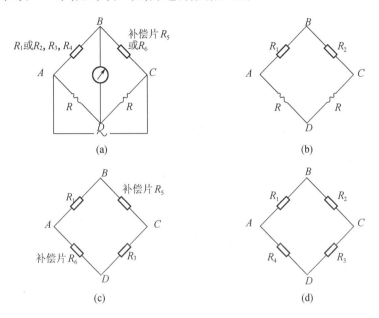

图 3.13 应变片的各种接桥方法

(a)$\varepsilon_仪 = \varepsilon_1$;(b)$\varepsilon_仪 = 2\varepsilon_1$;(c)$\varepsilon_仪 = 2\varepsilon_1$;(d)$\varepsilon_仪 = 4\varepsilon_1$

1. 设备和器材

(1)常温用电阻应变片,每小组一包,约 20 枚;
(2)四位电桥(测量应变片电阻值用);
(3)502 或 501 黏结剂(氰基丙烯酸酯黏剂);
(4)25 W 电烙铁、镊子等工具;
(5)等强度梁试件,温度补偿块;
(6)丙酮等清洗器件,防潮用石蜡;
(7)测量导线若干;
(8)100 V 兆欧表(测绝缘电阻用);
(9)万用表。

2. 粘贴方法和步骤

(1)用四位电桥测量各种应变片阻值,选择电阻差在 ±0.5 Ω 内的 14~15 枚应变片供粘贴用。
(2)将性能有效的 502 或 501 黏结剂,瓶口打一小细孔,以便只流出少量胶液。
(3)先将试件的待粘贴位置用细砂纸打成 45°交叉纹,并用丙酮蘸棉球将贴片位置附近擦洗干净直到棉球洁白为止,按图 3.12 所示布片图用钢笔画方向线,画线晾干或用棉球擦一下。
(4)一手捏在应变片引出线,一手拿 502 黏结剂瓶,将瓶口向下在应变片基底底面上涂抹一层黏结剂,涂黏结剂后,立即将应变片底面向下平放在试件贴片部位上,并使应变片基准对准方向线,将一小片聚四氟乙烯薄膜(0.05～0.1 mm 厚)盖在应变片上,用手指按应变片挤出多余黏结剂(注意按住时不要使应变片移动),手指保持不动 1 分钟后再放开,轻轻掀开薄膜,检查有无气泡、翘曲、脱落等现象,否则需重贴。注意黏结剂不要用得过多或过少,过多则胶层太厚影响应变性能,过少则黏结不牢不能准确传递应变。可事先用废片试粘练习,掌握时间和用力。如果用力过大,胶几乎全部被挤出,黏结不牢,甚至压坏应变片敏感栅。此外,注意不要被 502 胶粘住手指或皮肤,如果被粘上可用丙酮泡洗掉。502 黏结剂有刺激性气味,不宜多吸入,切不要滴入眼睛。

(5) 用万用表检查应变片是否通路,如果敏感栅断开则需重贴,如果焊点与引开线脱开尚可补焊。将引出线与试件轻轻脱离。

(6) 将测量导线用胶布固定在等强度梁上,使导线一端与应变片引出线靠近,并事先将导线塑料皮剥去约 3 mm 并涂上焊锡,每组应变花可用一根公线,纵向四枚应变片因今后需做电桥接法实验,不用公线。然后用电烙铁将应变片引出线与测量导线锡焊,焊点要求光滑小巧,防止虚焊,再用万用表检查应变片是否通路,必要时用四位电桥测量应变片电阻值并记录,然后用兆欧表检查各应变片(一个导线)与试件之间的绝缘电阻,对用公线的各应变片只检查公线与试件之间的绝缘即可,应大于 200 Ω 为好。将导线编号,画布片与编号图。导线应布置整齐,并留出安装挠度计位置。

(7) 用烙铁融化石蜡覆盖应变片区域。做防潮层,再检查通路与绝缘,将等强度梁和补偿块收存好。

(8) 如果用其他黏结剂粘贴应变片工艺不同,应按具体情况改变。

五、实验报告要求

1. 讨论应变片各种接桥方法,比较其优缺点;
2. 按实验要求完成实验,并将各种接法的实验数据填入表 3.2 中。

表 3.2　各种接法测量结果

$K_{仪} = \quad\quad K =$

	(a)		(b)		(c)		(d)	
	0 kg	10 kg	0 kg	10 kg	0 kg	10 kg	0 kg	10 kg
1								
2								
3								
平均应变 /με								

六、思考题

1. 应变片粘贴时应注意哪些问题?
2. 如何根据测量目的确定组桥方案?

3.8 组合梁应力分析实验

一、实验目的
1. 用电测法测定两根梁组合后的应力分布规律,测定加楔块后两根梁的应力分布规律,从而了解叠合梁受力的特点,为理论计算模型的建立提供实验依据。
2. 通过实验和理论分析,对比不同组合形式以及不同材料的组合梁的内力分布规律,建立理论计算模型,并将计算结果与实验结果进行对比分析。
3. 学会利用相应的组桥方式测定组合梁的内力,熟悉电阻应变仪。

二、实验设备
1. 组合梁:有两种形式,一种是材料相同的钢-钢组合而成的叠梁,另一种是不同材料的钢-铝组合而成的叠梁。试样的相关尺寸由同学自己测量。
2. 楔块梁:几何尺寸与叠梁相同,在距梁两端约 50 mm 的位置用钢制的楔块压入上下梁的切槽内,楔块左右端面与梁为过盈配合。
3. 加载设备:WDW3100 型电子万能实验机。
4. 量具:游标卡尺,示值精度 0.02 mm;钢板尺。
5. 测量仪器:数字式静态电阻应变仪,分辨率 1 $\mu\varepsilon$。

三、实验背景与基本原理

在材料力学课程中,我们已经学习了单根梁受到轴力、弯矩和剪力作用下内部应力的分布规律,可以应用相关的理论公式来计算梁内部的应力。事实上,在许多工程中的梁往往是由两根或两根以上的梁组合而成的。譬如连接与汽车前后桥和大梁之间的钢板弹簧,就是由多片钢板组合而成;工厂中的桥式吊车使用的也是组合结构,吊车轨道梁则是由钢筋混凝土梁与钢轨组合而成的,用来共同支撑吊车与重物的负载。实际中梁的结构一般来说都是复杂的,形状也是多样的。我们对复杂的实际问题进行了简化。选择了截面尺寸相同的两根矩形梁按下述三种方式进行组合:

(1)相同材料组合成的叠梁;
(2)不同材料组合成的叠梁;
(3)相同材料的楔块梁。

通过实验分析和比较不同组合形式的梁承载能力的差别、内力的分配及应力分布规律等。

两根相同材料或不同材料的梁组合在一起,承担梁中心位置的竖向集中力作用,梁支座间距离为 L,每根梁高度为 h,宽度为 b,应变片粘贴位置距支座水平距离为 a,加载载荷为 P。

实验时,在梁的对称截面沿高度方向分别均匀布置多枚电阻应变片,各种梁的受力状况及电阻片的布置图如图 3.14 所示。

楔块梁加载示意图如图 3.15 所示,在梁的靠近两端位置开槽,中间放入楔块,使之对两根梁的两端产生约束。同样在梁中央施加集中载荷 P,使用应变仪测量各测点的应变值。

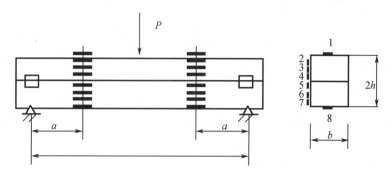

图 3.14 相同及不同材料的叠梁及电阻片粘贴位置图

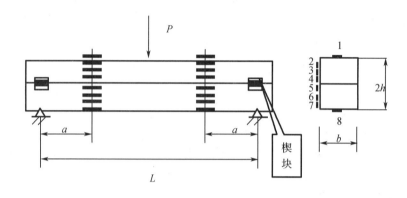

图 3.15 楔块梁及电阻片粘贴位置图

对于组合梁,假设两根梁之间相互密合无摩擦,变形后仍紧密叠合,该组合梁在弯曲后有两个中性层,由于所研究问题符合小变形理论,可以假设两根梁的曲率半径基本相等。设钢梁的弹性模量为 E_1,所承受的弯矩为 M_1;铝梁的弹性模量为 E_2,所承受的弯矩为 M_2,则

$$M_1 + M_2 = M$$

由

$$\frac{M_1}{E_1 I_1} = \frac{1}{\rho_1} \qquad \frac{M_2}{E_2 I_2} = \frac{1}{\rho_2}$$

又由于

$$\rho_1 \approx \rho_2 \Rightarrow \frac{M_1}{E_1 I_2} = \frac{M_2}{E_2 I_2} \Rightarrow M_1 = \frac{E_1 I_1}{E_1 I_1 + E_2 I_2} \times M$$

$$M_2 = \frac{E_2 I_2}{E_1 I_1 + E_2 I_2} \times M$$

因此,组合梁中钢梁和铝梁的正应力计算公式分别为

$$\sigma_1 = M_1 \frac{y_1}{I_1} = \frac{E_1}{E_1 I_1 + E_2 I_2} \times M y_1 \tag{3.16}$$

$$\sigma_2 = M_2 \frac{y_2}{I_2} = \frac{E_2}{E_1 I_1 + E_2 I_2} \times M y_2 \tag{3.17}$$

式中 I_1——组合梁中钢梁对其中性轴的惯性矩;
I_2——组合梁中铝梁对其中性轴的惯性矩;
y_1——钢梁上测点到其中性层的距离;

y_2——铝梁上测点到其中性层的距离。

四、实验步骤

1. 测量试样尺寸。使用游标卡尺和钢板尺测量试样几何尺寸。
2. 接入电阻应变仪,加载,测量应变值。实验采用增量法,各点的实测应力增量表达式为

$$\Delta\sigma_{ei} = E\Delta\varepsilon_{ei}$$

式中　i——测量点,$i=1,2,3,4,5,6,7,8$;
　　　$\Delta\varepsilon_{ei}$——各点的实测应变平均增量;
　　　$\Delta\sigma_{ei}$——各点的实测应力平均增量。

3. 对比理论分析结果和实验数据。

五、实验报告要求

除按既定格式完成报告外,分析并完成以下各项要求:

1. 根据梁上各点的应变值经修正后计算出应力值,并用坐标纸或按比例画出应力沿梁高度的分布规律。实验报告中应列入钢-钢叠梁、钢-铝叠梁、楔块梁等三组数据,并计算结果。
2. 试根据两种叠梁的实测应力分布情况,建立理论计算模型并进行计算。将计算结果与实测结果进行比较。计算实验值与理论值的相对误差,分析误差产生的原因。
3. 分析楔块梁的楔块作用,如何使楔块梁的承载能力接近于整梁。
4. 钢-铝叠梁所测截面的最大应变的绝对值是否相同,为什么?

3.9　用应变花测量悬臂铝管的应力状态

一、实验目的

1. 用电测法(即应变花)测定平面应力状态下一点的主应力大小及方向,并与理论值比较;
2. 学习应变花测试原理及应用,进一步熟悉电阻应变仪的操作方法。

二、实验设备

1. QYCL材料力学多功能实验台-弯扭组合变形悬臂铝管实验装置;
2. CML-1016型应力&应变综合参数测试仪;
3. 钢板尺。

三、实验原理

在图3.16所示的悬臂铝管自由端C截面处于同一水平面内刚性连接一垂向直杆CD。D点距铝管轴线为S,于D点作用一铅垂力P,使铝管发生弯曲扭转组合变形。其实验装置如图3.16(a)所示。

本实验确定距铝管C端为x的截面的上表面A点的主应力的大小及主方向角。A点的应力状态如图3.16(b)所示,为平面应力状态,根据应力分析理论,只要测得A点任意三个不同方向上的线应变值,即可算出它的主应力值和主方向角。为了便于计算常用以下两类应变花。直角应变花与等角应变花,如图3.17所示。

下面以直角应变花为例,推导有关公式,然后给出等角应变花的有关结果。

应变花粘贴方向及坐标设定如图3.18所示。使应变计的水平方向与圆管轴线相同,另外两个应变计方向分别与轴线成45°和90°角。

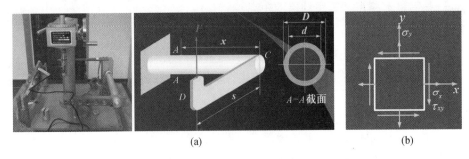

图 3.16 弯曲扭转组合变形实验装置及 A 点的应力状态

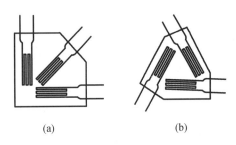

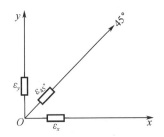

图 3.17 直角与等角应变花　　　　图 3.18 应变花粘贴方向及坐标设定

用直角应变花能测得 $\varepsilon_{0°}, \varepsilon_{45°}, \varepsilon_{90°}$。由

$$\begin{cases} \varepsilon_x = \dfrac{1}{E}(\sigma_x - \mu\sigma_y) \\ \varepsilon_y = \dfrac{1}{E}(\sigma_y - \mu\sigma_x) \end{cases} \tag{3.18}$$

代入 $\varepsilon_x = \varepsilon_{0°}, \varepsilon_y = \varepsilon_{90°}$，可由测试值 $\varepsilon_{0°}, \varepsilon_{90°}$ 直接算出 $\sigma_x = \sigma_{0°}, \sigma_y = \sigma_{90°}$。但 $\tau_{xy} = \tau_{0°}$ 不能直接得出，必须再引入测试值 $\varepsilon_{45°}$ 来求出。因为

$$\varepsilon_{45°} = \dfrac{1}{E}(\sigma_{45°} - \mu\sigma_{135°}) \tag{3.19}$$

由应力状态理论得

$$\sigma_{135°}^{45°} = \dfrac{1}{2}(\sigma_{0°} + \sigma_{90°}) \pm \dfrac{1}{2}(\sigma_{0°} - \sigma_{90°})\cos(2\times 45°) \mp \tau_{0°}\sin(2\times 45°)$$

$$= \dfrac{1}{2}(\sigma_{0°} + \sigma_{90°}) \mp \tau_{0°} \tag{3.20}$$

将式(3.18)、式(3.19)和式(3.20)联立得

$$\begin{cases} \sigma_{0°} = \dfrac{E}{1-\mu^2}(\varepsilon_{0°} + \mu\varepsilon_{90°}) \\ \sigma_{90°} = \dfrac{E}{1-\mu^2}(\varepsilon_{90°} + \mu\varepsilon_{0°}) \\ \tau_{0°} = \dfrac{E}{1+\mu}\left[\dfrac{1}{2}(\varepsilon_{0°} + \varepsilon_{90°}) - \varepsilon_{45°}\right] \end{cases} \tag{3.21}$$

由主应力和主方向公式

$$\sigma_{\min}^{\max} = \dfrac{\sigma_{0°} + \sigma_{90°}}{2} \pm \sqrt{\left(\dfrac{\sigma_{0°} - \sigma_{90°}}{2}\right)^2 + \tau_{0°}^2} \tag{3.22}$$

$$\tau_{\max} = \sqrt{\left(\frac{\sigma_{0°} - \sigma_{90°}}{2}\right)^2 + \tau_{0°}^2} \qquad (3.23)$$

$$\tan 2\alpha_0 = -\frac{2\tau_{0°}}{\sigma_{0°} - \sigma_{90°}} \qquad (3.24)$$

将式(3.21)代入式(3.22)、式(3.23)和式(3.24)中得

$$\sigma_{\min}^{\max} = \frac{E}{2(1-\mu)}(\varepsilon_{0°} + \varepsilon_{90°}) \pm \frac{\sqrt{2}E}{2(1+\mu)}$$
$$\times \sqrt{(\varepsilon_{0°} - \varepsilon_{45°})^2 + (\varepsilon_{45°} - \varepsilon_{90°})^2} \qquad (3.25)$$

$$\tau_{\max} = \frac{\sqrt{2}E}{2(1+\mu)}\sqrt{(\varepsilon_{0°} - \varepsilon_{45°})^2 + (\varepsilon_{45°} - \varepsilon_{90°})^2} \qquad (3.26)$$

$$\tan 2\alpha_0 = \frac{(\varepsilon_{45°} - \varepsilon_{90°}) - (\varepsilon_{0°} - \varepsilon_{45°})}{(\varepsilon_{45°} - \varepsilon_{90°}) + (\varepsilon_{0°} - \varepsilon_{45°})} \qquad (3.27)$$

我们选用直角应变花进行测量,在 A 点贴一片直角应变花,使水平应变计方向与圆管轴线相同,另外两个应变计方向分别与轴线成 45°和 90°角。实验测得三个贴片方向的线应变后,便可由式(3.25)、式(3.26)计算出该点处的主应力 $\sigma_{\max}$、$\sigma_{\min}$ 及主方向角 α_0。

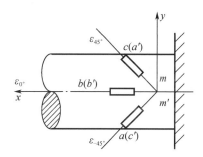

图 3.19 应变花粘贴方向及坐标设定

应变花粘贴方向及坐标设定如图 3.19 所示。应变花上三个应变片的 α 角分别为 $-45°$,$0°$,$45°$,求该点主应力和主方向时,将应变校核公式带入式(3.25)、式(3.27)即可。

$$\varepsilon_{0°} + \varepsilon_{90°} = \varepsilon_{45°} + \varepsilon_{-45°} \qquad (3.28)$$

$$\sigma_{\min}^{\max} = \frac{E}{2(1-\mu)}(\varepsilon_{45°} + \varepsilon_{-45°}) \pm \frac{\sqrt{2}}{2(1+\mu)}\sqrt{(\varepsilon_{45°} - \varepsilon_{0°})^2 + (\varepsilon_{-45°} - \varepsilon_{0°})^2} \qquad (3.29)$$

$$\tau_{\max} = \frac{\sqrt{2}E}{2(1+\mu)}\sqrt{(\varepsilon_{0°} - \varepsilon_{45°})^2 + (\varepsilon_{0°} - \varepsilon_{-45°})^2} \qquad (3.30)$$

$$\tan 2\alpha_0 = \frac{2\varepsilon_0 - \varepsilon_{45°} - \varepsilon_{-45°}}{\varepsilon_{-45°} - \varepsilon_{45°}} \qquad (3.31)$$

四、实验步骤

1. 测量硬铝管尺寸及 A 点的位置。

2. 在图 3.16(a)中的 A 点处贴片;将各电阻应变计的导线接到电阻应变仪接线箱的相应接线端上;开启电源,预热 5 min;检查调整仪器。

3. 加初载荷后,测出各点的初始读数;以后每加一级载荷,再测读一次,直到加至最大载荷为止。

4. 测试完毕后,检查数据。如发现不合规律要进行复测,直至满意。最后卸载,关掉电源,整理仪器。

五、数据处理

记录实验数据,并填入表 3.3 和表 3.4 中。将实验值与理论值填入表 3.5 中并进行比

较,将误差值填入表3.5中。

表3.3 加载装置计算所需原始数据

铝管弹性模量 E/MPa		0.7×10^5
铝管泊松比 μ		0.33
铝管截面尺寸	外径 D/mm	
	内径 d/mm	
力作用线至铝管轴线距离 S/mm		
测试点 A 至 C 距离 x/mm		

表3.4 测量的应变值

载荷/N		读数应变值/$\mu\varepsilon$					
		90°		45°		0°	
P	ΔP	$\varepsilon_{90°}$	$\Delta\varepsilon_{90°}$	$\varepsilon_{45°}$	$\Delta\varepsilon_{45°}$	$\varepsilon_{0°}$	$\Delta\varepsilon_{0°}$
$\overline{\Delta P}=$		$\overline{\Delta\varepsilon_{90°}}=$		$\overline{\Delta\varepsilon_{45°}}=$		$\overline{\Delta\varepsilon_{0°}}=$	

表3.5 理论值与实验值的比较

主应力、主方向角	σ_{max}	σ_{min}	$\tan\alpha_0$	τ_{max}
理论值 / MPa				
实验值 / MPa				
误 差/ %				

六、实验要求

1.用测得的实验数据代入式(3.25)、式(3.26)、式(3.27)或式(3.26)、式(3.27)、式(3.28)计算所测点的主应力、主方向角和最大剪应力的实验值,并写出主要计算过程。

2.写出理论的计算过程。理论值的计算可按弯曲与扭转公式求出所测点铝管横截面上的 σ,τ,然后用应力分析理论计算。

3.理论值与实验值进行比较,写出产生误差的原因。

七、思考题

1.确定一点应力状态,为什么要用应变花?通常至少用几片工作电阻应变计?粘贴位置和方向有何要求?采用直角应变花有何好处?

2.能否用一片应变计测定薄壁压力容器的内压,能否用一片应变计测定圆周扭转时的外力偶矩,能否从中看出测量中选用工作电阻应变计的数目规律?有时应变花工作应变计数多于最少需要数,用意何在?如何利用这些测量信息?

3.10 三点弯曲梁应力测试实验

一、实验目的

1. 测量三点弯曲梁正应力,分析梁内力分布的特点;
2. 掌握组桥(半桥、对臂)多点测量,实测内力的方法,提高多点测量的实验能力;
3. 分析材料力学弯曲理论公式的适用范围。

二、实验装置与仪器设备

1. 机械式万能材料实验机 WJ – 10B 型;
2. CML – 1016 型应变 & 力综合测试仪;
3. 三点弯曲梁实验装置(图 3.20)。

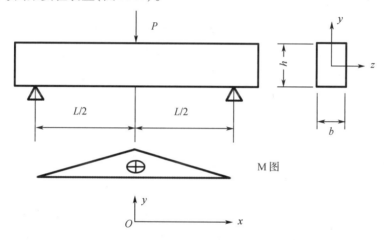

图 3.20 三点弯曲实验装置示意图

三、实验背景与实验原理

三点弯曲梁在加载时,中性层以上纤维受压、以下纤维受拉,理论上横截面上正应力沿梁高呈线性分布,即

$$\sigma = \frac{M_x}{I_z} y \tag{3.32}$$

式中 I_z——横截面对形心轴 z 轴的惯性矩;

y——截面计算点的 y 轴坐标值;

M_x——图 3.20 中所示梁的弯矩图确定的作用于距加载点 x 远横截面上的弯矩。

$$M_x = \frac{P|x|}{2} \tag{3.33}$$

随着两支点间距与梁厚度比值 L/H 的减小,受到支座附近的局部应力分布的影响,圣维南原理将不再适用,因此三点弯曲梁内的应力分布变得比较复杂,很难得到理论解,因此采用实验进行测量可以得到准确的应力值。

四、实验内容和实验步骤

1. 用游标卡尺测量试件的梁宽 b 和梁高 h;

2. 打开机械万能材料实验机,调整夹具的活动平台上的支点距离 $L=L_1$。
3. 升降活动平台,使上压头对准横梁正中加载点,且上压头与梁刚好接触;
4. 调节电阻应变仪上各组电桥平衡;
5. 采用摇柄手动加载,采用等量加载法,每次增加 ΔP,记录各点的应变值;
6. 卸载到零,重新调节支点距离 $L=L_2$,重复 3,4,5 步骤;
7. 卸载到零,重新调节支点距离 $L=L_3$,再次重复 3,4,5 步骤;
8. 实验完毕,实验机载荷卸载到零。

五、实验数据记录和处理

将测得的数据填在表 3.6、表 3.7 和表 3.8 中。

表 3.6 记录应变片到中性层的距离(y)　　　　　　　单位:mm

y_1	y_2	y_3	y_4	y_5	y_6	y_7

表 3.7 钢梁和支座距离

钢梁弹性模量 E/GPa	210
梁宽 b/mm	
梁高 h/mm	95
截面惯性矩 I_z/mm^4	
分三次加载,每次加载时支座间距 L_i ($i=1,2,3$)	
第一次加载时支座间距 L_1/mm	600
第二次加载时支座间距 L_2/mm	500
第三次加载时支座间距 L_3/mm	300

表 3.8 测试点应变值记录　　　　　　　　　　　　($L=L_1$ 时)

载荷/kN		各点应变值读数/$\mu\varepsilon$												
		1		2		3		4		5		6		7	
P	ΔP	ε_1	$\Delta\varepsilon_1$	ε_2	$\Delta\varepsilon_2$	ε_3	$\Delta\varepsilon_3$	ε_4	$\Delta\varepsilon_4$	ε_5	$\Delta\varepsilon_5$	ε_6	$\Delta\varepsilon_6$	ε_7	$\Delta\varepsilon_7$
差值平均=		$\Delta\varepsilon_1=$		$\Delta\varepsilon_2=$		$\Delta\varepsilon_3=$		$\Delta\varepsilon_4=$		$\Delta\varepsilon_5=$		$\Delta\varepsilon_6=$		$\Delta\varepsilon_7=$	

六、结果分析

当两支点位置改变时,跨长随之改变,要求对问题进行分析并寻求解决方法。

3.11 力与变形传感器的标定

一、实验目的

1. 了解测力传感器和位移传感器的原理与使用方法;
2. 学习应变式引伸计、应变式测力传感器的标定方法。

二、实验设备

1. 应变式测力传感器;
2. 应变式轴向引伸计;
3. 位移标定器;
4. 电阻应变仪;
5. 电子万能实验机。

三、实验原理

将被测量的物理量按照一定规律转变成特定输出信号来进行测量的装置被称为传感器。传感器通常按被测量或变换物理量来分类,如位移传感器、测力传感器、速度传感器、加速度传感器、温度传感器等。这里对力学测试中最常用的位移传感器和测力传感器及其标定方法进行简单介绍。

1. 应变式测力传感器

测力传感器又被称作力传感器、载荷传感器、荷重传感器等。根据弹性元件的形式,测力传感器可以分为柱式、梁式、环式或轮辐式等。本书仅以柱式拉压弹性元件为例,来介绍测力传感器测试的一般原理。

测量拉力或压力的传感器,其弹性元件常采用空心圆柱,以便于粘贴应变计并利于热处理工艺的实施。

柱式拉压传感器的弹性元件如图 3.21 所示。应变计粘贴在圆筒中部的四等分圆周上,将其四个轴向片和四个横向片接成图 3.21 的串联式全桥线路。当圆筒受压后,其轴向应变为 ε,温度变化引起的应变为 ε_t,各个桥臂的应变分别为

$$\varepsilon_1 = \varepsilon_4 = -\varepsilon + \varepsilon_t$$
$$\varepsilon_2 = \varepsilon_3 = \mu\varepsilon + \varepsilon_t \quad (3.34)$$

由式(3.34)得到读数应变为

$$\varepsilon_d = \varepsilon_1 - \varepsilon_2 - \varepsilon_3 + \varepsilon_4 = -2(1+\mu)\varepsilon$$

由此可知圆筒的轴向应变为

$$\varepsilon = -\frac{\varepsilon_d}{2(1+\mu)}$$

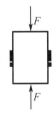

图 3.21 柱式拉压力传感器的弹性元件

如果圆筒截面积为 A,则压力 F_T 与读数应变之间的关系为

$$F_T = \sigma A = E\varepsilon A = -\frac{EA}{2(1+\mu)}\varepsilon_d \tag{3.35}$$

由式(3.35)可知,压力和应变呈线性关系。当然,这仅仅是理论计算结果。实际上面积 A 在加载时是变化的,因此每一个传感器的读数应变与力的关系都要由严格的标定实验来确定。

2. 变形传感器

材料力学实验中,试件的变形通常很小,而使用电子万能实验机直接得到的横梁位移作为试件的变形量会有很大的误差,必须用精度高、放大倍数大的仪器来测量,用来测量微小线位移的传感器称为引伸计。引伸计按放大机构的原理可以分为机械式引伸计和电子式引伸计两种。这里主要介绍电子式引伸计。电子式引伸计由两个基本部分组成,一部分是感受变形部分,直接与试样表面接触,感受试样表面的变形;另一部分是传递、放大的部分,将感受的微小变形加以放大的机构。图 3.22 是量程为 5 mm 的电子式引伸计,图 3.23 是引伸计标定器。

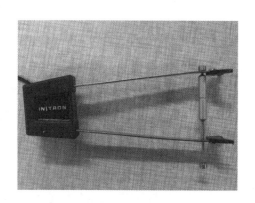

图 3.22 量程为 5 mm 的电子式引伸计

图 3.23 引伸计标定器

引伸计所感受到的总是试样某一长度内所产生的平均线变形或总变形,这一长度称为引伸计的标距。一般以 0.5~3.0 mm 为小标距,3.0~25 mm 为中标距,25 mm 以上为大标距。为测量均匀变形时,可以采用中标距或大标距的引伸计。如果变形是不均匀的,则应采用小标距的引伸计,以便使测量出的变形能较好地反映实际情况。

设在标距内的试样变形为 Δl,在度盘上或二次仪表上的读数为 ΔA,则

$$m = \frac{\Delta A}{\Delta l} \tag{3.36}$$

称为引伸计的放大倍数,具体仪器的放大倍数在其说明书中都有注明。

仪器所能测量的最大变形范围叫作量程,也就是仪器的可用限度。使用时试样的变形不得超过仪器的量程,当变形量接近量程时,就必须将仪器立即卸下,以免仪器遭到损坏。

3. 传感器的标定

任何一种传感器,在制成后必须进行标定才能使用。所谓标定,是利用某种标准或者标准器具来确定传感器输入量和输出量之间的关系。通过标定可以了解传感器的性能和质量,对于检测静态量的传感器,主要由下列性能指标来描述。

(1) 灵敏度

传感器输出变化值与相应的被测量的变化值之比，即

$$\text{灵敏度 } S = \frac{\text{输出信号的变化值}}{\text{输入信号的变化值}} \quad (3.37)$$

(2) 非线性度

传感器的输出-输入关系曲线(标定曲线)与其拟合直线如图 3.24 所示，拟合直线是用回归分析得出的理论直线。

$$\text{非线性度 } \delta_L = \frac{\text{标定曲线与直线的最大偏差 } B(\text{以输出量计})}{\text{输出量的变化范围 } A} \times 100\% \quad (3.38)$$

(3) 重复性

在同一工作条件下，对被测量的同一数值，在同一方向上进行重复测量时，测量结果的一致性。图 3.24(b) 的三条虚线分别表示三次测试结果，实线为其平均值。

$$\text{重复性 } \delta_R = \frac{\text{各次测试值与平均值的最大偏差 } \Delta_{\max}(\text{以输出量计})}{\text{输出信号的变化范围 } A} \times 100\% \quad (3.39)$$

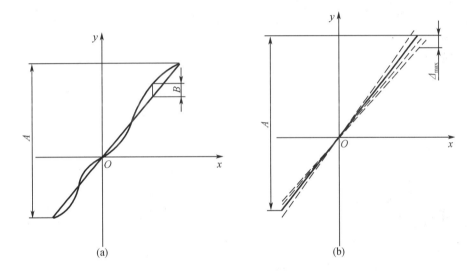

图 3.24　传感器标定曲线与其拟合直线示意图

四、实验步骤

1. 力传感器标定

(1) 将力传感器内部的电阻应变计引出线接入电阻应变仪，开启电阻应变仪，预热 5 min；

(2) 使用已标定过的实验仪器(经过标定的电子万能实验机)对力传感器加载，将载荷分级，依次记录测得的实验数据；

(3) 卸载，然后重复步骤(2) 三次，将实验数据记录到表格中，进行数据处理。

2. 位移传感器的标定

(1) 将位移传感器内部应变计引出线接入电阻应变仪，开启电阻应变仪，调零；

(2) 将位移引伸计按规定的标距卡入引伸计标定器中，记录引伸计标定器卡口的具体位置；

(3) 按引伸计的工作范围将位移量分为多级，依次施加位移并记录电阻应变仪上的数据；

(4) 重复对引伸计加载三次，将所有数据记录到表格中，进行数据处理。

五、实验数据处理

将力或位移传感器标定数据填入表3.9内,计算出表中的有关量,再按前述公式计算出传感器的灵敏度、非线性度和重复性。

表3.9 力或位移传感器的标定数据

序号	输入量 x	输出量 y^*			$\bar{y}$	y	$|\bar{y}-y|$	$|y^*-y|$
		y_1^*	y_2^*	y_3^*				
1								
2								
3								
⋮								

表3.9中,$\bar{y} = \dfrac{y_1^* + y_2^* + y_3^*}{3}$ 是三遍实验值的平均值。y 是平均值 $\bar{y}$ 采用最小二乘法拟合(见附录A)后的拟合值。

3.12 测定未知载荷实验

一、实验目的

1. 用应变电测法测定悬臂梁自由端的未知大小和位置的载荷;
2. 训练电测技术中的组桥技巧,学会测量等截面梁的弯矩和剪力。

二、实验设备

1. 悬臂梁装置、砝码;
2. 电阻应变仪、电阻应变计、连接线等。

三、实验原理

通过应力应变测量,分析构件受力,是工程上经常遇到的问题。本书以简单的悬臂梁为对象,使用电测技术,测定杆件截面上的弯曲正应力和剪应力,从而确定端部位置载荷的大小和作用位置。

等截面悬臂梁,如图3.25所示,截面尺寸 b, h 和贴片位置 a 已知,材料弹性模量 E 已知。在 A 截面的上、下表面粘贴应变片1,2,在 A 截面两侧面中心线上沿45°方向粘贴应变片3,4。

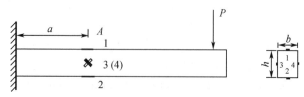

图3.25 悬臂梁示意图

实验时在悬臂梁右端某位置处悬挂砝码,将电阻应变计按一定方式接入电阻应变仪,测量各测点的应变值。将 1,2 号应变片按照半桥接线法接入电阻应变仪,测得的应变值即为弯矩在梁上、下表面引起的正应变的 2 倍。在梁的中性层上材料可近似看作纯剪切应力状态,将 3,4 号电阻应变片接入电阻应变仪,根据材料力学知识,即可测得中性层上剪应力的数值,从而可以得到竖向剪力的大小。根据测得的弯矩和剪力的具体数值,可以确定载荷 P 的大小以及距离测点的距离。

对于图 3.26 所示的简支梁,可以使用类似的方法来确定载荷的大小。

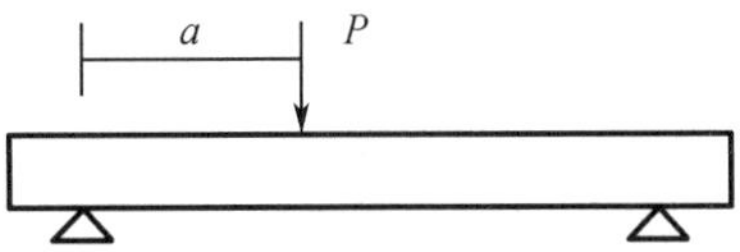

图 3.26 简支梁加载示意图

四、实验步骤

1. 将 1,2 号电阻应变片,3,4 号电阻应变片分别接入电阻应变仪,打开电阻应变仪;
2. 将砝码依次挂在悬臂梁端部某位置,施行等级加载,记录电阻应变仪的测试数据;
3. 测量加载位置距测点的距离,记录加载砝码的质量;
4. 自己思考简支梁加载的实验方案,推导简支梁加载的实验计算公式,对简支梁进行加载实验。

五、实验要求及实验报告要求

1. 自己思考拟订实验方案,理解电测法测定弯矩和剪力的原理;
2. 自己设计数据表格,独立完成实验,包括加载、接线、读取和记录原始数据等;
3. 画出应变片组桥接线图,写出各测点测定的应变值与截面剪力与弯矩的关系式。

3.13 光弹性材料常温条纹值和应力集中系数的测定

一、实验目的和内容

1. 学会绘制等差线图,确定等差线条纹级数(整数级、半数级、小数级);
2. 学习测定材料常温条纹值;
3. 测定模型应力集中系数。

二、实验设备及模型

1. 408-1 型光测弹性仪;
2. SCYL-1 型数字式测力仪;
3. BLR-1 型拉压传感器;
4. 环氧树脂圆盘、带圆孔拉伸平板各一件。

三、实验原理及方法

1. 材料常温条纹值的测定

由平面应力-光学定律知

$$\sigma_1 - \sigma_2 = \frac{Nf}{t}$$

或

$$f = \frac{t}{N}(\sigma_1 - \sigma_2) \tag{3.40}$$

式中 t——模型厚度,mm;

N——等差线条纹级数;

f——常温材料条纹值,N/mm 级;

σ_1,σ_2——分别为测点的两个主应力。

材料条纹值与材料光源波长有关,需用实验的方法测出。通常可用应力分布情况为已知的模型来测定。本实验采用对径受压圆盘来测试。

由弹性力学关于平面问题的相关理论可知,对径受压圆盘的中心点处是二向应力状态,如图 3.27 所示。主应力分别为

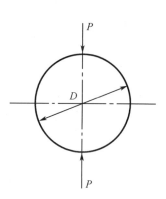

$$\sigma_1 = \frac{2P}{\pi Dt} \tag{3.41}$$

$$\sigma_2 = -\frac{6P}{\pi Dt} \tag{3.42}$$

图 3.27 对径受压圆盘

式中 P——载荷;

D——圆盘直径;

t——模型厚度。

联立式(3.41)和式(3.42)可得

$$\sigma_1 - \sigma_2 = \frac{8P}{\pi Dt} \tag{3.43}$$

如由光弹性实验得到模型的等差线条纹图,并测得圆盘中心点处的条纹级数为 N_0,则由式(3.43)和式(3.40)可得材料的条纹值为

$$f = \frac{8P}{\pi D N_0} \tag{3.44}$$

2. 应力集中系数 α 的测定

当构件截面尺寸有突变,例如切口、开孔、切槽等,其邻近处的局部应力将急剧增加,这种现象称为应力集中。发生应力集中处截面上的最大应力 $\sigma_{\max}$ 与同一截面上的名义应力(开孔截面除去开孔面积后截面的平均应力)σ_0 之比称为应力集中系数,以 α 表示

$$\alpha = \sigma_{\max}/\sigma_0 \tag{3.45}$$

本实验通过开有圆孔的拉伸板试件,来测定孔边的应力集中系数。图 3.28 所示的平板试件受轴向力 P 作用,孔边 A,B 点处发生应力集中,因孔边不受任何外载荷作用,为自由边界,故 A,B 点处为单向应力状态(即 $\sigma_2 = 0$)。测出该处的等差线条纹级数 $N_{A,B}$,由式(3.40)可得

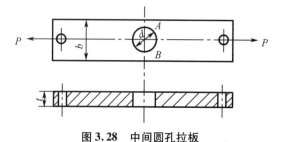

图 3.28 中间圆孔拉板

$$\sigma_1 - \sigma_2 = \frac{N_{A,B} \cdot f}{t}$$

则
$$\sigma_{max} = \sigma_1 = \frac{N_{A,B} \cdot f}{t} \tag{3.46}$$

该处名义应力由材料力学公式可得

$$\sigma_0 = \frac{P}{(b-d)t} \tag{3.47}$$

式中　b——平板宽度；
　　　d——开孔直径。
于是可求得应力集中系数

$$\alpha = \frac{\sigma_{max}}{\sigma_0} = \frac{N_{A,B} \cdot f(b-d)}{P} \tag{3.48}$$

四、实验步骤

1. 调整光测弹性仪各镜片轴的位置，使其成为正交平面偏振光场（暗场）。
2. 调整加载架，安装圆盘试件。
3. 用白光作为光源，加一初始载荷，使圆盘中呈现水平和垂直的十字形等倾线，即零度等倾线。然后逐步加载，观察等差线与等倾线的变化，判明圆盘上不同点的大致主应力方向和等差线条纹级数。
4. 调整光测弹性仪各镜片轴的位置，使成双正交圆偏振光场（暗场），改用钠光作为光源，加适当载荷，在屏幕上用描图纸描绘模型整数级等差线条纹图，并注明条纹级数。
5. 载荷不变，将检偏镜轴转90°，形成平行圆偏振光场（亮场），在同一张描图纸上描绘出半数级等差线条纹图，并且注明条纹级数。
6. 载荷不变，并使各镜片轴形成双正交圆偏振场（暗场），单独旋转检偏镜，使整数级条纹移至被测点（如圆盘中心点），按下面公式来确定该点的小数级条纹级数。

$$N_0 = N - (\theta_1/180°) \tag{3.49}$$

或

$$N_0 = (N-1) + (\theta_2/180°)$$

式中　N_0——测点的小数级条纹级数；
　　　N——与测点相邻的过剩整数级条纹级数；
　　　θ_1——检偏镜轴使 N 级条纹移到测点转过的角度；
　　　θ_2——使 $N-1$ 级条纹移至测点转过的角度，等于$(\pi/2) - \theta_1$。

7. 逐级加载，根据不同载荷重复 4~6 步骤。按式(3.44)求出圆心处的条纹值 f。
8. 取下圆盘模型，调整加载装置，安装含圆孔平板拉伸试件。
9. 按照 4~6 步骤，测定试件圆孔两侧边表面 A，B 点处的等差线条纹级数。
10. 按式(3.46)、式(3.47)和式(3.48)最后计算出试件圆孔边应力集中系数 α。
11. 卸去载荷，取下试件，使仪器复原。

五、实验结果处理

1. 对径受压圆盘模型尺寸
直径 $D = $　　（mm）　　厚度 $t = $　　（mm）
2. 将对径受压圆盘模型光弹材料条纹值的实验结果填入表3.10中。

表 3.10　测对径受压圆盘模型光弹材料条纹值

载荷/N		测点相邻整数级条纹级数	检偏镜旋转角度	测点等差线条纹级数		材料条纹值/(N/mm 级)	
P	ΔP	N(或 $N-1$)	θ_1(或 θ_2)	N_0	ΔN_0	f	Δf
$\overline{\Delta P}=$		$N=$	$\theta=$	$\overline{\Delta N_0}=$		$\overline{\Delta f}=$	

3. 带孔平板模型尺寸

板宽 $b=$ 　　（mm）；孔径 $D=$ 　　（mm）；板厚 $t=$ 　　（mm）

4. 将中间圆孔受拉板孔边应力集中系数的实验数据填入表 3.11 中。

表 3.11　测中间圆孔受拉板孔边应力集中系数

载荷/N		孔边整数级条纹级数	检偏镜旋转角度	孔边等差级条纹级数		应力集中系数	
P	ΔP	N(或 $N-1$)	θ_1(或 θ_2)	$N_{A,B}$	$\Delta N_{A,B}$	α	$\Delta \alpha$
$\overline{\Delta P}=$		$N=$	$\theta=$	$\overline{\Delta N_{A,B}}=$		$\overline{\Delta \alpha}=$	

六、思考题

1. 什么是材料条纹值，其物理意义是什么，可用哪些方法测取？
2. 什么是应力集中系数？用光弹性法测定应力集中系数的原理是什么，有什么优缺点？
3. 用双波片法确定等差线的小数级条纹级数的原理是什么？
4. 为什么要逐级加载？在测试材料条纹值和应力集中系数值的过程中，逐级加载和直接加载至最大值获得的结果有何不同？
5. 影响此实验结果准确性的因素有哪些？

3.14 真应力应变曲线测定实验

一、实验目的
1. 了解真应力和真应变的定义及其与通常工程应力和工程应变的关系；
2. 练习测定塑性材料的真应力应变曲线。

二、实验设备
1. 万能实验机；
2. 游标卡尺或千分尺；
3. 千分表式引伸仪。

三、实验原理

塑性材料的试件在拉伸实验中进入屈服阶段以后，能产生很大的塑性变形，其塑性应变累积量远比弹性变形大，同时试件的横截面积也逐渐变小。进入强化阶段后期，横截面积收缩就更加明显。尤其是试件在局部变形阶段，伸长应变在试件标距内是很不均匀的。这样，由拉伸实验测定工程应力应变曲线时，用 $\sigma = P/A_0$（A_0 为试件的初始截面面积）来表示横截面上的应力和用 $\varepsilon = \Delta l/l_0$（$l_0$ 为试件的标距初始长度）来表示标距段内的应变都是不真实的。工程应力-应变曲线不能真实反映材料全拉伸过程中真实应力和应变的关系。为了得到此真实关系，必须测定材料的真应力应变曲线。

首先，在拉伸实验的任一瞬时，用该瞬时的真实横截面面积 A 去除该瞬时的载荷 P，得到真应力 σ_t，即

$$\sigma_t = \frac{P}{A} \tag{3.50}$$

考虑真应力，工程应力-应变图中颈缩以后的曲线下降并不反映材料的真实力学性质。真应力应变曲线应不断上升。

其次，我们再引入真应变的概念。工程应变定义是

$$\varepsilon = \frac{\Delta l}{l_0} = \frac{l - l_0}{l_0} \tag{3.51}$$

式中，l 是拉伸过程中某一瞬间标距的长度。于是应变的增量是

$$d\varepsilon = \frac{dl}{l_0}$$

即将标距长度增量除以初始标距长度 l_0。我们用某一瞬间的长度 l 去除该时刻微小时间间隔的伸长量 dl 定义为真应变（也称为自然应变）ε_t 的增量，即

$$d\varepsilon_t = \frac{dl}{l} \tag{3.52}$$

这样，在长度为 l 时的真应变是真应变增量的积累值，即

$$\varepsilon_t = \int d\varepsilon_t = \int_{l_0}^{l} \frac{dl}{l} = \ln \frac{l}{l_0} \tag{3.53}$$

$$\frac{l}{l_0} = \frac{l_0 + \Delta l}{l_0} = 1 + \frac{\Delta l}{l_0} = 1 + \varepsilon \tag{3.54}$$

将式(3.54)代入式(3.53),得到

$$\varepsilon_t = \ln(1+\varepsilon) \tag{3.55}$$

式(3.55)给出真应变 ε_t 与工程应变 ε 之间的关系。

实验表明工程材料在塑性变形下的体积近似为不变,于是有

$$Al = A_0 l_0$$

$$A = \frac{A_0 l_0}{l} = \frac{A_0}{1+\varepsilon} \tag{3.56}$$

将式(3.56)代入式(3.50),得到

$$\sigma_t = \frac{P}{A_0}(1+\varepsilon) = \sigma(1+\varepsilon) \tag{3.57}$$

此式给出真应力 σ_t 与工程应力 σ 的关系。

根据材料在塑性变形时体积不变的假设,可得到横向应变 ε' 与纵向应变 ε 的比值为 $-1/2$,于是

$$\varepsilon' = -\frac{\varepsilon}{2} \tag{3.58}$$

利用式(3.54)可将式(3.51)和式(3.53)改写为

$$\varepsilon_t = \ln(1-2\varepsilon') \tag{3.59}$$

$$\sigma_t = \sigma(1-2\varepsilon') \tag{3.56}$$

我们可以根据式(3.55)和式(3.56)绘制真应力应变关系曲线。当发生颈缩时,只能测量最细部位横向应变 ε',利用式(3.59)和式(3.60)计算该部位的真应力和真应变,这时将产生较大的测量误差。

四、实验步骤

1. 试件准备

取低碳钢试件,测取试件的最小直径计算横截面面积 A_0。

2. 实验机准备

根据估计的最大载荷,选用合适的实验机与加载量程,将力和位移示数调零。

3. 安装试件及引伸仪

将试件装夹在实验机上,根据量程大小选择合适的引伸仪并正确安装好。

4. 检查及试车

开启实验机加少量载荷(不得超过弹性范围),然后卸载,检查实验机及引伸仪是否处于正常状态。

5. 进行实验

(1)在屈服阶段之前,将拉伸载荷分成若干等份,按等量加载,根据载荷值由引伸仪上读取对应的伸长量 Δl;

(2)在屈服阶段之后,卸下引伸仪,改用扎规或千分尺,取等步长的标距伸长,读取对应的载荷值;

(3)开始颈缩时,改为测量横向变形及其对应的载荷,直到试件拉断。

五、实验结果处理

1. 计算工程应力 $\sigma = P/A_0$,再按式(3.51)计算应变 ε;

2. 在颈缩之前,按式(3.57)计算真应力,按式(3.55)计算真应变;

3. 在颈缩之后,可分别按式(3.60)和式(3.59)计算真应力和真应变;
4. 作 $\sigma_t - \varepsilon_t$ 曲线图,并与 $\sigma - \varepsilon$ 曲线图进行比较。

六、思考题

1. 材料真应力、真应变与工程应力、工程应变有何区别?为什么工程上不普遍使用真应力、真应变?
2. 实验过程中,在线弹性、屈服、强化和局部变形四个阶段,测量真应力、真应变的方法有何不同,为什么?

3.15 测量电桥应用方法实验

一、实验目的

1. 掌握测量电桥的基本特性,了解电桥测量的测试原理;
2. 利用电桥基本特性,在承受多种复杂载荷的构件中测量轴力、弯矩、剪力、扭矩;
3. 熟悉电阻应变仪。

二、实验设备

1. 电阻应变仪及电阻应变片;
2. 弯扭组合实验装置;
3. 电子万能实验机。

三、实验原理

前面在电测法中已经学习了电桥的基本特性,对于图 3.29 中的电桥,存在以下关系式

$$\varepsilon_d = \frac{4U_{BD}}{EK} = \varepsilon_1 - \varepsilon_2 - \varepsilon_3 + \varepsilon_4 \tag{3.61}$$

由式(3.61)可以看出,电桥测得的应变值为各应变片测得的应变值的简单组合,两相邻桥臂电阻所感受的应变代数值相减;而两相对桥臂电阻所感受的应变代数值相加。工程中的结构分析和强度计算,构件常常受到多种外力因素共同作用,需要在这些多种因素引起的应变中确定某一种因素产生的应变,而把其余的应变排除。电桥所具有的一些特性为测量中排除不需要的成分提供了方法。这里简单地介绍几种常用的载荷测量方法。

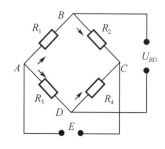

图 3.29 测量电桥示意图

1. 圆轴扭转剪应力测量

圆轴扭转时,表面各点为纯剪切应力状态,其主应力大小和方向如图 3.30(b)所示,即在与轴线分别成 ±45°方向的面上,有最大拉应力 σ_1 和最大压应力 σ_3,且 $\sigma_1 = -\sigma_3 = \tau$。在 σ_1 作用方向有最大拉应变 ε_{max},在 σ_3 作用方向有最大压应变 ε_{min},它们的绝对值相等。因此,可沿与轴线成 ±45°方向粘贴应变计 R_1 和 R_2(图 3.30(a)),此时各应变计的应变为

$$\varepsilon_1 = \varepsilon_{max} + \varepsilon_t$$
$$\varepsilon_2 = -\varepsilon_{max} + \varepsilon_t$$

按图 3.30(c) 接成半桥线路进行半桥测量,则应变仪读数应变为

$$\varepsilon_d = \varepsilon_1 - \varepsilon_2 = 2\varepsilon_{max}$$

故由扭矩作用在 σ_1 作用方向所引起的应变为

$$\varepsilon_{max} = \frac{1}{2}\varepsilon_d$$

测出 ε_{max} 后,就很容易得到扭转切应力。根据广义胡克定律,并将 $\sigma_1 = \tau$ 和 $\sigma_3 = -\tau$ 代入,可得

$$\varepsilon_{max} = \frac{1}{E}(\sigma_1 - \mu\sigma_3) = \frac{1+\mu}{E}\tau$$

由此可得

$$\tau = \frac{E}{1+\mu}\varepsilon_{max} \tag{3.62}$$

将式(3.62)中的 E, μ 改用切变模量 G 表示,根据

$$G = \frac{E}{2(1+\mu)}$$

得切应力为

$$\tau = 2G\varepsilon_{max}$$

再将 $\varepsilon_{max} = \varepsilon_d/2$ 代入上式,便可得到扭转切应力

$$\tau = G\varepsilon_d$$

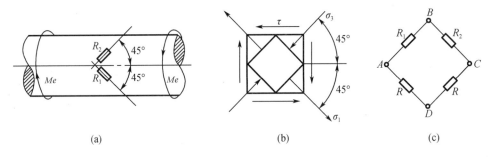

图 3.30　扭转切应力的测量

2. 拉弯组合变形时的应变测量

梁承受拉弯组合变形时,如图 3.31 所示,测量时需要分别考虑拉伸和弯曲在梁上引起的作用。梁弯曲时,上、下表面的应变值大小相等,方向相反,因此可以在被测截面的上、下表面各粘贴一个电阻应变片,利用电桥特性来分离应变。

该梁各点的应变由弯矩和轴向拉力共同产生,在上表面弯矩引起的应变和轴力引起的应变相加,在下表面弯矩引起的应变和轴力引起的应变相减。本实验要求分别测定仅由弯矩引起的弯曲应变 ε_m 和仅由轴向拉力引起的拉伸应变 ε_f。

(1)测定弯曲应变 ε_m 在梁的上、下表面轴向粘贴应变计 R_1, R_2(图 3.31(a)),并按图 3.31(b)接成半桥线路进行半桥测量。此时各应变计的应变为

$$\varepsilon_1 = \varepsilon_f + \varepsilon_m + \varepsilon_t$$
$$\varepsilon_2 = \varepsilon_f - \varepsilon_m + \varepsilon_t$$

应变仪的读数为

$$\varepsilon_d = \varepsilon_1 - \varepsilon_2 = (\varepsilon_f + \varepsilon_m + \varepsilon_t) - (\varepsilon_f - \varepsilon_m + \varepsilon_t) = 2\varepsilon_m$$

故弯曲应变为

$$\varepsilon_m = \frac{1}{2}\varepsilon_d$$

由此可见,这样贴片和接线,可以消除轴向力和温度变化的影响,测出仅由弯矩引起的弯曲应变。

(2)测定拉伸应变 ε_f。在梁上、下表面粘贴两个工作应变计 R_1', R_1'',另在补偿块上粘贴两个温度补偿应变片 R_2', R_2''(图3.31(c))并将 R_1' 和 R_1'', R_2' 和 R_2'' 分别串联起来,按图3.31(d)接成半桥线路。此时各应变计相应的应变分别以 ε_1', ε_1'', ε_2', ε_2'' 表示,它们各自为

$$\varepsilon_1' = \varepsilon_f + \varepsilon_m + \varepsilon_t$$
$$\varepsilon_1'' = \varepsilon_f - \varepsilon_m + \varepsilon_t$$
$$\varepsilon_2' = \varepsilon_t$$
$$\varepsilon_2'' = \varepsilon_t$$

因此桥臂 AB 和 BC 的电阻所感受的应变

$$\varepsilon_1 = \frac{\varepsilon_1' + \varepsilon_1''}{2} = \varepsilon_f + \varepsilon_t$$

$$\varepsilon_2 = \frac{\varepsilon_2' + \varepsilon_2''}{2} = \varepsilon_t$$

应变仪的读数应变按式(3.61)则为

$$\varepsilon_d = \varepsilon_1 - \varepsilon_2 = \varepsilon_f$$

可见用这种方式贴片和接线,可以消除弯矩的影响,测出仅由轴向拉力引起的拉伸应变。此外,在测量中还利用补偿块补偿法消除了温度的影响。

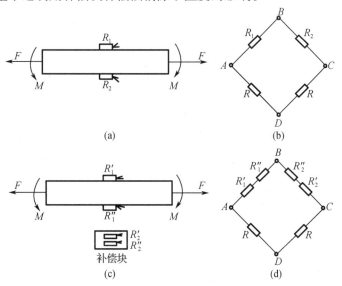

图3.31 拉弯组合变形时的应变测量

4. 弯扭组合变形时各应变值的测量

在前面用应变花测量悬臂铝管的应力状态实验中,我们使用了应变花来测量管壁的应力状态,进而可以与施加的载荷进行对比。这里使用另外一种方法来测定,可以使用图3.32的贴片方法。

按照图3.32所示接成全桥线路进行测量,既能够测力、消除温度变化的影响,又可以

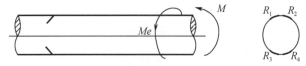

图 3.32 弯扭组合变形应变测量方法

增大读数,提高测量的灵敏度。

若以 $\varepsilon'_m, \varepsilon'_n$ 代表弯矩和扭矩在被测点 ±45° 方向引起的应变,ε_t 为温度应变,则各应变计的应变分别为

$$\varepsilon_1 = \varepsilon'_m + \varepsilon'_n + \varepsilon_t$$
$$\varepsilon_2 = \varepsilon'_m - \varepsilon'_n + \varepsilon_t$$
$$\varepsilon_3 = -\varepsilon'_m - \varepsilon'_n + \varepsilon_t$$
$$\varepsilon_4 = -\varepsilon'_m + \varepsilon'_n + \varepsilon_t$$

根据以上四式,可以通过不同的连接方法得到弯矩和扭矩单独作用引起的应变值。如果要获得扭矩引起的应变值,可以将4个电阻应变计按图3.33(a)接入电桥,此时测得的应变值为

$$\varepsilon_d = \varepsilon_1 - \varepsilon_2 - \varepsilon_3 + \varepsilon_4 = 4\varepsilon'_n$$

同理,要得到弯矩在圆轴上下表面与轴向45°方向的应变值,可以按照图3.33(b)的接线方式,此时

$$\varepsilon_d = \varepsilon_1 + \varepsilon_2 - \varepsilon_3 - \varepsilon_4 = 4\varepsilon'_m$$

五、实验步骤

1. 按图 3.33(a) 的接线方式将各电阻应变计接入电阻应变仪,打开电阻应变仪,测量弯扭组合装置的几何参数;

2. 将欲施加的载荷分级依次加载,记录加载的力以及应变仪的示数;

3. 卸载,按图 3.33(b) 的接线方式将各电阻应变计接入电阻应变仪;

4. 再次依次加载,记录加载力及应变仪的读数。

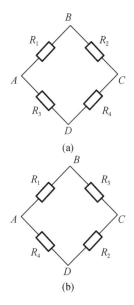

图 3.33 电阻应变计接线图

六、实验报告要求

1. 自己设计表格记录数据;
2. 自己推导应变仪读数与施加的弯矩和扭矩的关系;
3. 绘制应变仪读数与施加外载的关系曲线;
4. 与应变花测量悬臂铝管的应力状态实验结果进行对比分析。

3.16 测定静应力集中系数实验

一、实验目的

用电测法测定静应力集中系数。

二、实验设备

1. 万能实验机;

2. 电阻应变仪；
3. 带有圆孔的平板拉伸试件(图 3.34)。

三、实验原理及方法

在试件圆孔内壁水平直径上两点 A，A' 各贴 1 mm × 1 mm 电阻应变计一片，方向和拉力方向一致。

在拉力 P 的作用下，该处为单向应力状态。测得其应变值 ε，根据单向应力胡克定律即可算出应力

$$\sigma_{\max} = E\varepsilon \tag{3.63}$$

再计算出这时测试点所在整个横截面上的平均应力

$$\sigma_0 = \frac{P}{(b-d)t} \tag{3.64}$$

式中　b——试件的宽度；
　　　　d——圆孔的直径；
　　　　t——试件的厚度。

则应力集中系数 α 为

$$\alpha = \frac{\sigma_{\max}}{\sigma_0} \tag{3.65}$$

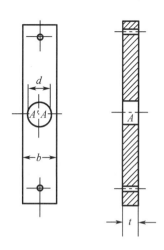

图 3.34　平板拉伸试件

为了测试准确，分四次等量增加载荷，测读相应 ε 增量数据求其平均值，再对两应变计的上述平均值求平均，代入式(3.63)至式(3.65)算出 α 的测试结果。

四、实验数据处理

本实验需要或待测数据归纳见表 3.12 和表 3.13。

表 3.12　孔板应力集中系数测量原始数据

圆孔直径 d/mm	
试件宽度 b/mm	
试件厚度 t/mm	
材料的弹性模量 E/MPa	

表 3.13　孔板应力集中系数测定测量读数及整理

载荷读数/kN		应变仪读数/$\mu\varepsilon$			
P	ΔP	ε_1	$\Delta\varepsilon_1$	ε_2	$\Delta\varepsilon_2$
	$\overline{\Delta P}=$		$\overline{\Delta\varepsilon_1}=$		$\overline{\Delta\varepsilon_2}=$

将表 3.12 和表 3.13 中所测数据代入以下公式

$$\overline{\Delta \varepsilon} = (\overline{\Delta \varepsilon_1} + \overline{\Delta \varepsilon_2})/2$$

$$\Delta \sigma_{max} = E \cdot \overline{\Delta \varepsilon}$$

$$\Delta \sigma_0 = \frac{\overline{\Delta P}}{(b-d)t}$$

$$\alpha = \frac{\Delta \sigma_{max}}{\Delta \sigma_0}$$

α 就是要测定的试件孔边应力集中系数。

五、思考题

1. 对本实验的工作电阻应变计有何特殊要求,粘贴时应注意什么,为什么?
2. 能否说明圆孔内侧各点属单向应力状态的原因?

3.17 积木式组合实验台自行设计实验

积木式组合实验台是力学实验教学中心自行设计、开发的多功能实验台。该实验台可以自由、灵活地进行各种形式的组装,配合相关的配件,可完成不同类型的实验项目,依据本实验台可以自行设计实验,也可以参考已经设计好的实验项目(实验一至实验八)进行实验。有关积木式组合实验台的具体介绍参见第 7 章。

实验一 微型拉伸实验

一、实验目的

1. 了解组合台的基本结构,熟悉组合实验台各零部件;
2. 测定铝试件的屈服极限 σ_s、强度极限 σ_b、延伸率 δ 和截面收缩率 ψ;
3. 观察拉伸过程中的各种现象,包括屈服、强化和颈缩等现象,并得到拉伸图;
4. 了解基于 LabVIEW 的数据采集系统,会使用数据采集仪实现数据采集。

二、实验设备

1. 积木式组合实验台;
2. 游标卡尺;
3. 力传感器;
4. LabVIEW 数据采集软件等。

三、试件

试件采用铝材料制作,试件为直径 $d = 5$ mm,标距 $L = 50$ mm 的标准试件,如图 3.35 所示。

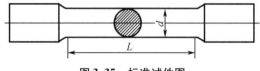

图 3.35 标准试件图

四、实验装置图

实验装置图如图 3.36 所示。

五、实验方法和步骤

材料的拉伸力学实验是材料力学中的典型实验。本实验与传统拉伸实验的最大区别在于用简单的实验设备复现经典实验过程及结果,操作简单、方便,可塑性强。在了解材料的拉伸力学特性的同时,掌握组合台的搭建方法。实现具体步骤如下:

图 3.36 实验装置图

1. 利用 4017 数据采集仪对传感器进行标定;
2. 测量试件的直径和标距;
3. 按照实验装置图搭建实验平台,注意各部件的安装顺序,并将各部件固定稳妥;
4. 将引伸计布置在合适的位置;
5. 接线,打开 LabVIEW 数据采集软件,设置相关实验参数;
6. 手动加载。

六、数据结果及曲线图

1. 记录实验数据并填入表 3.14 和表 3.15 中。

表 3.14 试件几何尺寸

实验前				实验后		
原始标距 l_0/ mm				断后标距 l_1/ mm		
平均直径 d_0 / mm	截面Ⅰ	1		断裂处直径 d_1 / mm	1	
		2			2	
	截面Ⅱ	1				
		2				
	截面Ⅲ	1			平均	
		2				
最小平均直径 / mm				断裂处横截面积 A_1/ mm²		
初始横截面积 A_0/ mm²						

表 3.15 测定屈服载荷和极限载荷的实验记录

屈服载荷 P_s/ N	极限载荷 P_b/ N

2. 绘制实验曲线图。
3. 对结果进行计算及分析。

七、思考

引伸计的测量位置、角度对实验的影响及改进方法。

实验二　等强度梁应变测定

一、实验目的

1. 实现不同载荷时,对等强度梁任意两个位置应变的测定;
2. 通过实验验证理论的正确性;
3. 了解在小变形下载荷与应力之间的线性关系。

二、实验设备

1. 积木式组合实验台;
2. 等强度梁;
3. 砝码;
4. 电阻应变仪。

三、实验原理

实验原理与装置实物图如图 3.37 和图 3.38 所示。

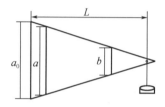

图 3.37　实验原理图

图 3.38　实验装置实物

本实验采用矩形截面等强度梁,其弯矩为

$$M_z = Px \tag{3.66}$$

式中,P 为施加的载荷。

因此

$$\sigma = \frac{M_z}{W_z} = Px/(\frac{1}{6}bh^2) \tag{3.67}$$

式中　b——x 测点的宽度;
　　　h——等强度梁的厚度。

由几何关系可知

$$b = Lx/a_0 \tag{3.68}$$

在任意位置处梁的正应力为

$$\sigma = \frac{6PL}{a_0 h^2} \tag{3.69}$$

与位置坐标无关,即为等强度。

四、实验方法及步骤

1. 采用固定组件将等强度梁大端固支。
2. 任意选取两个位置贴应变片,接入应变仪。完成应变片电测法的前期准备工作。

3. 逐级加载荷并进行测量。

五、实验结果与分析

1. 记录实验结果并填入表 3.16 和表 3.17 中。

表 3.16　实验参数

L/mm	a_0/ mm	a/ mm	b / mm	h / mm

表 3.17　实验数据

质量/kg	0	1	2	3	4	5
ε_1						
$\Delta\varepsilon_1$						
$\overline{\Delta\varepsilon_1}$						
ε_2						
$\Delta\varepsilon_2$						
$\overline{\Delta\varepsilon_2}$						

2. 对实验结果进行分析。

实验三　梁在纯弯曲时正应力测定

一、实验目的

1. 熟悉纯弯曲施加载荷的方式；
2. 实现梁在纯弯曲情况下，不同载荷时正应力的测定；
3. 通过实验验证理论的正确性。

二、实验装置及图示

1. 积木式组合实验台组件（图 3.39）；
2. 力传感器；
3. 应变仪；
4. 电阻应变仪。

三、实验原理

实验装置原理图如图 3.40 所示，按照纯弯曲时应力公式进行梁弯曲时所受应力公式推导：

由力的平衡可知

$$F = \frac{P}{2} \quad (3.70)$$

同时，弯矩

图 3.39　实验装置实物

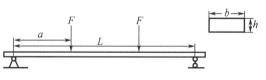

图 3.40　实验装置原理图

$$M = Fa \tag{3.71}$$

式中 P——载荷值($2F$);

M——与简支端距离为 a 的截面弯矩。

代入材料力学纯弯曲公式可得在力的作用下,其应力为

$$\sigma_1 = M/W_z = Fa/(\frac{1}{6}bh^2) \tag{3.72}$$

四、实验方法

1. 利用 4017 数据采集仪对传感器进行标定。
2. 搭建组合台:
   (1) 搭建对梁的支撑装置;
   (2) 构建加力装置以及完善测力系统;
   (3) 在梁的既定位置贴应变片,完成接线。
3. 逐级加载荷并进行测量(也可采用连续加载及数据采集)。

五、实验结果与分析

1. 将实验结果填入表 3.18 和表 3.19 中。

表 3.18 实验参数

L/mm	a/mm	b/mm	h/mm

表 3.19 实验数据

P	0	1	2	3	4
$\varepsilon_1/10^{-6}$					
$\Delta\varepsilon_1/10^{-6}$					
$\varepsilon_2/10^{-6}$					
$\Delta\varepsilon_2/10^{-6}$					

2. 对实验结果进行分析。

实验四 梁的挠度和转角的测定

一、实验目的

1. 通过对组合台的搭建实现对不同弯曲情况下梁上挠度及转角的测定;
2. 验证材料力学经典情况挠度和转角的关系;
3. 实验和理论相结合,验证理论的正确性;
4. 小挠度下载荷与变形的线性关系。

二、实验装置及图示

1. 组合台各种组合件(图 3.41);

2. 百分表两个(每小格 0.01 mm);

3. 砝码;

4. 标准梁试件。

三、实验原理

实验装置原理图如图 3.42 所示,由材料力学知识可推知,载荷作用下梁上一点的挠度及转角为

图 3.41 实验装置实物

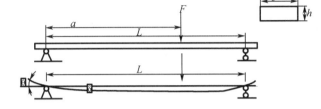

图 3.42 实验装置原理图

$$\delta = -\frac{Pbx}{6EIL}(L^2 - x^2 - b^2) \quad (0 \leq x \leq a) \tag{3.73}$$

$$\delta = -\frac{Pb}{6EIL}\left[\frac{1}{b}(x-a)^3 + (L^2 - b^2)x - x^3\right] \quad (a \leq x \leq L) \tag{3.74}$$

$$\theta = -\frac{Pab(L+b)}{6EIL} \tag{3.75}$$

式中 L——梁的跨度,$L = a + b$;

a——左侧简支端到载荷处的距离。

实验测量值:$\theta = \overline{\delta_2}/r$,$\overline{\delta_2}$ 为百分表在该处的测量值,是线位移,需转化。

四、实验方法

1. 利用砝码进行加载,然后利用百分表测量梁的挠度与转角(用线位移代替,需转化)。

2. 搭建组合台:

(1)搭建对梁的支撑装置,并完成安装(支撑部分采用线接触)以提供支反力约束;

(2)安装砝码加载装置。

3. 在选定部位分别放置百分表。

4. 进行加载并进行数据记录。

五、实验结果与分析

1. 将实验数据填入表 3.20 和表 3.21 中。

表 3.20 实验参数

跨度 L/mm	梁宽 b/mm	梁厚 h/mm	截面惯性矩 I_z/mm⁴

表 3.21　实验数据

P/kg		0	1	2	3	4	5
	ΔP						
挠度	δ_1						
	$\Delta \delta_1$						
转角	δ_2						
	$\Delta \delta_2$						

2. 对实验结果进行分析。

实验五　超静定实验

一、实验目的

1. 进一步认识组合实验台,并用其实现超静定实验;
2. 验证材料力学关于一次超静定梁计算公式的正确性;
3. 了解应变片,掌握应变片的贴片方法及其使用,了解电测原理。

二、实验设备

1. 组合实验台及其相关部件如图 3.43 所示;
2. 应变仪;
3. 挠度计或百分表。

三、实验原理

按图 3.43 所示结构简图搭建实验平台,其原理图见图 3.44,可实现材料力学中超静定梁实验的测定。由图 3.44 可知本实验为一次超静定。通过在托盘上加载砝码来实现加载,然后用挠度计(或百分表)与梁上粘贴的应变片可实现梁上一点的应力与位移测定。

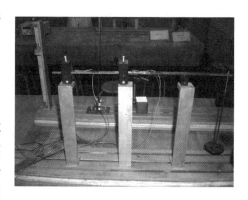

图 3.43　装置实物图

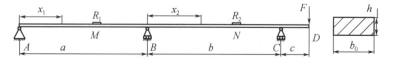

图 3.44　装置原理图

R_1,R_2 为粘贴的应变片。设梁跨 AB,BC,CD,梁的高度为 h,宽度为 b_0,R_1 距 A 端 x_M,R_2 距 B 端 x_N,梁的杨氏模量为 E,实验中采用钢梁,E 取 210 GPa。

由材料力学知识,可知梁的惯性矩为

$$I = \frac{1}{12}b_0 h^3 \tag{3.76}$$

由实验图 3.44 可知为一次超静定结构。将 C 点多余约束去除,代以约束反力 R_c,将结构变成静定结构。在 C 点加单位力 1 时,在 C 处产生的位移为

$$\delta_{11} = \frac{1}{3EI}b^2(a+b) \tag{3.77}$$

又在 D 点加单位力 1 时在 C 点产生的位移为

$$\Delta_F = -\frac{1}{6EI}(2ab^2 + 2abc + 2b^3 + 3b^2c) \tag{3.78}$$

在约束反力和外力作用下,C 点必须满足位移为 0 条件,即

$$R_c \delta_{11} + F\Delta_F = 0 \tag{3.79}$$

解方程得

$$R_c = -\frac{\Delta_F}{\delta_{11}}F = \frac{2ab + 2ac + 2b^2 + 3bc}{2ab + 2b^2}F = (1 + \frac{2ab + 3bc}{2ab + 2b^2})F \tag{3.80}$$

式中,F 为 D 点所加的外载荷。

得 C 点反力后,即可求得 A 点和 B 点反力,进一步可求得 AB 段及 BC 段梁弯矩表达式

$$M_1(x_1) = \frac{b}{a}R_c x_1 - \frac{b+c}{a}Fx_1 = \frac{bc}{2a(a+b)}Fx_1 \quad (0 \leqslant x_1 \leqslant a) \tag{3.81}$$

$$M_2(x_2) = R_c(-x_2 + b) + F(x_2 - b - c)$$
$$= -\frac{c(2a+3b)}{2b(a+b)}Fx_2 + \frac{bc}{2(a+b)}F \quad (a \leqslant x_2 \leqslant b) \tag{3.82}$$

由材料力学纯弯曲梁的应力公式可近似得应力表达式(忽略剪力影响)

$$\sigma = -\frac{M}{I}y \quad (\text{梁上部受压}) \tag{3.83}$$

测点应力理论计算公式

$$\sigma_M = \frac{M_M}{I} \cdot \frac{h}{2} = \frac{6M_1 x_M}{b_0 h^2} \tag{3.84}$$

$$\sigma_N = \frac{M_N}{I} \cdot \frac{h}{2} = \frac{6M_2 x_N}{b_0 h^2} \tag{3.85}$$

测点应力实测公式

$$\sigma'_M = E\varepsilon_1 \tag{3.86}$$

$$\sigma'_N = E\varepsilon_2 \tag{3.87}$$

四、实验步骤

1. 测定梁的相关常数,实验中梁的高度(厚度)为 h,宽度为 b_0;
2. 按实验装置图搭建实验平台,注意梁跨度的要求;
3. 在各跨梁的中间贴上应变片,测量其具体位置;
4. 将应变计连接到应变仪上,并加温度补偿片;
5. 砝码加载,每次增加一个砝码(每个质量为 1 kg),计一次应变仪的读数。

五、数据处理与理论值的对比

1. 将梁的参数填入表 3.22 中。

表 3.22 结构参数

梁高 h/mm	梁宽 b_0/mm	a/mm	b/mm	c/mm	X_1/mm	X_2/mm

2. 将应变仪读数填入表 3.23 中。

表 3.23 实验记录表

加载质量/kg	1	2	3
测点 1 /10^{-6}			
测点 2 /10^{-6}			

3. 将测点应力实测值与理论值对比,并填入表 3.24 中。

将理论值和实测值分别代入理论计算公式 (3.84)、公式 (3.85) 和实测计算公式 (3.86)、公式 (3.87)。

表 3.24 实验结果处理

实验次数	测点 1			测点 2		
	实测值/MPa	理论值/MPa	误差/%	实测值/MPa	理论值/MPa	误差/%
1						
2						
3						

4. 对实验结果进行分析。

实验六 桁架应力测定实验

一、实验目的

1. 通过对焊接、铆接和铰接不同连接方式的工程结构施加不同的载荷,测量出各构件所受的内力值,并与相应材料与尺寸的理想桁架杆件内力的理论计算值进行分析比较,加深对实际工程结构的力学建模的认识;
2. 测定桁架在指定节点处受力时桁架杆件中产生的应变与应力;
3. 进一步掌握电阻应变仪使用及全桥接线方法。

二、实验仪器:

1. GL-11 型工程结构内力实验台;
2. 电阻应变仪。

三、实验原理

对不同连接形式的桁架(图 3.45)中的各杆应力进行测定和理论计算,并将各杆应力的实验值和理论值进行比较。实验时,利用手轮对桁架进行加载,载荷大小由测力传感器测量。将粘贴在桁架各杆上的应变片以全桥接线法的方式连接到电阻应变仪上,每加一级载荷,读取应变仪上的读数,直至全部载荷加完位置。

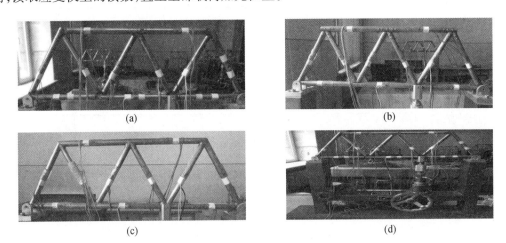

图 3.45　桁架结构实验装置
(a)铰接桁架;(b)铆接桁架;(c)焊接桁架;(d)实物装置图

实验中的桁架为静定结构,采用理论力学进行桁架内力分析时,有以下假设:
1. 结构中每根杆件的两端由理想铰链连接,并称各铰链接头为节点;
2. 各杆件的轴线必须是一条直线;
3. 所有杆件的轴线必须是一条直线;
4. 载荷必须加于理想铰链的几何中心,即桁架的节点上。

因此,理想桁架中各杆件均为二力杆,即只产生拉压变形。显然,理想桁架与实际的工程结构存在着较大的差别,因此,理论计算常常与实际结果存在一定的差异。若这种差异处于工程允许范围之内,理论分析就有很大的价值,了解这种差异对于正确建立力学模型有深刻的意义,为了便于对比分析,工程结构内力测试台测试构架分别采用了铰接、焊接与铆接三种不同连接形式。对于理想桁架的理论计算可采用节点法和截面法进行。

实验桁架计算简图如图 3.46 所示,节点采用了销钉连接及焊接、铆接连接,各点约束情况均可视为铰支。载荷加在节点上。该结构比较接近于平面理想桁架,可按理想桁架进行理论计算。

支座反力:
$$F_{YA} = P/3 \qquad F_{YB} = 2P/3$$

A 点受力如图 3.47(a)所示。

由平衡条件可求出
$$F_{AC} = (P/3 \times L)/H \qquad F_{AD} = F_{AC}/2$$

B 点受力如图 3.47(b)所示。

由平衡条件可求出
$$F_{BG} = (2P/3 \times L)/H \qquad F_{BF} = F_{BG}/2$$

C 点受力如图 3.47(c)所示。根据平衡条件可求出 F_{CE} 和 F_{CD}(此处略)。

同理,其余各杆的内力均可由节点法求出。

由材料力学可知,各杆应力的理论值可由公式 $\sigma = F/A$ 求出。

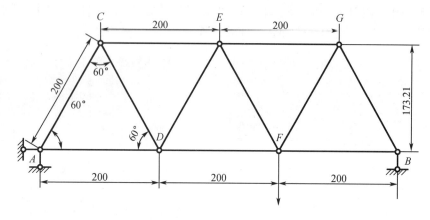

图 3.46 计算简图

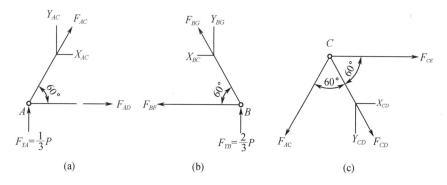

图 3.47 节点受力图

各杆应力的实验值可由公式 $\sigma = E\varepsilon$ 求出。

每根杆的长度 $L = 200$ mm,高度 $H = 173$ mm,其余几何尺寸见表 3.25。

表 3.25 杆件的几何尺寸

不锈钢圆管的尺寸和有关参数	
计算长度 $L = 200$ mm	
铰接	弹性模量 $E = 203$ GPa
外径 $D = 15.9$ mm	泊松比 $\mu = 0.28$
内径 $d = 13.1$ mm	面积 $A = \pi(D/2)^2 - \pi(d/2)^2$
焊接	弹性模量 $E = 203$ GPa
外径 $D = 15.9$ mm	泊松比 $\mu = 0.28$
内径 $d = 13.1$ mm	面积 $A = \pi(D/2)^2 - \pi(d/2)^2$
铆接	弹性模量 $E = 203$ GPa
外径 $D = 15.9$ mm	泊松比 $\mu = 0.28$
内径 $d = 13.1$ mm	面积 $A = \pi(D/2)^2 - \pi(d/2)^2$

四、实验内容及主要步骤

1. 将被测杆件上的电阻应变片与温度补偿块的电阻应变片,按全桥方式接入静态电阻应变仪上,并请老师检查(AB,CD 两端接工作应变片,CB,AD 两端接温度补偿应变片;应变仪读数应为杆中应变值的 2 倍)。

2. 打开应变仪预热 5 min,把传感器的连接头按插槽的方向插入应变仪,并在仪器上设置好单位(t,kg,kN,N)、灵敏度、满量程及报警值、应变片灵敏度 K 值。

3. 预热后加预载 200 N,将应变仪的读数清零。

4. 待电桥平衡后,开始正式缓慢加载并读取应变值,每加一级载荷记录应变仪的读数。

5. 实验重复 3~5 次,最后将应变值计算平均。

五、实验数据处理(整理表格、计算过程、计算结果)

1. 桁架结构尺寸数据记录

实验中对每种连接方式的桁架任取两根杆件进行测试。将测得的实验数据填写在表 3.26 中。

表 3.26 实验数据记录表

载荷/N		应变仪读数/10^{-6}											
		铰接桁架				铆接桁架				焊接桁架			
P	ΔP	ε_1	$\Delta\varepsilon_1$	ε_2	$\Delta\varepsilon_2$	ε_1	$\Delta\varepsilon_1$	ε_2	$\Delta\varepsilon_2$	ε_1	$\Delta\varepsilon_1$	ε_2	$\Delta\varepsilon_2$
200													
700													
1 200													
1 700													
$\overline{\Delta P}=$		$\overline{\Delta\varepsilon_1}=$		$\overline{\Delta\varepsilon_2}=$		$\overline{\Delta\varepsilon_1}=$		$\overline{\Delta\varepsilon_2}=$		$\overline{\Delta\varepsilon_1}=$		$\overline{\Delta\varepsilon_2}=$	

2. 数据处理要求

(1)用测得的实验数据计算出杆件中应力的实验值并写出主要计算过程,填写在表 3.27 中。

(2)利用理论力学对桁架进行分析,求出测量的两根杆的内力,然后计算出杆件应力的理论值,写出理论的计算过程,填写在表 3.27 中。

(3)对理论值与实验值进行比较,写出产生误差的原因。

表 3.27 结果处理

测点		σ_1	σ_2	误差/%
铰接桁架	理论值/MPa			
	实验值/MPa			
铆接桁架	理论值/MPa			
	实验值/MPa			
焊接桁架	理论值/MPa			
	实验值/MPa			

六、思考题

在本实验中,为什么节点处可处理为铰节点,会产生什么影响?

实验七　压杆的稳定性

一、实验目的

1. 测定低碳钢杆件在轴向压力作用下产生的应力情况和变形情况;
2. 验证材料力学中的欧拉公式,即 $P_{ij}=\dfrac{\pi^2 EI}{(\mu l)^2}$ 的正确性。

二、实验设备

1. 积木组合实验台相关部件,如图 3.48 所示;
2. 低碳钢薄杆;
3. 砝码;
4. 百分表等。

三、实验原理

根据实验装置图(图 3.48)及其原理图(图 3.49),可以测定压杆的稳定性。横杆可以视为一端自由,一端铰支的结构,它的刚度远大于压杆的刚度,所以在实验中横杆的变形可以忽略不计。由于已知托盘和低碳钢杆件距固定点的距离,由所加砝码的质量可求出压杆轴向所受的力,可以求得当压杆有微小变形时压杆所受的轴向力,得出的结果可与理论值进行比较。

图 3.48　实验装置图

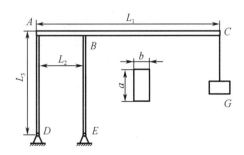

图 3.49　实验原理图

图 3.49 中，G 为临界时所加砝码重力，L_1 为托盘点 C 到点 A 的距离，L_2 为压杆点 B 到点 A 的距离，L_3 为点 A 到点 D 的距离，距离 AD 与 BE 相等。压杆的横截面如图 3.49 所示，长为 a，宽为 b。D,E 点是固定铰支，A,B 点为刚节点，C 点为施加载荷点。

由理论力学知识可知，在平面任意平衡力系中，设压杆的轴力为 N，由

$$\sum M_A(F_i) = 0; \sum M_A = -GL_1 + NL_2 = 0 \quad (3.88)$$

得

$$N = \frac{GL_1}{L_2} \quad (3.89)$$

由材料力学知识得，细长压杆在一端铰支一端固定的约束情况下的临界轴向压力可由公式给出

$$P_{lj} = \frac{\pi^2 EI}{(\mu L_3)^2} \quad (3.90)$$

此时长度系数 μ 可取 0.7，压杆的惯性矩为

$$I = \frac{ab^3}{12} \quad (3.91)$$

四、实验方法与步骤

1. 测量 L_1，L_2，L_3 的长度、横截面的长 a 与宽 b。分别测量三次，求得平均值。
2. 按实验图组装实验装置，连接实验仪器。
3. 逐次轻轻地加上砝码，观察压杆变形情况。当加压至压杆稍有较大变形时，记录砝码的数量。

五、实验数据及分析

1. 将实验结构参数填入表 3.28 中。

表 3.28 结构参数

弹性模量 E/MPa	a/mm	b/mm	L_1/mm	L_2/mm	L_3/mm	惯性矩/mm^4
210						

2. 将实验结果填入表 3.29 中。

表 3.29 实验结果数据表

载荷/kg	压杆横向位移/mm

3. 比较压杆临界压力的理论值与实验值,并填入表 3.30 中。

表 3.30 实验结果处理

理论值/N	
实验值/N	

4. 对实验结果进行分析。

实验八　自由落体冲击实验

一、实验目的

1. 在静态加载实验之后,进一步了解动态加载产生的力学效应;
2. 对试件受冲击的影响有一定的了解。

二、实验设备

1. 组合实验台台架及相关部件如图 3.50 所示;
2. 动态电阻应变仪。

三、实验原理

实验装置原理图如图 3.51 所示。梁尺寸及物块参数:跨度 l,梁高 h,梁宽 b,梁弹性模量 $E = 200$ GPa,密度 $\rho = 7.85$ g/cm³,冲击点位置 C,测点 D 位置 x_D,落锤质量 m。冲击时,物块运动受竖直光滑细杆约束,做自由落体运动,且为点接触,即点加载。落锤静载下,梁将产生静变形,将有静应变及静应力。冲击(即动载)作用下,梁将在初始激励下产生动响应。

图 3.50　实验实物图

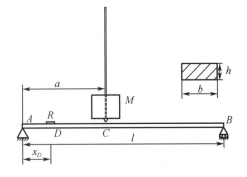

图 3.51　实验原理图

四、实验方法和步骤

1. 按实验装置图搭建实验台架,并测量梁的尺寸参数,梁的弹性模量 E 取 210 GPa;
2. 在合适的测点位置,粘贴应变片;

3. 将落锤静止加载于梁上(采用点加载),记录应变仪的读数;
4. 将落锤提高到高度 H,自由释放,用数据采集软件采集梁动态实时的应变响应过程;
5. 将静载下的应力与动载下的应力进行比较并与理论结果对比。

五、数据结果及处理

1. 记录梁及落锤几何参数,并填入表 3.31 中。

表 3.31 结构参数

梁高 h /mm	宽 b /mm	跨度 L /mm	测点 D 位置 x_D /mm	冲击点位置 C /mm	落锤质量 /kg

2. 记录静载实验数据,并填入表 3.32 中。

表 3.32 静载实验数据记录表

F /N				
微应变/ 10^{-6}				

3. 记录冲击载荷实验数据,并填入表 3.33 中。

表 3.33 冲击载荷实验数据记录

次数	1	2	3	4
落锤高度 h /mm				
冲击最大应变/ 10^{-6}				

4. 绘制冲击响应曲线图。
5. 对数据进行处理及分析。

七、思考

动态应变仪采样频率对实验有什么影响,与横梁振动的频率呈什么关系?

3.18 框架应力分析实验

一、实验目的

1. 测量超静定框架的内力,分析框架结构内力分布的特点;
2. 掌握组桥多点的测量技术和实测内力的方法,提高综合性实验的能力。

二、实验装置与仪器设备

1. WDW3100 型电子万能实验机;
2. 电阻应变仪;
3. 框架试样及球型支座;
4. 加载附梁一根。

框架实验装置图如图 3.52 所示。

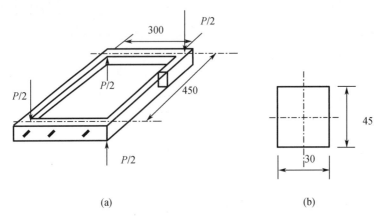

图 3.52　框架实验装置简图
(a)整体框架装置简图;(b)框架截面尺寸

三、实验背景

电测的一些基本构件实验,如矩形截面梁的弯曲应力、圆管弯扭组合受力实验等,这些实验由于构件几何形状简单,平面内受力,比较容易得到理论解。但在实际工程中,结构或构件的形状和受力都比较复杂。由于边界条件难以确定,对于工程结构往往利用简化模型进行近似理论计算,因此,难以得到准确的理论解。为了解这些结构和构件的应力与内力,通常采用实验的方法进行现场实测。所以,电测实验是直接解决工程实际问题的一种有效手段。

框架是工程中常见的结构形式。譬如,汽车的车架、农机具的机架、锻压机械的机架等都是框架结构形式。

对于这些典型的复杂结构,欲测定其内力,首先要分析结构内存在哪些内力,这些内力是如何分布的。在理论分析的基础上,确定电阻片的布置方案,通过实验并对实验数据进行处理,就可以得到结构内力的大小和分布。本实验采用的框架模型,外力是静定的,可根据平衡条件求解;而内力则是超静定的,需按超静定结构求解的方法进行求解。一般框架在空间载荷的作用下,任一截面存在有六个不同性质的内力分量。本实验用的框架,结构是对称的,载荷是反对称的,因此内力可以得到简化。在这种条件下,内力还存在哪几个分量,它们沿杆轴线方向是如何分布的? 这些问题需要在实验前应进行定性分析,用于指导电阻片粘贴方案的制订和实验顺利进行。

四、实验原理

框架装置的应变片粘贴位置如图 3.53 所示。

1. 弯矩计算

如果对应测点的两个应变片(一上一下两个应变片)的应变值为 ε_1 和 ε_2,则使用单臂测量方法测得的弯矩带来的应变值应该为 $\dfrac{\varepsilon_1+\varepsilon_2}{2}$,即两个应变片连入惠斯登线桥的相对桥臂上,而另外两个桥臂上接入温度补偿片。

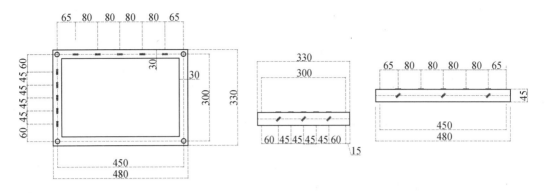

图 3.53 应变片粘贴位置示意图

2. 轴力计算

为了验证框架长肢或者短肢上是否有沿长度方向轴力的存在,需测定内部的轴力值。轴力值的大小为 $\frac{\varepsilon_1 - \varepsilon_2}{2}$,即两个应变片连入惠斯登线桥的相对桥臂上。

3. 剪力测定

由于弯矩引起的轴向变形在梁中性层处为 0,则在梁中性层上单元体仅存在梁长度方向的轴力(本实验中沿梁长度方向的轴力为 0)和竖向的剪力,此竖向的剪力由两部分组成,分别为梁两端竖向载荷引起的竖向剪应力以及对角端反向力扭矩产生的纯剪切作用。竖向外力产生的剪应力沿梁的内外两侧大小相等,方向相同;而扭矩产生的纯剪切作用产生的剪应力在梁的内外两侧大小相等,方向相反。当中性层贴片部位轴力为 0,处于纯剪切状态,则剪应力和测得的应变值之间的关系为 $\tau_{xy} = \frac{E}{1+\nu}\varepsilon_{45°}$。如果两侧测得的应变值为 ε_1 和 ε_2,则使用单臂测量方法测得的集中力对应的剪切应变值应该为 $\frac{\varepsilon_1 + \varepsilon_2}{2}$,测得的扭矩对应的剪切应变值应该为 $\frac{\varepsilon_1 - \varepsilon_2}{2}$。

五、实验步骤

1. 测试试样的几何数据;
2. 安装试件,接通电阻应变仪;
3. 根据本框架实际的布片方案,分别测量弯矩、扭矩的分布,将数据填写在预先制定好的表格中,计算出测量的应变对应的弯矩和扭矩值;
4. 使用电子万能实验机进行加载,依次记录测试应变数据,并用百分表测量加力点的位移;
5. 计算各点理论应力值,与实验结果进行对比分析。

六、实验报告要求

实验报告应包括以下内容:
1. 实验目的;
2. 实验装置简图;
3. 实验原理简述;
4. 实验内容及实验步骤;

5. 实验数据整理(列表),结果计算。

本实验数据整理与结果计算还应包括以下内容:

(1) 画出框架的布片图及测量截面的编号;

(2) 根据测量数据,计算框架各截面的内力值,并绘制弯矩、扭矩沿杆轴线的分布图(注意:起点应外延至框架的角点处);

(3) 几何角点的平衡、计算误差、分析误差产生的原因。

6. 误差分析及讨论。

3.19 云纹干涉测材料弹性常数

一、实验目的

1. 掌握云纹干涉技术的基本原理;
2. 掌握由平面内位移场得到相关应变场的方法。

二、基本原理

基本原理如图 3.54 所示。

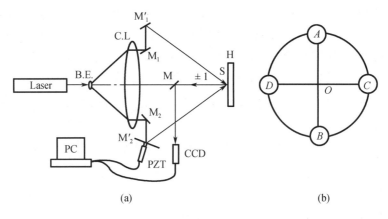

图 3.54 装置原理图

三、实验装置

1. 三维云纹干涉系统;
2. 试件。

实验装置如图 3.55 所示。

四、实验步骤

1. 将表面带有正交光栅的试件 S 安放在可调节工作台的中心,调整试件的位置,使光栅的两个方向分别处在水平、竖直方向。

2. 开启激光器,从激光器发出的激光,经过扩束、准直后成为直径为 206 mm 的平行光分别入射到 M_1, M_2, M_1', M_2',经过这四个全反镜光再入射到 M_3, M_4, M_3', M_4',进行二次全反射,调整各个反射镜的位置与角度,使它们的中心以相同的角度(与试件表面的法线方向的夹角,$\alpha = \arcsin f\lambda$)入射到试件 S 上的同一点。

3. 细调各个全反镜的位置和方向,使得四束入射光的 +1 或 -1 级衍射光与试件表面的法线方向一致。这样 M_3,M_4 的 +1 或 -1 级衍射光在空间叠加产生干涉条纹,这个干涉条纹相当于一个虚光栅,它与试件上水平方向光栅方向一致,并叠加产生 moire 条纹,即零场;同理,M_3',M_4',可以产生垂直方向的零场。用 CCD 记录并保存这两个方向的 moire 条纹。

4. 加载,使试件发生形变(典型拉伸试件如图 3.56 所示),它会带动其表面的试件栅一起变化,而处在空间的 M_3,M_4,M_3',M_4' 并没有发生变化,即虚光栅没有变化,它与变化了的试件栅叠加在一起时,会分别在水平、竖直方向都产生 moire 条纹,即产生两个位移场:U 场和 V 场。这两个位移场与变形前的 moire 条纹比较,便可得到试件的变形情况。

图 3.55　三维云纹干涉系统

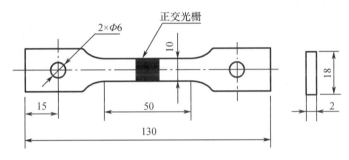

图 3.56　试件尺寸及光栅位置

五、实验数据处理

通过 U 场和 V 场,可求出沿加载方向的应变 ε_x 和垂直的应变 ε_y,那么泊松比为

$$\mu = \left| \frac{\varepsilon_y}{\varepsilon_x} \right|$$

弹性模量为

$$E = \frac{\sigma_x}{\varepsilon_x} = \frac{\Delta F}{S\varepsilon_x}$$

式中　ΔF——所加载荷,N;
　　　S——截面面积,mm^2。

六、思考题

1. 试举例说明云纹干涉法技术可能的应用领域。
2. 应用云纹干涉法与电阻应变片测试材料的弹性常数有何异同?

3.20 散斑干涉测面内位移实验

一、实验目的

1. 认识散斑现象和散斑的电子记录；
2. 了解电子散斑干涉的原理和用途；
3. 了解电子散斑图像处理的过程；
4. 学会用电子散斑干涉的方法测量面内位移。

二、实验设备及光路

1. 电子散斑干涉仪；
2. 三点弯曲梁试件及加载附件。

实验的光路如图 3.57 所示。

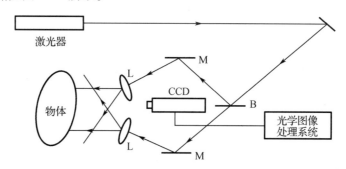

图 3.57　面内位移敏感的电子散斑干涉系统
B—分光镜；M—反射镜；L—扩束镜；CCD—电视摄像头

三、实验步骤

1. 按图 3.57 布置好光路；
2. 采用基于 MeteorII 图像采集卡的图像处理软件,利用其 ESPI 实时相减功能,采集过程如下所示：

首先,点击 ESPI Reference 菜单命令或相应的按钮 ▣,使图像采集过程进入 ESPI 实时相减采图方式；同时采集 ESPI 参考散斑场图像。

其次,点击 ESPI Camera 菜单命令或相应的按钮 ▣,使图像采集过程进入 ESPI 实时相减采图过程,此时,在试件未加载情况下,所显示的图像应为全黑；对试件加载,可以在计算机上看到实时相减的相关条纹。

再次,点击 ESPI Pause 菜单命令或相应的按钮 ▣,使 ESPI 实时相减采图过程暂停；此时计算机显示的图像冻结,可以选用 Image Export 菜单命令或相应的按钮 ▣,将当前冻结的图像保存到计算机里。

四、实验数据及处理

梁试件的横截面积尺寸 $h =$ _____ mm, $b =$ _____ mm。

镜头到试件的垂直距离 = _____ mm

根据测试图像,识别条纹级数,给出等间隔点相应挠度,填入表3.34中。

表3.34 实验结果处理

坐标/mm							
条纹级数							
挠度							
理论值							
误差							

注:三点弯曲的挠曲线公式为 $W = \dfrac{Fx}{48EI}(3l^2 - 4x^2)$,其中 l 为梁的跨长。

五、绘制挠曲线分布图(理论和实验的曲线分布图画在同一图上)

(略)

3.21 剪切散斑干涉实验

一、实验目的

1. 认识散斑现象和散斑的电子记录;
2. 了解剪切电子散斑干涉的原理和用途;
3. 了解剪切电子散斑图像处理的过程;
4. 学会使用剪切散斑干涉系统检测缺陷。

二、实验设备

1. 剪切散斑干涉系统。
2. 试件。

剪切电子散斑干涉大多使用剪切棱镜。常见的剪切棱镜是 Wollaston 棱镜。该棱镜由两个直角棱镜组成,当一束光垂直入射到棱镜表面上时,在后表面形成两束互相分开的,振动方向互相垂直的平面偏振光。这两束光互为参考光和物光而干涉,但其振动方向互相垂直,所以需要在棱镜后加一块偏振片,使其振动方向相同。光路布置如图3.58所示。它的优点在于光路布置简单,两束相干光波强度基本相等,因而可达到等光强的要求。

电子剪切散斑干涉仪如图3.59所示。

三、实验步骤

1. 按图3.58布置好光路。
2. 采用基于 MeteorII 图像采集卡的图像处理软件,利用其 ESPI 实时相减功能,采集过程描述如下:

首先,点击 ESPI Reference 菜单命令或相应的按钮 ![按钮],使图像采集过程进入 ESPI 实

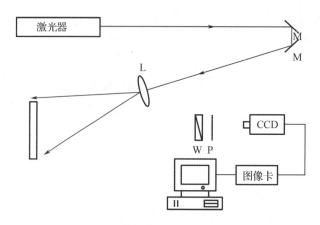

图 3.58　剪切电子散斑干涉光路图

L—扩束镜；M—反射镜；W—Wollaston 棱镜；P—偏振镜

时相减采图方式；同时采集 ESPI 参考散斑场图像。

其次，点击 ESPI Camera 菜单命令或相应的按钮 ![icon]，使图像采集过程进入 ESPI 实时相减采图过程，此时，在试件未加载情况下，所显示的图像应为全黑；用吹风机对试件加热，可以在计算机上看到实时相减的相关条纹。

再次，点击 ESPI Pause 菜单命令或相应的按钮 ![icon]，使 ESPI 实时相减采图过程暂停；此时计算机显示

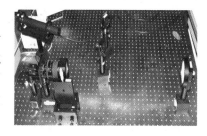

图 3.59　电子剪切散斑干涉仪

的图像冻结，可以选用 Image Export 菜单命令或相应的按钮 ![icon]，将当前冻结的图像保存到计算机里。

3. 根据采集到的图像分析试件表面缺陷的位置。

四、实验要求

1. 掌握并理解电子剪切散斑的基本原理；
2. 学会从采集到的图像定性分析缺陷的大小。

3.22　激光全息干涉实验

一、实验目的

1. 了解光的干涉、衍射及全息照相的特点；
2. 了解全息干涉计量技术原理、特点及其在力学上的应用；
3. 学习全息干涉计量技术的操作及实验方法。

二、实验光路

典型光路系统如图 3.60 所示。

图 3.60 中的光路系统可以用于离面或面内位移的测量，图示光路主要用于离面位移

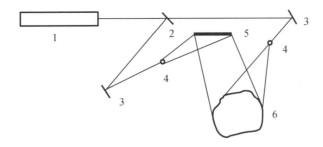

图 3.60 光路图

1—激光器(Laser);2—分光镜(Beamsplitter);3—反射镜(Mirror);4—扩束镜(Expander);
5—全息干板(Holographic Plate Holder);6—被测物(Testing Object)

测量。

实物如图 3.61 所示。

三、实验步骤

1. 按实验光路检查光学元器件。
2. 确定实验光路中心高度。
3. 将激光器调整至中心高度,射出的激光束调整到与防震台面保持平行。
4. 按实验光路布置渐变分光镜、全反射镜、试件与漫射屏。激光束经过分光镜后分成两束(物光和参考光),最终照射在漫射屏上。
5. 转变渐变分光镜,调整投射光(物光)和反射光(参考光)的光强分配,最终照射在漫射屏上的物光与参考光的光强比在 1:1~1:5 之间。

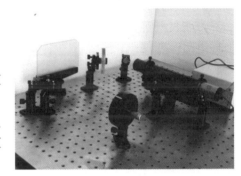

图 3.61 全息干涉系统

6. 适当调整全反射镜的位置,使物光和参考光的光程大致相等。两者间的夹角在 20°~30° 之间。
7. 在光路中放置过半球扩束镜,获得均匀的发散光。
8. 遮住激光束,在暗房环境下将漫射屏换成全息干板,并对全息干板进行第一次曝光。
9. 所有光学元件均保持不变,对试件中心加一微小载荷,再对全息干板进行第二次曝光。
10. 对经过曝光的全息干板做显影、定影、冲洗处理。
11. 激光以参考光相同的角度照射全息干板,实施全息再现,就可以清楚地观测到干涉条纹。典型的全息干涉图如图 3.62 所示。
12. 关闭光源,卸下载荷,取下模型,整理记录。

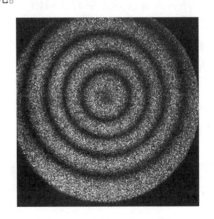

图 3.62 典型全息干涉图

四、实验要求

1. 掌握激光全息干涉原理；
2. 学会搭建并调整激光全息干涉的光路图。

3.23 平面应变断裂韧度

一、实验目的

1. 测定材料的平面应变断裂韧度 K_{IC}；
2. 学会使用有关仪器设备，掌握实验数据处理方法。

二、实验设备

1. 高频疲劳实验机；
2. 万能材料实验机；
3. 电阻应变仪；
4. 夹式引伸计；
5. 工具显微镜。

三、实验原理

对 I 型（张开型）裂纹的断裂准则为：当应力强度因子 K_I 达到其临界值 K_{IC} 时，裂纹即失稳扩展而导致断裂。K_{IC} 可由带裂纹的试件测得，它代表材料抵抗裂纹失稳扩展的能力，称为"断裂韧度"。在测试 K_{IC} 时，试样的 K_I 表达式是已知的，$K_I = Y\sigma\sqrt{\pi a} = Y'F\sqrt{\pi a}$，其中 Y, Y' 是试样的形状因子，在试样形状、尺寸和加载方式为一定的条件下它们是常数；σ 是加在试样上的载荷 F 引起的应力；a 是裂纹尺寸（长度或深度）。所以，在测试时，只要在试样的加载过程中，测出裂纹扩展时的临界载荷 F_c（或是临界应力 σ_c）和试样裂纹尺寸 a，就可以求出试样材料的临界应力强度因子。如果试样尺寸满足平面应变和小范围屈服条件，此时的临界应力强度因子即为材料的平面应变断裂韧度 K_{IC}。由于要求试样在平面应变和小范围屈服条件下失稳扩展，裂纹亚临界扩展不明显，裂纹失稳扩展前仍为原长 a，所以，平面应变断裂韧度 K_{IC} 的测定，实际上就是临界载荷 F_C 的测定。

根据国标 GB/T 4161—2007，测定 K_{IC} 最常用的试件为三点弯曲试件，其强度表达式为

$$K_I = \frac{F \cdot S}{BW^{3/2}} \cdot Y_1\left(\frac{a}{W}\right) \tag{3.92}$$

式中 S——试样支点间的跨距；

　　　W——试样的宽度，$S/W = 4$。

$$Y_1\left(\frac{a}{W}\right) = \frac{3\left(\frac{a}{W}\right)^{1/2}\left[1.99 - \left(\frac{a}{W}\right)\left(1 - \frac{a}{W}\right)\left(2.15 - 3.93\frac{a}{W} + 2.7\frac{a^2}{W^2}\right)\right]}{2\left(1 + 2\frac{a}{W}\right)\left(1 - \frac{a}{W}\right)^{3/2}}$$

四、试样

1. 试样的形式

标准三点弯曲试样如图 3.63 所示,$S/W=4$,$W/B=2$。实验装置如图 3.64 所示。

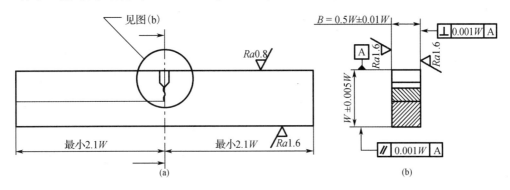

图 3.63　标准三点弯曲试件

2. 试样尺寸

试样的厚度 B,裂纹长度 a 均应大于或等于 $2.5\left(\dfrac{K_{IC}}{\sigma_s}\right)^2$。在具体设计试样时,可以估计材料的 K_{IC} 值,或者参考同类材料的 K_{IC} 值来确定试样的尺寸,也可以根据材料的屈服极限 σ_s 与弹性模量 E 的比值 σ_s/E 来估算试样尺寸。

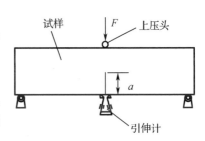

图 3.64　K_{IC} 测试实验装置示意图

3. 试样的制备

裂纹总长度 a,名义上等于 $0.5W$,但可以为 $0.45W\sim0.55W$,其中疲劳裂纹长度要求超过裂纹总长度的 5%,且不得小于 1.5 mm,一般以 3～5 mm 为宜。

试样上的裂纹可先机械加工出一个缺口,然后用线切割法切出窄缝,或直接用线切割法切出窄缝,最后在疲劳实验机上施加交变循环载荷预制疲劳裂纹。

预制疲劳裂纹时,要求

$$K_{max}/K_{IC} < 0.6 \quad \text{或} \quad K_{max}/E < 0.01 \text{ mm}^{1/2}$$

其中,K_{max} 为疲劳应力强度因子的最大值。

五、实验步骤

1. 试件外形尺寸的测量,在裂纹附近部位测量厚度 B 和宽度 W。
2. 安装实验机夹具与试件,调整跨度 S,使之等于 $4W$,并测量 S 值。
3. 安装夹式引伸仪,连接电阻应变仪。
4. 将估算的 K_{IC} 值和 $a=0.5W$ 代入 K_I 公式,算出对应的 F 值作为最大实验载荷的估算值,用以选择适当的实验机载荷量程。
5. 对引伸仪、电阻应变仪进行校准。
6. 对试件进行连续均匀加载,直至试件完全断裂,记录下完整的 $F-V$ 曲线,并记录 F_{max}。
7. 在断裂后的试样断口上,用放大倍数为 30～50 的测量显微镜或工具显微镜测量裂纹长度 a,在 $B=0,\dfrac{1}{4}B,\dfrac{1}{2}B,\dfrac{3}{4}B,B$ 的位置上测量裂纹长度 a_1,a_2,a_3,a_4,a_5。精确到 5%a,取 $a=\dfrac{1}{3}(a_2+a_3+a_4)$ 作为裂纹长度的平均值。

六、实验结果处理及 K_{IC} 有效性的判断

1. 条件临界载荷 F_Q 的确定

在 $F-V$ 曲线上，按斜率下降 5% 方法确定临界载荷 F_Q。

2. 条件断裂韧度 K_Q 的计算

将 F_Q 和所测得的 a 值代入试件的应力强度因子公式(3.92)即得 K_Q。

3. K_Q 的有效性判断

计算得到的 K_Q 是否就是材料的平面应变断裂韧度 K_{IC}，必须进行有效性判断，当 K_Q 满足：

(1) $F_{\max} / F_Q \leqslant 1.10$

(2) $B \geqslant 2.5 \left(\dfrac{K_Q}{\sigma_s} \right)^2$

两个条件时，$K_Q = K_{IC}$，否则必须换成较大试样重新测试。

3.24 光纤光栅传感器应变测试实验

一、实验目的

1. 了解布拉格光纤光栅应变传感器测量原理；
2. 学习使用光纤光栅解调仪；
3. 利用光纤光栅传感器测量混凝土试块的应变；
4. 学会对测量到的数据进行处理。

二、实验设备

1. 光纤光栅应变传感器；
2. TFBGD-9000 光纤光栅解调仪；
3. 电子万能实验机；
4. 电阻应变仪。

三、实验原理

实验中的试件采用预埋光纤光栅应变传感器的混凝土立方体试件，试件的边长为 100 mm，然后放在电子万能实验机下做压缩实验，测试在受载过程中的混凝土变形情况。测试过程中为了对实验数据进行验证，在混凝土试件的表面沿着受力方向粘贴电阻应变计，并利用电阻应变仪监测混凝土试件表面的应变情况，实验完毕后将二者的数据进行对比分析。

如图 3.65 所示，光纤布拉格光栅传感器的结构是利用紫外激光在光纤纤芯上刻写一段光栅，当光源发出的连续宽带光 L_i 通过传输光纤射入时，在光栅处有选择地反射回一个窄带光 L_r，其余宽带光 L_t 继续透射过去，在下一个具有不同中心波长的光栅处进行反射，多个光栅阵列形成光纤布拉格光栅(FBG)传感网络。各 FBG 反射光的中心波长为 λ，则

$$\lambda = 2n\Lambda$$

式中　n——纤芯的有效折射率；

　　　Λ——纤芯折射率的调制周期。

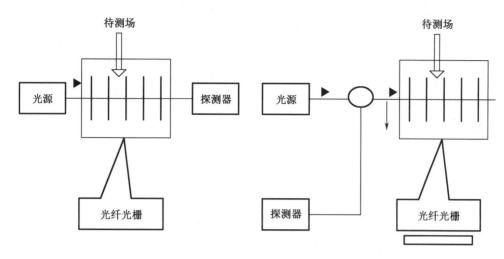

图 3.65 光栅测试原理示意图

作用在 FBG 传感器结构上有入射光谱与反射光谱及透射光谱等 3 种光谱。而反射回来的窄带光的中心波长随着作用于光纤光栅的温度和应变呈线性变化,中心波长的变化量为 $\Delta\lambda$。

光纤光栅反射中心波长(短周期光纤光栅)或透射中心波长(对长周期光纤光栅)与介质折射率有关,在温度、应变、压强、磁场等一些参数变化时,中心波长也会随之变化。通过光谱分析仪检测反射或透射中心波长的变化,就可以间接检测外界环境参数的变化,即其变化量与应变量及温度变化相关。

基于 FBG 传感网络的分析仪可以在反射光中寻址到每一个光栅传感器。根据 $\lambda = 2n\Lambda$ 中变化量 $\Delta\lambda$,并利用参考光信息可以解调出被测量的温度和应变值。将 FBG 附着于材料性能和几何尺寸确定的机械结构上还可以制造基于应变的力传感器、位移传感器和振动传感器等。

采用 FBG 作为温度和应变测量的敏感元件最显而易见的优势就是实现全光测量,监测现场可以没有电气设备,不受电磁干扰。另一个最主要的优势是被测量信息使用波长这种绝对量编码,不易受外部因素干扰,因而稳定性和可靠性极好。FBG 传感器可以经受几十万次循环应变而不劣化,测量应变可以精确到 0.1 $\mu\varepsilon$。同时由于单路光纤上可以制作上百个光栅传感器,特别适合组建大范围测试网络,实现分布式测试。

四、实验方法和步骤

1. 混凝土试件在制备过程中需先将光纤光栅应变传感器预埋到混凝土试件中,同时在测试前需要沿着试件受压方向粘贴电阻应变计,如图 3.66 所示。

2. 测量混凝土试件横截面的尺寸。

3. 将混凝土试件放到电子万能实验机的上下压板中间,注意需要放到压板的正中。

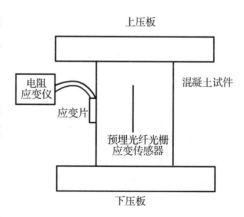

图 3.66 实验装置示意图

4. 将光纤光栅应变传感器接到光纤光栅解调仪上。

5. 将试件上的应变计连接到电子应变仪上。

6. 采用电子万能实验机对试件进行加载,并记录加载过程中的数据,载荷的施加采用等量加载法,同时记录电阻应变仪及光纤光栅解调仪的数据。

五、数据结果

1. 将实验数据填入表 3.35 中。

表 3.35 实验数据表格

载荷/t						
ε						
$\Delta\varepsilon$						
$\overline{\Delta\varepsilon}$						
λ						
$\Delta\lambda$						
$\overline{\Delta\lambda}$						

2. 对实验结果进行分析。

六、思考题

光纤光栅应变传感器测试过程中有哪些优点和局限性,主要适用在哪些方面?你能否利用实验室现有的实验条件设计一个结构健康监测实验项目?

3.25 力和变形数据的采集与处理

一、实验目的

1. 理解在机械万能实验机(或液压万能实验机)上低碳钢拉伸实验数据的采集与处理方法;

2. 了解 LabVIEW 软件,并学会 LabVIEW 软件所编写的虚拟仪器进行低碳钢的拉伸实验;

3. 能够用虚拟仪器所采集到的数据分析低碳钢的屈服极限 σ_s、强度极限 σ_b 和延伸率 δ。

二、实验设备

1. WJ-10B 型机械式万能实验机(或 WE-300A 型液压万能实验机);

2. BLR-1 型 5 t 的拉压力传感器(或 MCL-Z 型 30 t 拉压力传感器);

3. 自制引伸计;

4. 4017 数据采集仪和虚拟仪器分析系统。

三、试件

标距为 $l_0 = 100$ mm,$d_0 = 10$ mm 的标准圆截面试件。

四、实验原理

利用自制引伸计与拉压力传感器在机械式万能实验机上实现低碳钢拉伸实验力与变形的微机采集与处理。首先校核拉压力传感器以及自制引伸计,然后通过拉压力传感器测量试件拉伸时的拉力,用引伸计测量试件的变形数据,通过4017数据采集仪采集实验时的拉力信号与应变信号然后传入计算机,再由虚拟仪器编制的软件对所采集的数据进行分析与处理,并画出应力与应变的曲线图。

LabVIEW是一种程序开发环境,由美国国家仪器(NI)公司研制开发,使用的是图形化编辑语言G编写程序,产生的程序是框图的形式。传统文本编程语言根据语句和指令的先后顺序决定程序执行顺序,而LabVIEW则采用数据流编程方式,程序框图中节点之间的数据流向决定了VI及函数的执行顺序。VI指虚拟仪器,是LabVIEW的程序模块。

LabVIEW提供很多外观与传统仪器(如示波器、万用表)类似的控件,可用来方便地创建用户界面。用户界面在LabVIEW中被称为前面板。使用图标和连线,可以通过编程对前面板上的对象进行控制,这就是图形化源代码,又称G代码。LabVIEW的图形化源代码在某种程度上类似于流程图,因此又被称作程序框图代码。

五、实验方法与步骤

1. 利用4017数据采集仪进行传感器的校核。
2. 装夹试件、拉压力传感器、引伸计。
3. 连接4017数据采集仪,并进行调试。
4. 用所编写的虚拟仪器进行测量。
5. 当试件发生颈缩时,停止实验。注意:先停止软件,再停止实验机。
6. 取下试件,分析数据及画线,结束实验。

六、数据处理

对实验得到位移载荷曲线图、屈服极限 σ_s、强度极限 σ_b 和延伸率 δ 等进行处理及分析。

七、思考题

1. 比较一下采用电子万能实验机所做的拉伸实验和在本实验中所做的拉伸实验存在哪些区别和联系?
2. 在材料力学实验中,力与变形的测量应用范围很广,采用本实验中的装置设计其他的实验项目。

3.26 利用超声波检测方法测厚度

一、实验目的

测量金属标准试件的厚度。

二、实验设备

超声波检测仪,耦合剂,标准试件,待测试件,游标卡尺。

三、实验原理

利用压电材料产生超声波,入射到被检材料中;超声波传播到金属与缺陷的界面处时,就会全部或部分反射;反射回来的超声波被探头接收,通过仪器内部的电路处理,在仪器的荧光屏上显示出不同高度和有一定间距的波形;根据波形的变化特征判断缺陷在工件中的深度、位置和形状(图3.67)。

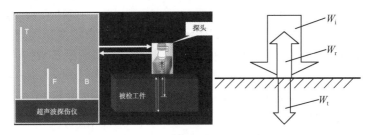

图 3.67 实验装置及原理图

当超声波垂直入射异质界面时会发生反射、透射和绕射。

脉冲反射法——利用超声波脉冲在试件的传播过程中,遇到声阻抗相差较大的两种介质界面时,将发生反射的原理进行检测的方法。探测波在遇到试件底面时,超声波会发射回来,超声波探头根据声波往返的时间来计算试件的厚度。

四、实验方法及过程

1. 材料声速的标定

步骤如下:

(1) 先初步设定一大概的声速值;

(2) 调节闸门逻辑为双闸门方式;

(3) 将探头耦合到一与被测材料相同且厚度已知的试块上;移动闸门 A 的起点到一次回波并与之相交,调节闸门 A 的高度低于一次回波最高幅值至适当位置,闸门 A 不能与二次回波相交;

(4) 移动闸门 B 的起点到二次回波并与之相交,调节闸门 B 的高度低于二次回波最高幅值至适当位置,闸门 B 不能与一次回波相交;

(5) 调节声速,使得状态行显示的声程测量值(S)与试块实际厚度相同,此时,所得到的声速就是这种探伤条件下的准确声速值;

(6) 设定闸门逻辑为单闸门方式,即设为进波报警或失波报警逻辑,此时声程测量的就是一次回波处的声程;

(7) 调节探头零点,使得状态行的声程测量值(S)与试块的已知厚度相同,此时所得到的探头零点就是该探头的准确探头零点。

材料声速未知,设置接近的材料声速为 5 920 m/s,设置闸门逻辑为双闸门方式,同时探头零点设置为 0;将探头耦合到 100 mm 的标定试块上,并将闸 A 门调到与一次回波相交的位置,将 B 闸门调到与二次回波相交的位置;增加声速值,直到一、二次回波间声程显示的值为 100 mm,便测得了材料的准确声速;再将闸门设置为单闸门方式,测量一次回波处的声程,连续调节探头零点直到一次回波处测得的声程值为 100 mm,便测得了探头零点。

将实验数据记录在表 3.35 中。

表 3.35　实验数据表

实测声速/(m/s)	探头零点/μs

2. 厚度测量

(1)将探头移到待测的试件上,测出厚度并记录下来;
(2)用游标卡尺测待测试件的厚度并记录下来;
(3)测试完毕,关闭并整理仪器。

将测出的试件厚度记录在表 3.36 中。

表 3.36　试件的厚度

试件编号	仪器测试值	游标卡尺测试值	误差
1			
2			

五、结果分析

试件厚度测量误差很小,主要是因为超声波回波探伤中,即使操作人员对探头作用力有变化或者其他因素引起底面回波高度有所变化,底面回波的位置也不会改变,所以缺陷埋深误差小。

厚度误差主要影响因素如下:

1. 试件声特性有变化。手持式超声波测厚仪是根据底面回波的回波时间来计算缺陷埋深的,声特性的改变可能引起超声波在试件中传播速度有所变化。
2. 探头发出波经过探头、耦合剂才能进入试件,进入试件之前的这段短暂的时间会引起回波位置偏后。
3. 仪器本身的误差。
4. 操作人员移动探头时用力不均,使耦合剂厚度变化,引起超声波传播时间变化。

六、实验要求

通过此次实验,掌握了手持式超声波测厚度仪的使用方法;掌握了仪器的性能指标及仪器各个按钮之间的关系。

3.27　电阻应变片的粘贴

一、实验目的

1. 初步掌握电阻应变片的粘贴技术;
2. 初步掌握应变片线脚的焊接技术及应变片粘贴质量检查的方法。

二、实验设备和器材

1. 电阻应变片;

2. 试件；

3. 砂布；

4. 丙酮(或酒精)等清洗器材；

5. 502 黏结剂；

6. 测量导线；

7. 电烙铁。

三、电阻应变片的工作原理

1. 电阻应变片(图 3.68)工作原理是基于金属导体的应变效应，即金属导体在外力作用下发生机械变形时，其电阻值随着所受机械变形(伸长或缩短)的变化而发生变化。

2. 当试件受力在该处沿电阻丝方向发生线变形时，电阻丝也随着一起变形(伸长或缩短)，因而使电阻丝的电阻发生改变(增大或缩小)。

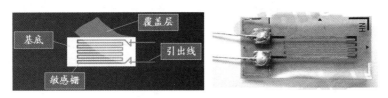

图 3.68　电阻应变片构造

四、实验步骤

1. 定出试件被测位置，画出贴片定位线。

2. 在贴片处用细砂布按 45°方向交叉打磨。

3. 然后用浸有丙酮(或酒精)的棉球将打磨处擦洗干净(钢试件用丙酮棉球，铝试件用酒精棉球)直至棉球洁白为止。

4. 一手拿住应变片引线，一手拿 502 胶，在应变片基底底面涂上 502 胶(挤上一滴 502 胶即可)。

5. 立即将应变片底面向下放在试件被测位置上，并使应变片基准对准定位线。将一小片薄膜盖在应变片上，用手指柔和滚压挤出多余的胶，然后手指静压一分钟，使应变片和试件完全黏合后再放开。从应变片无引线的一端向有引线的一端揭掉薄膜。

6. 在紧连应变片的下部贴上绝缘胶布，胶布下面用胶水黏结一片连接片(焊片)。

7. 将应变片的引线和连接应变仪的导线相连并焊接在连接片上，以便固定。用绝缘胶布将导线固定在梁上。

五、应变片粘贴质量检查

仔细观察应变片的线脚是否存在短路和断路，将粘贴好的应变片接入电阻应变仪，检测测量的应变数据是否随外部载荷发生变化。

3.28 低碳钢试件 $S-N$ 曲线的测定

一、实验目的
通过开展低碳钢试件的拉伸疲劳实验,绘制低碳钢材料的 $S-N$ 曲线和 $P-S-N$ 曲线。

二、实验装置
高频疲劳实验机 PLJ-200,电子万能实验机 WD3100,低碳钢拉伸试件。

三、实验原理
材料疲劳性能实验所用的标准试件(通常 7~10 件),一般是小尺寸(直径 3~10 mm)光滑圆柱试件。材料的基本 $S-N$ 曲线,给出的是光滑材料在恒幅对称循环应力作用下的裂纹萌生寿命。

循环荷载如图 3.69 所示。

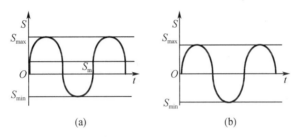

图 3.69 循环载荷示意图
(a)循环载荷的表示参数;(b)对称循环

用一组标准试件,在给定的应力比 $R(R=S_{\max}/S_{\min})$ 下,施加不同的应力范围 S,进行疲劳实验,记录相应的寿命 N,即可得到图示 $S-N$ 曲线(图 3.70(a))。(应力比为 -1 时的 $S-N$ 曲线即为基本 $S-N$ 曲线。)

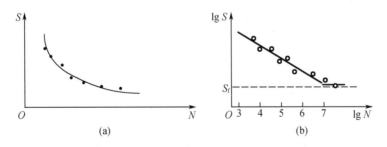

图 3.70 $S-N$ 曲线
(a)自然坐标系下的 $S-N$ 曲线;(b)对数坐标系下的 $S-N$ 曲线

描述材料 $S-N$ 曲线的最常用形式是幂函数式,即
$$S^m \cdot N = C$$
式中,m 与 C 是与材料、应力比、载荷方式等有关的参数。两边取对数,有
$$\lg S = A + B\lg N$$

式中,材料参数 $A = \lg C/m$,$B = -1/m$。此式表示应力 S 与寿命 N 间有对数线性关系,这一点,可由观察实验数据 S,N 在对数图上是否线性而确定(图3.70(b))。

如果工程中采用的载荷为非对称循环载荷,利用基本 $S-N$ 曲线估计疲劳寿命,需将实际工作循环应力水平,等寿命地转换为对称循环下的应力水平 $S_{a(R=-1)}$,由 Goodman 方程有:

$$(S_a/S_{a(R=-1)}) + (S_m/S_u) = 1$$

四、实验步骤

1. 取 10 个低碳钢拉伸试件,量取试件的直径。
2. 任取一试件,完成拉伸实验,获得其极限载荷和屈服载荷。
3. 取应力比为 0.1,分别选取最大应力为 0.9, 0.85, 0.8, 0.75, 0.7, 0.65 和 0.6 的屈服应力作为施加载荷。
4. 进行实验,记录实验破坏时的循环次数。

五、实验结果处理要求

1. 绘制拉伸实验应力 – 应变曲线图,并计算屈服应力和最大应力。

拉伸实验结果填入表 3.37 中。

表 3.37 结果处理

分组	最大载荷/kN	屈服载荷/kN	圆截面直径/mm
1			

2. 疲劳实验结果分析

疲劳实验结果填入表 3.38 中。

表 3.38 疲劳实验加载载荷计算(应力比为 0.1)

试件	最大值	最小值	中值	循环次数
1				
2				
3				
4				
5				
6				
7				

数据处理要求:

(1)绘制自然坐标系下的 $S-N$ 曲线图和对数坐标系下的 $S-N$ 曲线图;

(2)根据 goodman 公式计算应力比为 -1 时的疲劳寿命并绘制基本 $S-N$ 曲线图(列出详细公式进行计算)。

3.29 低碳钢材料的成组对比实验

一、实验目的

通过开展冷作硬化处理和未经冷作硬化处理的低碳钢试件的拉伸疲劳实验,根据实验结果,使用 t 分布方法验证硬化处理是否对疲劳性能有提高作用。

二、实验装置

高频疲劳实验机 PLJ-200,电子万能实验机 WD3100,低碳钢拉伸试件。

三、实验原理

由于疲劳实验数据具有较大的分散性,即使是相同的两组试件,其实验结果的均值和方差也会出现不同。在对比不同处理方法获得的疲劳寿命是否有明显改变时,需要使用成组对比的实验方法。

成组对比实验是将待做对比的两种类型的试件各做一组,在同一应力水平下进行实验,每组试件不少于 4~5 个,根据两组实验结果,检验"两个小子样是否来自平均值相同的两个母体"。

两个子样数目相等时,对两组实验测得的各自的均值为 $\bar{x}_1$ 和 $\bar{x}_2$,标准差分别为 s_1 和 s_2,根据 t 分布的定义,可以建立计算 t 的数值

$$t = \frac{\bar{x}_1 - \bar{x}_2}{\sqrt{s_1^2 + s_2^2}}\sqrt{n}$$

当给定显著度 α,则可以根据 t 分布表查询计算的 t 值是否位于置信区间内,如果位于区间内,则假设成立,即两组数据来自同一母体,否则,两者存在差异,差异可以根据 t 值的正负来确定。

四、实验过程

1. 选取 14 个低碳钢拉伸试件,其中任选 7 个,作为第一组,剩余 7 个作为第二组。
2. 对第二组试件使用万能实验机加载,结合拉伸曲线的数据,将试件加载至 33 kN。测量试件的直径。
3. 对此 14 个试件分别施加疲劳载荷,应力比为 0.1,最大载荷为屈服载荷的 0.7,记录破坏时的循环次数。

将实验结果填写在表 3.39 中。

表 3.39 结果处理

试件编号	第一组		第二组	
	疲劳寿命 N_i	$\lg N_i$	疲劳寿命 N_i	$\lg N_i$
1				
2				
3				
4				
5				
6				
7				

五、实验处理

1. 根据 t 分布定义计算 t 值；
2. 查询 t 分布表，检验是否有差异。

3.30 金属材料应力波强度及波速测量实验

一、实验目的

1. 测定不同材料细长杆中压力波的波速，并与细长杆中一维应力波波速比较；
2. 验证不同的冲击速度对应力波的波速没有影响；
3. 测试应力波的幅值和脉宽并与理论值相比较；
4. 熟悉动态电阻应变仪和瞬态波形存储仪的操作使用。

二、实验设备

1. CS-1D 超动态电阻应变仪；
2. 泰克示波器；
3. 分离式霍普金森压杆。

三、实验原理

1. 分离式霍普金森压杆简介

分离式霍普金森压杆又称为 SHPB(Split Hopkinson Press Bar)。SHPB 的原型是由霍普金森在 1914 年提出的，用于测量冲击载荷的脉冲波形。1949 年 Kolsky 将压杆分成两截，试件置于两杆中间，从而使这一装置可用于测量材料在冲击载荷作用下的应力应变关系，如图 3.71 所示。

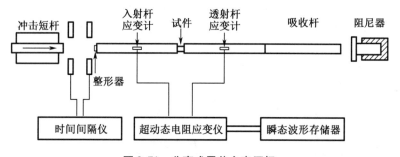

图 3.71 分离式霍普金森压杆

装置主要由冲击短杆、入射杆、透射杆、吸收杆、阻尼器等组成，试件置于入射杆和透射杆中间，应力波的测量主要通过入射杆和透射杆上的应变片完成，测试得到的应变信号通过超动态电阻应变仪放大后由泰克示波器储存，其中的时间间隔仪用来测试冲击杆的冲击速度。该装置的特点在于其入射波幅值可由冲击短杆的速度来控制，从而保证材料测试过程中，应力波的幅值不超过杆系的屈服强度，同时应力波的宽度一般为冲击杆长度的 2 倍，要求远大于测试试件的长度，从而通过控制冲击杆的长度即可控制应力波形的宽度。通常杆系的应变片粘贴在中间位置，为避免入射杆中入射波和反射波发生重叠现象，要求入射杆长度至少为冲击短杆的2倍,由于应力波的宽度远大于试件的长度,因此测试过程中可以忽略试件的应力波传播效应,而对SHPB的杆系结构,因采用细长杆,且要求入射波幅值小于杆系的屈服强度,因此测试过程中可以忽略其材料的应变率效应而只考虑材料的应力波传播效应,从而使得SHPB装置巧妙地将材料的应力波效应和应变率效应解耦。

2. 分离式霍普金森压杆原理

霍普金森压杆装置基于一维应力波原理,可采用统一的拉格朗日 $X-T$ 坐标表示,实验首先要依据两个基本假设:

(1) 一维假定(平面假定),即在输入杆、输出杆和试件中传播单向应力状态的一维应力波,假设输入杆和输出杆中的应力波为一维线弹性波。此假设实际上忽略了输入杆、输出杆和试件中质点的横向惯性效应。

(2) 均匀化假定,假定试件中应力沿轴向均匀,即 $\partial\sigma/\partial z = \partial\varepsilon_z/\partial z = 0$,$z$ 为试件的轴线方向。此假定实际上是忽略了试件中质点的纵向惯性效应,也就是忽略了波在试件中的传播效应,从而使细杆的动力学方程简化为一维杆的动力学平衡方程。当拉伸脉冲通过输入杆传播到试件时,在试件内发生了多次反射。由于压缩脉冲的持续时间比短试件中波的传播时间要长得多,试件中的应力很快趋于均匀化,因此可以忽略试件内部的波的传播效应。测试原理图如图3.72所示。

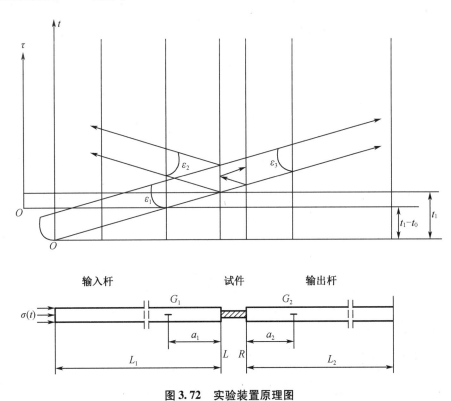

图3.72 实验装置原理图

实验过程中,杆处在弹性变形状态下,这时,应力和应变之间遵循Hooke定律。本构关系可以写成

$$\sigma = E\varepsilon \tag{3.93}$$

式中,E 为Young模量。

线性波动方程为

$$\frac{\partial^2 u}{\partial t^2} - C_0^2 \frac{\partial^2 u}{\partial X^2} = 0 \tag{3.94}$$

式中，C_0 是完全由材料常数 ρ_0 和 E 确定，即 $C_0 = \sqrt{\dfrac{E}{\rho_0}}$。

相容条件

$$dv = C_0 d\varepsilon \tag{3.95}$$

由于杆在初始状态速度为零，得

$$v = C_0 \varepsilon \tag{3.96}$$

由式 $v = \dfrac{du}{dt}$，得

$$u = C_0 \int_0^t \varepsilon dt \tag{3.97}$$

式中　u——时间 t 的位移；

　　　C_0——杆中应力波波速；

　　　ε——应变。

输入杆面上的位移 u，不仅包括 X 正方向传播的入射应变脉冲 ε_i，也包括在 X 负方向传播的反射应变脉冲 ε_r，因此

$$u_1 = C_0 \int_0^t \varepsilon_i dt + (-C_0) \int_0^t \varepsilon_r dt \tag{3.98}$$

类似地，输出杆界面上的位移 u_2 是由透射波应变脉冲 ε_t 造成的，因此

$$u_2 = C_0 \int_0^t \varepsilon_t dt \tag{3.99}$$

试件中的平均应变 ε_s 为

$$\varepsilon_s = \frac{u_1 - u_2}{l_0} = \frac{C_0}{l_0} \int_0^t (\varepsilon_i - \varepsilon_r - \varepsilon_t) dt \tag{3.100}$$

式中，l_0 为试件的初始长度，如果假设通过短试件的应力是常量，这意味着试件长度 $l_0 \to 0$，即

$$\varepsilon_r = \varepsilon_t - \varepsilon_i \tag{3.101}$$

带入式(3.100)得到

$$\varepsilon_s = \frac{-2C_0}{l_0} \int_0^t \varepsilon_r dt \tag{3.102}$$

试件两端的载荷分别为

$$F_1 = EA(\varepsilon_i + \varepsilon_r), \quad F_2 = EA\varepsilon_t \tag{3.103}$$

因此试件中的平均应力 σ_s 为

$$\sigma_s = \frac{F_1 + F_2}{2A_s} = \frac{1}{2} E\left(\frac{A}{A_s}\right)(\varepsilon_i + \varepsilon_r + \varepsilon_t) \tag{3.104}$$

式中，E 是压杆的弹性模量；$\dfrac{A}{A_s}$ 是压杆与试件的横截面比。所以

$$\sigma_s = \frac{AE}{A_s} \varepsilon_t \tag{3.105}$$

以及试件的平均应变率为

$$\dot{\varepsilon}_s = -\frac{2C_0}{l_0}\varepsilon_r \qquad (3.106)$$

所以 SHPB 实验的数据处理公式为

$$\begin{cases} \sigma_s = \dfrac{AE}{A_s}\varepsilon_t \\ \varepsilon_s = \dfrac{-2C_0}{l_0}\int_0^t \varepsilon_r \mathrm{d}t \\ \dot{\varepsilon}_s = -\dfrac{2C_0}{l_0}\varepsilon_r \end{cases} \qquad (3.107)$$

同时也可以利用公式 $\varepsilon_r = \varepsilon_t - \varepsilon_i$ 把上面的公式变换成

$$\begin{cases} \sigma_s = \dfrac{1}{2}\dfrac{EA}{A_s}(\varepsilon_i + \varepsilon_r + \varepsilon_t) \\ \varepsilon_s = \dfrac{C_0}{l_0}\int_0^t (\varepsilon_i - \varepsilon_r - \varepsilon_t)\mathrm{d}t \\ \dot{\varepsilon}_s = \dfrac{C_0}{l_0}(\varepsilon_i - \varepsilon_r - \varepsilon_t) \end{cases} \qquad (108)$$

式中　$\varepsilon_i, \varepsilon_r, \varepsilon_t$——测试记录的入射波、反射波和透射波；

　　　C_0——杆中弹性波纵波波速；

　　　l_0——试件的长度；

　　　E——杆的弹性模量；

　　　A——杆的截面积；

　　　A_0——试件的截面积。

因此，利用以上公式，可以通过间接测量杆上的应变来计算材料的应力-应变数据。

3. 基于分离式霍普金森压杆的应力波强度与波速计算

（1）若冲击短杆的直径为 L，则其冲击相同材料和直径的入射杆时产生的入射波脉宽为 $2L$；

（2）若冲击短杆的冲击速度为 V，则在入射波中产生的应力脉冲幅值为 $\sigma = -\dfrac{1}{2}\rho CV$；

（3）冲击短杆的速度等于时间间隔仪之间的距离除以脉冲间隔仪的显示时间；

（4）应力波的波速等于测试应变片间距离的 2 倍除以波头经过两个应变片的试件；

（5）理论上一维细杆中的波速计算公式为 $\sigma = \sqrt{\dfrac{E}{\rho}}$。

四、实验步骤

1. 选择钢杆，调节支座，使各杆处于同一轴线。
2. 打开超动态电阻应变仪和泰克示波器预热，并连接好电阻应变片导线和同轴电缆。
3. 测试子弹接收装置是否工作正常，如正常，则向压气炮装填子弹。否则，应调节子弹接收装置，使之工作状态良好。
4. 打开并调试平行光管和时间间隔仪，测试其运行状态，并初始化。
5. 设定泰克示波器的测试参数，并初始化。
6. 打开压力释放装置，设定自动释放气压大小。打开压缩空气瓶，调节压缩空气瓶的输出气压,使输出气压大于压力释放装置的自动释放气压。

7. 打开压力释放装置面板上的压力阀门,按下压力释放装置面板上的"开始"按钮,开始充气,到达额定气压时,压力释放装置自动放气,打出子弹。如遇意外情况,到达额定气压时,压力释放装置没有自动放气,则按下"停止"按钮,手动放气,打出子弹。

8. 存储波形。

9. 改变自动释放气压大小,重复7,8两步。

10. 撤下钢杆,换上铝杆,重复1~9步。

11. 按顺序依次关闭压缩空气瓶、压力释放装置、平行光管、时间间隔仪、超动态电阻应变仪。

12. 处理数据。关闭泰克示波器。

五、实验数据处理

1. 记录每次实验时时间间隔仪上时间的读数 ΔS,测量两个平行光管的距离 l,计算子弹速度(将数据填入表3.40中)。

$$V = l/\Delta S$$

表3.40 子弹速度测量

杆系材质	λ、透射杆长度	冲击短杆长度	平行光管距离	时间间隔仪的读数	冲击短杆的速度

2. 测量两个应变片的间距 L,测量到达两应变片上波阵面的时刻 T_1, T_2,则波速的计算公式为

$$C_L = \frac{L}{T_2 - T_1}$$

大家算出两次实验的波速,并比较,看看子弹冲击速度对波速是否有影响。对比不同材料的波速,看看材料中应力波的传播速度是否符合公式。将波速测量结果填入表3.41中。

表3.41 波速测量

应变片间的距离	波阵面的时刻 T_1	波阵面的时刻 T_2	应力波波速	理论波速	误差

3. 测试应力波的幅值和脉宽,并与理论值相比较,将测试结果填入表3.42中。

表 3.42 测试应力波的幅值和脉宽,并与理论值相比较

冲击短杆速度	冲击短杆长度	应力波理论脉宽	应力波实际脉宽	误差	应力波理论幅值	应力波实际幅值	误差

4. 讨论冲击短杆的冲击速度对入射应力波传播速度的影响。

六、附录:两杆共轴撞击

设两个弹性杆 B_1 和 B_2,截面尺寸相同且声阻抗分别为 $(\rho_0 C_0)_1$ 和 $(\rho_0 C_0)_2$,两杆撞击前的初应力均为零,而速度分别为 v_1 和 v_2,且令 $v_1 < v_2$(图 3.73(a)),对应于 (σ, v) 平面的初态点 1 和 2(图 3.73(d))。两杆共轴撞击后,从撞击界面开始,在杆 B_1 中传播右行强间断弹性波,在杆 B_2 中传播左行强间断弹性波(图 3.73(b),图 3.73(c))。并且在撞击接触面处,两杆质点速度应相同(连续性条件),应力也相同(作用力与反作用力互等条件)。据此,由强间断面上动量守恒条件得

$$\sigma = (\rho_0 C_0)_1 (v - v_1) = (\rho_0 C_0)_2 (v - v_2) \tag{3.109}$$

由此可以求出撞击后杆中质点速度 v 和应力 σ 分别为

$$v = \frac{(\rho_0 C_0)_1 v_1 + (\rho_0 C_0)_2 v_2}{(\rho_0 C_0)_1 + (\rho_0 C_0)_2} \tag{3.110}$$

$$\sigma = -\frac{v_2 - v_1}{\dfrac{1}{(\rho_0 C_0)_1} + \dfrac{1}{(\rho_0 C_0)_2}} \tag{3.111}$$

在 (σ, v) 平面上,左行特征曲线过点 1 且斜率为 $-(\rho_0 C_0)_1$,右行特征曲线过点 2 且斜率为 $(\rho_0 C_0)_2$,两特征曲线相交于点 3(图 3.73(d))。

如果两个杆的材料相同,或声阻抗相同,即如果 $(\rho_0 C_0)_1 = (\rho_0 C_0)_2 = \rho_0 C_0$,代入式(3.110)和式(3.111)中,则

$$v = \frac{1}{2}(v_1 + v_2) \tag{3.112}$$

$$\sigma = -\frac{1}{2} \rho_0 C_0 (v_2 - v_1) \tag{3.113}$$

如果再有 $v_1 = -v_2$,则 $v = 0$,那么 $\sigma = -\rho_0 C_0 v_2$,相当于杆 B_2 以速度 v_2 撞击刚壁的情况,这样正好和设 $(\rho_0 C_0)_1$ 趋近无穷时,$v_1 = 0$ 的刚壁条件相同。如果 $(\rho_0 C_0)_2 \to \infty$,则 $v \to v_2$,$\sigma \to -(\rho_0 C_0)(v_2 - v_1)$,相当于刚性杆 B_2 对弹性杆 B_1 的碰撞。

当杆 B_2 长为 L_2,速度为 v_2,杆 B_1 长为 L_1,$v_1 = 0$,且 $L_2 < L_1$。两杆无初应力和应变。$t = L_2/(C_0)_2$ 时在短杆中传播的弹性波首先在自由端反射,当 $t = 2L_2/(C_0)_2$ 时,该右行反射波回到撞击接触面。

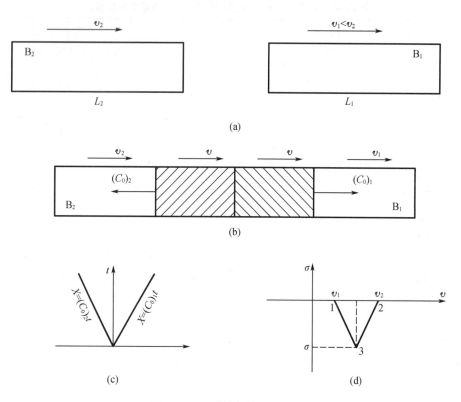

图 3.73 两弹性杆的纵向撞击

3.31 金属材料动态压缩力学性能测量实验

一、实验目的

1. 测定高应变率下,率敏感塑性材料的屈服强度;
2. 比较不同的应变率对率敏感塑性材料的屈服强度,分析应变率对其屈服强度的影响;
3. 掌握对 SHPB 装置的操作使用;
4. 学习对 SHPB 装置数据进行处理计算的过程。

二、实验设备

1. 超动态电阻应变仪;
2. 泰克示波器;
3. 分离式霍普金森压杆;
4. 游标卡尺。

三、实验原理

1. 分离式霍普金森压杆

以分离式霍普金森压杆为例介绍高应变率实验。高应变率实验应变率范围为 $10^2 \sim 10^4 \mathrm{s}^{-1}$。SHPB 装置中有两段分离的弹性杆,分别为入射杆和透射杆,将试件夹在两杆之间,如图 3.74 所示。当压气枪发射一撞击杆(子弹),以一定的速度撞击入射杆时将产生一入射弹性应力脉冲。随入射波传播通过试件,试件发生高速塑性变形,并相应地在透射杆中传播一透射弹性波,而在入射杆中则反射一个反射弹性波。透射波又由吸收杆"捕获",并最后由阻尼装置吸收掉。输入杆中初始应力脉冲的幅值与子弹撞击速度成正比,撞击速度的大小可用压气枪的气压调节。在应力脉冲通过试件的过程中,按照均匀化假定计算应力、应变和应变率与时间的关系。

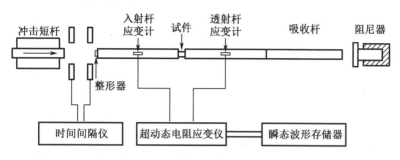

图 3.74 分离式霍普金森压杆

2. SHPB 两个基本假定基础实验的数据处理

SHPB 实验的数据处理是建立在以下两个基本假定基础上的。

(1) 一维假定

弹性波(尤其是对短波而言)在细长杆中传播时,由于横向惯性效应,波会发生弥散,即波的传播速度和波长有关。Pochhammer 最早研究过波在无限长杆内的色散效应,但当入射波的波长(可以用子弹的长度来控制,即波长为子弹长度的 2 倍)比输入杆的直径大很多时,即满足 $\Phi/\lambda \gg 1$ 时,杆的横向振动效应,除波头外,可作为高阶小量忽略不计。子弹和输入杆都假定处于一维应力状态,可以直接利用一维应力波理论进行计算。

(2) 均匀化假定

压缩脉冲通过试件时,在试件内发生了多次波的反射。由于压缩脉冲的持续作用时间比短试件中波的传播时间要长得多,试件中的应力很快趋向均匀化,因此可以忽略试件内部的波的传播效应。

3. SHPB 实验的数据处理

根据压杆上粘贴的电阻应变片所测得的入射波、反射波、透射波,以及一维应力波理论可得到如下的计算公式。

$$\dot{\varepsilon} = \frac{C_0}{l_0}(\varepsilon_i - \varepsilon_r - \varepsilon_t) \tag{3.114}$$

$$\varepsilon = \frac{C_0}{l_0}\int_0^t (\varepsilon_i - \varepsilon_r - \varepsilon_t)\,\mathrm{d}t \tag{3.115}$$

$$\sigma = \frac{A}{2A_0}E(\varepsilon_i + \varepsilon_r + \varepsilon_t) \tag{3.116}$$

根据试件中应力均匀化假定,即在试件两端的力是相等的,因而可以得到

$$\varepsilon_t = \varepsilon_i + \varepsilon_r \tag{3.117}$$

将式(3.117)代入式(3.114)、式(3.115)和式(3.116)得

$$\sigma = \frac{AE}{A_0}\varepsilon_t \tag{3.118}$$

$$\varepsilon = \frac{-2C_0}{l_0}\int_0^t \varepsilon_t \mathrm{d}t \tag{3.119}$$

$$\dot{\varepsilon} = \frac{-2C_0}{l_0}\varepsilon_r \tag{3.120}$$

式中 $\varepsilon_i, \varepsilon_r, \varepsilon_t$——测试记录的入射波、反射波和透射波；

C_0——杆中弹性波纵波波速；

l_0——试件的初始长度；

E——压杆的弹性模量；

A——压杆的截面积；

A_0——试件的截面积。

四、实验步骤

1. 选择钢杆，调节支座，装夹试件，使各杆处于同一轴线。
2. 打开超动态电阻应变仪和 IDTS 瞬态波形存储仪预热，并连接好电阻应变片导线和同轴电缆。
3. 测试子弹接收装置是否工作正常，如正常，则向压气炮装填子弹。否则，应调节子弹接收装置，使之工作状态良好。
4. 打开并调试平行光管和时间间隔仪，测试其运行状态，并初始化。
5. 设定泰克示波器的测试参数，并初始化。
6. 打开压力释放装置，设定自动释放气压大小。打开压缩空气瓶，调节压缩空气瓶的输出气压，使输出气压大于压力释放装置的自动释放气压。
7. 打开压力释放装置面板上的压力阀门，按下压力释放装置面板上的"开始"按钮，开始充气，到达额定气压时，压力释放装置自动放气，打出子弹。如遇意外情况，到达额定气压时，压力释放装置没有自动放气，则按下"停止"按钮，手动放气，打出子弹。
8. 存储波形数据。
9. 标定入射波通道和透射波通道。
10. 按顺序依次关闭压缩空气瓶，压力释放装置，平行光管，时间间隔仪，超动态电阻应变仪。
11. 处理数据。关闭泰克示波器。

五、数据处理

1. 记录每次实验时时间间隔仪上时间的读数 ΔS，测量两个平行光管的距离 l，计算子弹速度。

$$V = l/\Delta S$$

试件尺寸填入表 3.43 中。

表 3.43 试件尺寸

编号	直径	高度	入、透射杆长度	冲击短杆长度	平行光管距离	时间间隔仪的读数	冲击短杆的速度
1							
2							
3							

2. 分别提取入射波和透射波、入射波和反射波、反射波和透射波,以及三波公用进行计算。比较波形。
3. 对输出的应力应变曲线进行拟和,给出不同应变率下的材料动态应力应变曲线。
4. 采用外延法,确定材料的动态屈服强度。

【注】 应变片校核系数:

设实验中所用电阻应变片的灵敏系数为 $K = 2.08$;通常入射杆为两个应变片,对于电阻应变仪 $1\text{ V} = 1\,000\ \mu\varepsilon$;通过输出电压相同原理,校核电压 – 应变的比例系数为 $2 \times 500/2.08 = 480.8\ \mu\varepsilon/\text{V}$。

若实验所用的是半导体应变片,设灵敏系数为 110,通常用两个半导体应变片测试,所以其电压 – 应变的比例系数为 $2 \times 500/110 = 9.09\ \mu\varepsilon/\text{V}$,如果实验中超动态电阻应变仪的增益不为 1,例如增益为 1/5,则电压 – 应变的比例系数为 $9.09 \times 5 = 45.45\ \mu\varepsilon/\text{V}$。

3.32 配比升降法测量低碳钢材料的疲劳极限

一、实验目的

使用配比升降法测量低碳钢试件的疲劳极限。

二、实验装置

高频疲劳实验机 PLJ – 200,电子万能实验机 WD3100,低碳钢拉伸试件。

三、实验原理

低应力水平下,疲劳实验结果的分散性比较大,需要比较精确的方法来确定疲劳极限。配比升降法就是精确测定疲劳极限的一种方法。

实验从高于疲劳极限的应力水平开始,然后逐渐降低,如图 3.75 所示。在应力 S_0 作用下,实验第一根试件,该试件在达到指定寿命(如 $N = 10^7$)之前发生破坏,于是,第二根试件就在低一级的应力 S_1 下进行实验。一直实验到第四根时,因该试件在 S_3 作用下经指定循环没有破坏,故依次进行的第五根试件就在高一级的应力 S_2 下进行实验,照此办理,凡前一根试件不到指定循环发生破坏,则随后的实验就要在低一级应力下进行;凡前一根试件越出,则随后依次实验就要在高一级的应力下进行。各级应力之差 ΔS 叫作"应力增量",整个过程中,应力增量保持不变。升降法实验最好在四级应力水平上进行。

处理实验结果时,出现第一对相反结果之前的数据都要舍弃,在图 3.75 中,1 点和 2 点的数据均应舍弃,剩余的数据按照下列公式进行计算,即

$$S_r = \frac{1}{n}(v_1 S_1 + v_2 S_2 + \cdots + v_m S_m)$$

由此计算得出的 S_r 数值即为指定循环次数下材料的疲劳极限。

四、实验过程

1. 选取 15 个低碳钢试件,已知强度极限为 305 MPa,取应力比为 0.1。
2. 初始应力选择强度极限的 0.265,应力增量为强度极限的 0.015。
3. 逐个试件施加载荷,记录试件的状态。

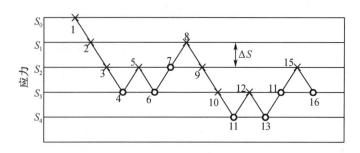

图 3.75 升降法疲劳测试示意图

五、实验数据处理

1. 请简述实验流程。

2. 将实验结果填入表 3.44 中,请计算应力比为 0.1 时的条件疲劳极限。

表 3.44 实验结果

强度极限系数	0.280	0.265	0.250	0.235
实验的试件个数				

3. 结果处理。画出升降图,计算条件疲劳极限。

第4章 金属材料基本性能概述

4.1 金属材料拉伸时的力学性能

由于各种金属材料的内部构造不同,受力时的力学行为也不同。各种金属材料按照其构成和力学行为,可以分为以低碳钢为典型材料的塑性材料和以灰口铸铁为典型材料的脆性材料两大类。

4.1.1 金属材料拉伸实验

金属材料的拉伸实验,可参考国家标准 GB 288—87 的有关指导。

1. 试件

为排除尺寸因素对测试结果的影响,各种金属材料的拉伸试件均制成形状规范的标准试件。试件中间变形、受力均匀的部分为实验观测段,其长度称为标距,记作 l_0。标距内的加工尺寸、精度都有一定要求。标准试件有圆截面和矩形截面两种。常用的是圆截面试件,其形状如图 4.1 所示。横截面直径 d_0 应按 $l_0 = 10d_0$ 或 $l_0 = 5d_0$ 选取。最常用的标准试件为 $l_0 = 100$ mm,$d_0 = 10$ mm 的圆截面试件。为了保

图 4.1 拉伸试件示意图

证试件与实验机夹具间的有效连接,夹持部分直径和长度也有一定的要求。为减小夹持段和实验段截面改变引起的应力集中,过渡圆弧半径也有一定要求。这样,将使试件标距内部分在加载时产生均匀的受力和变形。

矩形截面试件或非标准试件也能用来测试材料的力学性能,但所得到的测量结果可能略有系统差异。一般来说,非标准试件仅适于受采样、加工周期等因素限制,不便采用标准试件的场合。测量结果仅供工程应用参考。

2. 实验机及加载

通常用游标卡尺度量试件的几何初始尺寸,在万能材料实验机上加载、读数。缓慢加载进行材料拉伸实验。材料屈服前,应使应力增加的速率约为 10 MPa/s(对低碳钢 $l_0 = 10$ mm 的标准试件,横梁位移速率约为 0.2 mm/min)。材料屈服以后,为了提高实验效率,可适当加快加载速率,但是横梁位移速率不应超过 $0.5 l_0$/min。

3. 材料的应力应变曲线

在常温下将试件装夹在实验机上,缓慢加载。记录加载过程中标距内的材料沿杆长方向的伸长 Δl 与载荷 P。可以由实验机的自动记录绘图装置绘制连续的曲线,也可用专用测试仪器测量出对应的点列 $\{(\Delta l_i, P_i) | i = 1, 2, \cdots, n\}$,将这些点顺序光滑连接绘出 P 随 Δl 变化的函数曲线。$P - \Delta l$ 曲线称为试件的拉伸曲线(或拉伸图)。

在研究工程小变形下材料局部受力和变形时,定义下面两个量:

工程应力
$$\sigma = \frac{P}{A_0} \tag{4.1}$$

工程应变
$$\varepsilon = \frac{\Delta l}{l_0} \tag{4.2}$$

式中,l_0,A_0 分别为变形前试件的标距和横截面积。

σ 与 ε 间的函数关系曲线称为工程应力应变曲线(简称应力应变曲线)。$\sigma - \varepsilon$ 曲线可以由 $P - \Delta l$ 曲线进行简单相似变换(横轴和纵轴按一定比例变化一下单位)来获得。我们可以通过分析 $\sigma - \varepsilon$ 曲线,对照发生的力学现象来研究材料在受力过程中的各种力学行为。

在加载过程中,由于标距内杆长不断伸长,同时横截面面积逐渐缩小,因此,工程应变不能严格描述各时刻试件的轴向相对伸长,工程应力也不能准确表示单位面积上材料受力的大小。深入研究时,有时也引入材料的真实应变

$$\varepsilon_t = \int_{l_0}^{l} \frac{\mathrm{d}l}{l} = \ln \frac{l}{l_0} = \ln(1 + \varepsilon_0) \tag{4.3}$$

真实应力
$$\sigma_t = \frac{P}{A} \tag{4.4}$$

式中,l,A 为加载过程中任一时刻标距内的真实长度和横截面的真实面积。ε_t,σ_t 也只适用于对试件发生严重的局部变形之前的应变和应力的描述。

4.1.2 塑性材料拉伸时的力学性能

(1)低碳钢的拉伸

低碳钢拉伸时的 $\sigma - \varepsilon$ 曲线如图 4.2 所示。按其力学行为可以分为四个阶段。

(1)弹性阶段(图 4.2 中 oe 段)

在这一阶段,σ 与 ε 间满足比例关系

$$\sigma = E\varepsilon \tag{4.5}$$

式中,比例系数 E,称为材料的弹性模量,其常用单位为 GPa 或 MPa。它是材料发生弹性变形的主要性能参数。由于工程材料在实际载荷作用下通常只发生人们观察不到的小变形,因而金属材料的 E 值都很大,如各种钢 $E \approx 200$ GPa。此外,材料在发生杆的轴向应变 ε 的同时还发生横向变形。反映横向相对变形的横向应变 ε' 与 ε 之比,在弹性范围内近似为一个负的常数,其绝对值 μ 称为材料的泊松比,它是弹性变形的另一个性能参数。

在此阶段卸载,变形为完全弹性的。当载荷全部卸除后,变形也完全消失。卸载过程和重复加载时,σ 与 ε 之间仍保持式(4.5)的线性关系,加载和卸载曲线重合。

在此阶段还能测定材料的两个极限应力值:材料的比例极限 σ_p 和材料的弹性极限 σ_e,它们分别表示在相应的规范规定的严格的精度要求下,使式(4.5)的线性关系成立的最大应力和使材料保持完全弹性的最大应力。它们取值分别为图 4.2 中点 p 及点 e 所对应的应力值。规范规定在应力应变曲线的 oe 段,切线的斜率减小为初始斜率的 2/3 时,所对应的应力为 σ_p;使试件产生 0.01% 的残余应变的应力值为 σ_e。几何意义如图 4.3 所示。

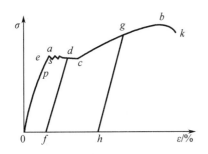 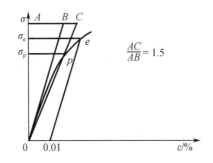

图 4.2 低碳钢拉伸应力应变曲线　　　　图 4.3 σ_p 与 σ_e 的示意图

(2) 屈服阶段(图 4.2 中 ec 段)

此阶段曲线的走向是沿着一水平线段上、下波动,并且波动幅度很快减得很小。此段曲线也称为屈服平台,其物理意义是在外力并不显著增大的情况下,变形将不断增大。从现象看,这时材料已经"屈服"于外力的作用。从微、细观结构研究这一现象,是由于构成金属晶体结构晶格间的位错,在外力作用下发生有规律的移动造成的,此现象称为材料晶格滑移。这时如果仔细观察试件光滑的外表面,将看到沿与试件轴线成 ±45°角的明暗相间的线条,称为滑移线。由于金属内部结构已经发生了变化,如果在屈服阶段卸载,材料只能恢复对应于弹性变形的那部分变形,而对应于因晶格滑移产生的那部分变形将不能恢复。图4.2 给出了加载至 d 点卸载曲线 df。由于物理实质相同,它显然应该服从与弹性变形时一样的卸载规律,df 将是与初始加载直线段相平行的直线。卸载后重复加载,材料的 σ-ε 曲线仍将沿着 fd 的卸载直线回复至卸载点 d,继续加载 σ-ε 曲线将沿 dc 变化。由以上叙述,d 点对应的应变实际上可分解为

$$\varepsilon = \varepsilon_e + \varepsilon_p \tag{4.6}$$

式中　ε_e——弹性应变;
　　　ε_p——塑性应变。

屈服阶段将一直延续到 c 点。对低碳钢,整个屈服阶段所产生的应变,将比弹性阶段的最大应变大出十几倍,甚至几十倍。

(3) 应变强化阶段(图 4.2 中 cb 段)

材料晶格的滑移累积到一定程度后,将加大对继续发生滑移的阻力。加载到 c 点后,σ 将随着 ε 增大呈增函数变化。这种现象称为应变强化。在此阶段的某一点卸载及重复加载,也将发生与屈服阶段类似的变化,并且仍满足线性规律,各点所对应的应变也可按式(4.6)分解。如果加载到 g 点后完全卸载,那么再次对试件加载时,其加载曲线将沿图 4.2 的 $hgbk$ 变化。从现象看,这相当于材料的屈服极限有了显著增加。我们称上述处理过程为冷作硬化,g 点对应的应力为后继屈服极限。冷作硬化相当材料的线性阶段延长,显著提高了以 σ_s 为破坏应力的塑性材料的强度。同时,因为这时材料已经发生了可观的塑性变形,与初始拉伸时的材料相比较,也将减小一些材料发生塑性变形的能力。多数金属材料的大部分塑性变形都发生在强化阶段,因而,在这个阶段后期试件标距内的长度和横截面积都发生了显著的变化。工程应力应变曲线已经不能准确地反映真实的应力和应变间的关系。此阶段上 b 点是整个加载过程工程应力应变曲线的最高点,对应的应力值称为材料的强度极限,记作 σ_b。显然,它是材料强度性能的又一个指标。

(4) 局部变形阶段(图 4.2 中 bk 段)

在拉伸加载过程中,试件的横截面面积越小,其应力应该越大,应力越大材料发生的塑性变形也越大。塑性变形增大的同时也使该处横截面积愈加变小。在强化阶段之前,由于材料发生塑性变形后,存在应变强化现象,即能够增加材料进一步发生塑性变形的阻力,使进一步的塑性变形不易发生。这样,就形成了积累塑性变形的如下的机制:在材料各部位的强化程度相当时,将由某一薄弱部位(如截面较小、加工因素、材质因素的缺陷等引起的)开始产生塑性变形,与此同时,该处材料也得到了强化,后继屈服极限提高,必须施加更大的应力才能驱动它进一步发生塑性变形。这就使得原先的薄弱环节转变为较强的环节。显然,拉伸加载过程就是试件内各部分材料弱化、强化不断转换的过程。在这一过程中试件的各横截面宏观上保持均衡变化。但是,材料发生应变强化的能力呈逐渐减小的趋势。一旦材料应变强化不足以弥补因横截面积减小而增大的拉应力的影响时,试件上薄弱部位的变形和受力将急剧加大。这一阶段,被称为局部变形阶段。在这一阶段里,试件内的变形和应力分布严重不均匀。观测发现,在这一阶段中,试件在实验机位移控制加载的条件下,局部的变形和受力急剧加大,试件在这一部位将发生图 4.4(a)所示局部显著变细的所谓"颈缩"现象。颈缩部位材料的应力、应变将远非工程应力应变曲线所描述的水平。由于应力应变曲线在此段呈减函数变化,在颈缩外的其他部位,材料将不会继续发生塑性变形,而将发生卸载。拉伸试件的颈缩的实质是由塑性变形失稳生成的,失稳点显然是试件由均匀变形转变为局部变形的临界点,它应对应材料的强度极限 σ_b。

随着继续加载,颈缩的细颈部将越来越细,局部的塑性变形和应力也越来越大。试件细颈部的中心将发生最大轴向拉应力,且处于三向拉伸的应力状态。按照强度理论,材料容易沿最大拉应力方向发生脆断。从拉断试件的断口形貌看,在断口中央最大拉应力方向形成圆盘形状的晶粒粗糙的纤维区(图 4.4(b))。可以认为这部分首先生成的断口是由弹塑性裂纹的成核和扩展形成的,而其四周平直的放射区,是由裂纹失稳扩展形成的。在断口的边缘,最终形成与轴线成 45°方向的斜锥面断口,发生在最大剪应力方

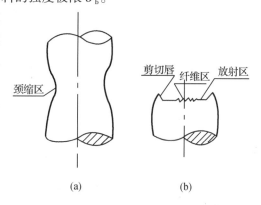

图 4.4 拉伸试件颈缩及断口示意图

向,称为剪切唇。剪切唇的形成是由于自由表面的影响,表面处的应力状态为二向拉伸,按照强度理论,的确应产生上述锥面断口。整个断口呈现"杯状"。可见整个破坏过程是由局部急剧增大的应力、应变引起的。因此,我们可以用断裂力学中弹塑性裂纹生成、扩展的理论来解释。

为描述材料发生塑性变形的能力,还定义了两个常用的塑性性能参数,即材料的延伸率 δ 和截面收缩率 ψ:

$$\delta = \frac{l_1 - l_0}{l_0} \times 100\% \tag{4.7}$$

$$\psi = \frac{A_0 - A_1}{A_0} \times 100\% \tag{4.8}$$

式中 l_0, A_0——试件初始标距和横截面积;

A_0——取标距内上、中、下三个截面中的最小横截面积;

l_1, A_1——断开的试件按断口拼合后测定的标距和最细处(断口位置)的横截面积。

综上所述,在金属材料拉伸实验中所研究的材料的主要力学性能为:

① 材料的强度。由强度指标 σ_s 和 σ_b 描述。

② 材料的弹性变形性。主要弹性指标为 E。

③ 材料的塑性变形性。由塑性指标 δ, ψ 描述。

2. 其他塑性材料拉伸

在各种塑性金属材料中,有的材料(如低碳钢、一些中碳钢及低合金钢等)有明显的屈服现象,而多数金属材料(如青铜、铝及铝合金等)没有明显的屈服过程。如图 4.5 所示塑性材料的 $\sigma - \varepsilon$ 曲线,就不能确定其屈服极限 σ_s。但由于 σ_s 是工程设计规范最为重视的材料强度指标,所以,人为地定义了一个相应的材料强度参数 $\sigma_{0.2}$,称为名义屈服极限,其意义是材料发生 0.2% 的塑性应变时,所对应的应力。这一塑性变形的大小,恰好和多数低碳钢材料对应于 σ_s 时的塑性变形相当。根据材料卸载和重复加载的规律,可以通过图 4.5 中 A 点作初始加载直线的平行线 AS,交 $\sigma - \varepsilon$ 曲线上 S 点的纵坐标,测定 $\sigma_{0.2}$ 的值。

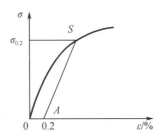

图 4.5 材料名义屈服极限 $\sigma_{0.2}$ 的示意图

关于各种金属塑性材料拉伸过程的力学性能和力学行为,读者可参阅有关书籍。

3. 金属材料拉伸现象的细、微观解释

材料受力时的力学行为,除了外力之外,应由其细观、微观构造及其性质所决定。

金属材料都具有晶体固态结构。由一个晶核生成的晶体中的原子都按一定规则、形状整齐地排列,这种晶体称为单晶体。多数金属材料是由许多随机分布的小单晶体(称为晶粒)组集成的,称为多晶体。

每个单晶体内金属原子按一定规则构成一空间点阵。下面我们仅以最基本的简单立方点阵在一个点阵平面内各原子受力时的力学表现解释金属材料的力学性能。

(1) 金属材料的弹性和线性

金属原子之间随着原子间距的改变,将呈现图 4.6 所示的吸力(曲线 1)和斥力(曲线 2)的共同作用(a 为原子中心距离),两者可合成为曲线 3 所示的合力。原子间的相互作用力,本质上是电荷间的库仑力。当材料承受外力作用时,为了保证平衡,要求原子间的相互作用力能合成为与外力相平衡的内力。当材料受拉时,将沿外力作用方向伸长。沿此方向金属原子间的平均距离由 a_0 增大为 a_1,即发生位移

$$u = a_1 - a_0 \tag{4.9}$$

式中,a_0, a_1 的意义如图 4.6 所示。

这时材料内部原子间产生拉力,与外力平衡。如果材料受压,u 将小于零,产生压缩,使原子间产生压力与外力平衡。应指出构件受拉、压时,多晶体每个晶粒内原子间位移 u 的方向,不一定是金属原子键的结合方向(图 4.7(a))。晶格的变形可能如图 4.7(b) 所示,每个金属原子受力实际是邻近原子作用力的合力。但图 4.7(a)、图 4.7(b) 两种情况的外观表征是一致的。因此,只要金属内原子之间晶格结构不变化,当外力去除时,位移 u 也随之

消失。材料表现为完全弹性。

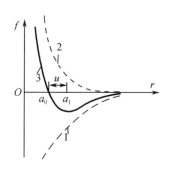

图 4.6　两原子间相互作用力示意图

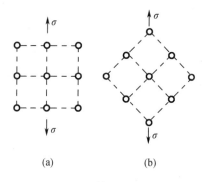

图 4.7　不同晶轴方向晶粒的受力

由于晶粒形成过程中受外界因素影响,规则的晶格点阵排列中间也含有各种缺陷而生成位错。这些构造上的缺陷大大降低了金属材料应有的强度。也就是说,不用很大的内力值,材料就可能发生强度问题。可见在材料不发生塑性变形的弹性阶段,位移 u 只能在图 4.6 中 a_0 的微小邻域内变化。这时原子间的位移和受力之间显然有近似的线性关系。因而,由此组集成的宏观材料的变形和受力间,也必然有线性关系。

(2) 金属材料的屈服

金属材料受晶轴方向拉伸时,可以破坏联系金属原子间的金属键;金属材料受沿晶轴方向剪切时也可以使相邻两排原子交错结合成新的金属键,从而使晶格结构发生不可逆转的永久改变。材料由此产生的这种永久变形称为塑性变形。

从理论上可以计算出金属材料的理论强度,而这种理论结果大约为通过实测得到的材料实际强度的 1 000 倍。

进一步研究表明,上述强度上的差异主要是由于晶体内部在晶格生成过程中形成的缺陷——晶格的畸变引起的。位错是引起晶格畸变的特殊缺陷。图 4.8 给出了一种最简单的位错,即刃型位错的示意图。由于位错存在,使得位错处的原子排列变得疏密不均匀。当晶体受到图示剪应力 τ 的作用时,Ⅰ,Ⅱ 两排原子将沿图示方向错动。当外力达到一定数值时,2,3 之间的金属键将转移至 1 与 3 之间,1 点处的位错也将移动至 2 点处。位错的移动是沿确定的方向进行的。位错在外力作用下的这种定向的运动,称为滑移。晶格的滑移是在远小于导致金属键发生破坏所需要的应力的作用下发生的。晶格滑

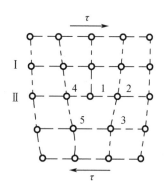

图 4.8　金属晶格位错示意图

移的结果将使靠近晶粒表面的位错,移动到晶粒间的晶界处或者试件的外表面。在试件表面形成图 4.9 所示的滑移线和滑移带。受光线照射时,试件表面就出现了明暗条纹。由于拉伸试件的最大剪应力发生在与轴线成 45°角的截面上,因而条纹首先发生于这一方向。

金属晶格滑移是由作用于晶面内的剪应力引起的,它将使材料发生永久变形或塑性变形。显然,这些现象不会因拉应力或压应力产生。因为,由拉应力作用导致金属键破坏需要大得多的外力作用,即使考虑因材料内缺陷引起的应力集中仍应该如此。由图 4.6 知,不

存在直接由压应力作用引起晶格破坏的机制。

在金属材料屈服过程中,在低碳钢的 $\sigma - \varepsilon$ 曲线上,会产生锯齿形的应力值上、下小幅度波动。对此也可由其多晶体的结构特征来说明。锯齿中的应力下降过程,由图4.6可知,并不是单晶体受力时的表现,而是因为由许多晶粒组成的多晶体中,各晶粒的晶面方向是随机分布的,滑移应首先沿晶面约与试件轴线成45°方向(此方向作用有最大剪应力)的晶粒内部发生。滑移发生后,对应新的晶格,金属原子间的伸长(位移 u)将消失,原子间的引力也随之消失,从而导致该晶粒内材料的卸载,也使整个试件发生微小的卸载。随着位移控制加载继续进行,试件上载荷又上升,直至晶面上剪应力较大的下一个晶位发生滑移,试件上载荷又下降。各晶粒将逐次轮回经历加载、滑移、

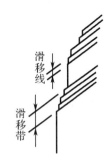

图4.9 试件表面的滑移线和滑移带

卸载、再加载……的过程。在整个屈服阶段,滑移量所累计引起的试件的变形要远大于试件在弹性阶段所发生的弹性变形。该阶段试件所受的载荷,只在使晶格发生初始滑移所需的应力的附近做微小波动。因而形成了一段"屈服平台"。

(3)金属材料的应变强化

金属材料的塑性变形是因为晶体内部位错的定向移动造成的,但必须有一定大小的剪应力作用于晶面上,这种移动才能发生。使晶面方向产生滑移时的剪应力,这时刚好能克服晶体的滑移阻力,使滑移能够进行。随着晶格滑移数量的积累,在各晶粒的内部,将出现多个位错连续分布或堆积于晶界处的现象。这种连续分布的位错群被称为位错的塞积。如图4.10所示。根据对原子间库仑力作用的分析,可以得出位错的塞积将增大对进一步滑移的阻力。这一结果也适于晶界处。因而,当晶粒内的位错塞积群达到一定密度时,必须加大作用于各晶面上的剪应力值,即加大施加在试件上的外力,才

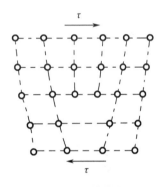

图4.10 位错的塞积

能克服由位移塞积带来的滑移阻力,进而继续驱使位错、位错群移动,使晶体进一步累积滑移或塑性变形。随着位错塞积程度和位错群密度的增加,滑移阻力将不断加大,这就是金属材料拉伸时的应变强化过程。可见,金属材料发生塑性变形的物理本质,就是晶格位错在外力作用下,不断产生、增殖、塞积和运动的宏观表现。

如果在强化阶段卸载,显然由晶格滑移产生的塑性变形不会消失,可以恢复的只能是对应当前晶格的原子间的位移 u,即弹性变形。既然都是弹性变形的卸载,这时材料的受力和变形的变化量之间当然应该服从式(4.5)中研究过的初始加载的线性关系。重复加载时,由于晶体内的位错群已经积累到一定程度,如果要使试件继续发生塑性变形,显然施加的外力必须能克服卸载前的滑移阻力,即达到或超过卸载前的外力值。这时对应的应力值,在材料力学中称为材料的后继屈服极限。在强化阶段卸载,显然使材料的后继屈服极限高于初始的屈服极限 σ_s 值,这种现象即为材料的冷作硬化。经过冷作硬化处理的构件,能使构件承受较大的外力作用而不发生塑性变形,即扩展了材料弹性阶段的范围。这种处理方法已经得到了广泛的工程应用。

(4) 材料颈缩阶段的断裂

材料滑移能产生很大的塑性变形,塑性变形使试件变长、变细。发生滑移的晶粒处,总能引起试件横截面的减小,引起横截面上平均应力的增大。滑移累积不大时,应力的增大可以由晶格滑移后产生的材料强化(滑移阻力增大)来弥补,达到稳定的平衡。因而可以形成前面所述的各个晶粒轮番滑移的机制。从总体来看,这时试件各横截面处的尺寸以及受力和变形都是匀称的。当加载到一定大小时,截面越来越细,材料应变强化所增加的滑移阻力,将不足以抵消横截面变细的影响来维持平衡。滑移将在此截面上继续发生,这样使横截面越发变细、应力越发变大。显然,这时试件的塑性平衡将丧失稳定性,内力将不再能平衡外力的作用。这个失稳点将对应试件在加载过程中的最大应力,即材料的强度极限 σ_b。可以想象,如果加载方式采用载荷控制加载(比如悬重加载),试件在应力达到 σ_b 之后,试件的颈缩、断裂过程将在很短时间内完成,并能对外释放出能量。而实验机采用的位移控制加载,则可以详细地记录下试件的颈缩和断裂的全过程。

由于上述失稳现象的出现,在试件的某薄弱部位开始,试件将急剧变细,形成图 4.4(a) 所示的颈缩区,该处的应力也急剧变大。与此同时,该部位的滑移和位错塞积都要远远高出此前发生的累积程度。发生最大滑移的细颈部在颈缩阶段发生的滑移量可达到直到应力为 σ_b 之前材料产生的积累滑移量的数十倍。由于试件横截面骤减、应力集中影响及内部损伤的积累,细颈部的真实最大应力也将高出 σ_b 值很多。对于颈缩区以外的材料,由于试件横截面的轴力在此阶段是减小的,将不会产生进一步的塑性变形,由式(4.1)知必定还有一定程度的卸载。由于局部变形阶段各部分材料的应力和应变有极大的差异,这时的工程应力应变曲线已经不能具体统一说明各处的实际应力、应变间的关系,而只有名义的、统计平均的意义。由式(4.7)和式(4.8)所定义的 δ,ψ 值,也只有名义的意义。不同尺寸的标准试件,对它们的测定结果应存在系统差异。

随着局部变形继续增加,金属颈缩区域内的材料滑移将累积到很高的程度,这时,位错塞积及位错群密度都会很严重。由位错理论和断裂力学可知,在颈缩区内部三向拉应力的作用下,密集的位错群前缘,会产生很大的拉应力的应力集中。在此应力作用下,业已存在的密集的位错群将发生汇聚,生成微裂纹并扩展为宏观裂纹。上述裂纹的成核和扩展过程必定发生在位错群最为密集,同时承受最大三向拉应力的颈缩区的中心部位。这一点可以由现代测量和最后断口的形貌来证实。图 4.4(b)中在颈缩中心处可看到锯齿状的纤维圆盘状断口。首先在这里产生的弹塑性裂纹显然是由位错群汇集而成的微孔洞扩展、汇聚而成的。根据断裂力学的规律,一旦位于颈缩中心盘状裂纹的尺寸达到能够引起裂纹失稳扩展的临界尺寸,中心处的圆盘裂纹将向四周发生失稳扩展,形成图 4.4(b)平直的发射状的裂纹失稳扩展区。裂纹扩展的方向,也与断裂力学中受最大拉应力垂直于裂纹面的三向拉应力作用下的圆盘裂纹沿裂纹面方向扩展的规律相一致。当圆盘裂纹的前缘接近颈缩处试件的外表面时,由于自由外表面的影响,表面附近处于二向应力状态。根据塑性屈服判据,在裂纹前端与外表面间将产生较大塑性变形的窄条韧带,它将加大裂纹扩展的阻力。在继续增大裂纹前缘的应力之后,裂纹将沿其前端最大剪应力方向扩展,因而最后形成约与裂纹面45°方向(最大剪应力方向)的剪切唇,如图 4.4(b)所示。

4.1.3 脆性材料拉伸时的力学性能

1. 铸铁的拉伸

铸铁材料拉伸的 $\sigma-\varepsilon$ 曲线如图 4.11 所示。它也是采用外形接近低碳钢拉伸试件的圆截面标准试件测定的。

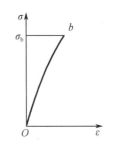

图 4.11 铸铁的 $\sigma-\varepsilon$ 曲线

确切地说,这里 σ 与 ε 之间没有线性关系。由于材料发生的应变自始至终都很小,可以用某一线性回归直线来代替它,因而仍然可用胡克定律来描述其应力应变关系。铸铁材料直到最终断裂,也几乎测量不出材料的永久变形。因此通过式(4.7)及式(4.8)计算出的 δ 与 ψ 值,均接近于零。工程上将 $\delta<5\%$ 的材料规定为脆性材料,$\delta>5\%$ 的材料为塑性材料。由材料 $\sigma-\varepsilon$ 曲线可见,只能定义加载过程对应的最大应力(图 4.11 中 b 点的应力)为铸铁的强度指标,也称为材料的强度极限,记作 σ_b。

2. 铸铁拉伸现象的细、微观解释

铸铁材料中的含碳量较高,在铸造成形过程中,材质内夹杂着多种杂质(其中有强度很低的脆性物,如碳、硫、磷等夹杂物),还有气孔、空穴、裂纹等从微观到宏观的各种缺陷。从铸铁材料表面和断口都能直接看到这些夹杂物和缺陷,有的甚至达到很可观的尺寸。可以想象这样复杂的多相、多缺陷结构,在承受外力作用时,其内部各处的受力和变形将会很不均匀、很复杂。由于缺陷的存在和各相材料的弹性模量差异显著,同时夹杂物和缺陷的分布很不均匀,因而材料受力和变形间不存在明显的线性部分。铸铁材料的上述复杂构造,也使铁、碳原子固溶体中位错移动的阻力增大,缺陷及铁、碳原子的差异也使晶格滑移不易发生。更主要的是当应力逐渐增大时,不待晶格滑移发生,宏观的缺陷,尤其是较大尺寸裂纹尖端的应力场,已经足以使裂纹发生失稳扩展,材质中脆性相、空穴裂纹的存在及铁碳固熔体的脆性,将使裂纹扩展的阻力减小。可看到铸铁拉伸断口呈典型的金属学中的解理裂纹。因为上述原因,材料将很少发生类似低碳钢那样很大永久变形的滑移,所以,铸铁的塑性很差。铸铁试件的断口是沿横截面方向产生的,恰好在此截面上作用着最大的拉应力,这与断裂力学的规律是一致的。断裂力学研究表明,即使初始裂纹方向有所不同,后续的裂纹扩展也会沿着最大拉应力方向进行。

4.2 金属材料压缩力学性能

4.2.1 金属材料压缩实验

金属材料的压缩实验,可参考国家标准 GB 7314—87 或最新的有关指导文件。

塑性材料和脆性材料在单向压缩实验中具有显著不同的力学规律,我们将分别讨论。

压缩试件一般采用圆截面标准试件。用图 4.12(a)的短试件($d_0=10\sim25$ mm,$h_0=1\sim3d_0$)做破坏实验;选用图 4.12(b)的长试件($d_0=25$ mm)做测定材料压缩弹性常数及微小的塑性变形的抗力实验(如测量材料压缩时的 σ_p 和 σ_s)。为了保证实验过程中试件内材料发生较均匀的受力和变形,要求加工后试件的两个端面有很高的平行度和光洁度,还要求与试件轴线有很高的垂直度。

金属材料的压缩实验,也是使用万能材料实验机对试件进行位移控制加载进行的。为了保证测试质量和实验机的安全合理使用,要求将试件准确地放置于实验机砧块的中心。为了减小试件与砧块间摩擦力对边缘区域应力状态的影响,应在接触面间涂上少量润滑剂。

材料压缩时的力学性能可由测试过程中实验机所记录的压力 P 与轴向压缩变形 Δl 间的压缩曲线来分析,也可以用由 $P - \Delta l$ 曲线经过变换得到的材料压缩应力应变($\sigma - \varepsilon$)曲线分析。图 4.13 给出了低碳钢与铸铁两种典型工程材料的 $\sigma - \varepsilon$ 曲线。

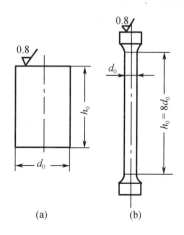

图 4.12　金属压缩试件

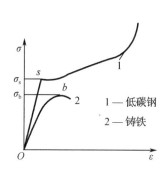

图 4.13　低碳钢与铸铁压缩应力应变曲线

4.2.2　塑性材料压缩时的力学性能

由图 4.13 曲线 1 可以看出,在材料进入应变强化阶段的后期(这时试件的标距和截面积将发生显著改变)之前,塑性金属材料的压缩应力应变曲线与同一材料拉伸应力应变曲线几乎重合,只是在此之后二者才有显著区别。因而由压缩实验得到的材料弹性模量 E、屈服极限 σ_s 等力学性能参数都近似与材料拉伸时所测试到的结果相同。

材料拉、压时的弹性模量接近,是因为直至材料在单向拉、压外力作用下屈服,其原子间距都处于图 4.6 所示的平衡位置 a_0 附近的很小范围内,即式(4.9)的 u 为小量。因而无论外力是拉还是压,金属原子间的相互作用在 f 与 u 之间,都近似存在比例关系,比例系数为 $\left.\dfrac{\mathrm{d}f}{\mathrm{d}a}\right|_{a=a_0}$。由材料力学知道,大小相同的轴向拉力和压力,都在与轴线成 45°方向上产生相同的最大剪应力。这是引起材料发生滑移,即屈服破坏的直接原因,也是使材料不再具有初始线性和完全弹性的直接原因。因此,塑性金属材料受压与受拉有相近的屈服极限、比例极限和弹性极限。

应变强化阶段后期,由于试件的标距和横截面面积有了很大的改变,图 4.2 和图 4.13 所表示的低碳钢工程应力和应变都不反映材料真实的应力、应变。如果采用式(4.3)和式(4.4)给出的真实应变和应力,重新绘制材料的应力应变曲线,发现两条曲线将较为接近。可以预料塑性材料在单向压缩轴力的作用下,只能随着外力的加大,试件将越压越扁(材料的滑移引起截面的迅速加大)。轴力虽然增加,应力并不成比例增大。由于压缩过程不存在拉伸时的塑性失稳现象,压缩作用下材料的晶格滑移将在整个试件内普遍达到很高的水平。延性好的材料只能被压扁,发生充分的塑性流动,而不会发生明显的断裂破坏。只有部分材料的试件在被充分压扁的同时,沿其边缘出现齿状的裂痕。

综上所述，塑性材料压缩的力学性能参数 σ_p，σ_e，σ_s 及 E 都可取自拉伸实验。

4.2.3 脆性材料压缩时的力学性能

铸铁压缩时的应力应变曲线如图 4.13 的曲线 2，其特点如下：

(1) 初始弹性阶段的线性部分不明显，仍需要在弹性变形范围内。用线性拟合技术，确定最佳逼近直线，取其斜率作为材料压缩弹性模量。

(2) 材料的强度极限取实验全过程横截面上的最大压应力，也记为 σ_b。实测表明它的数值为同一材料拉伸强度极限的 4～8 倍，因此，铸铁材料适合用来制作抗压构件。

(3) 与铸铁的拉伸实验相比，其压缩试件能发生明显的永久变形。

对于铸铁压缩初始线性部分不明显和材料能发生明显的永久变形的原因，可以由铸铁材料的微、细观乃至宏观上材料构造较为粗糙加以解释。关于无明显线性部分可参考前文中对拉伸曲线的解释。另外，在较小的压应力作用下，因存在空穴、裂纹及相变引起的应力集中，强度较小的脆相可能发生断裂，局部宏观裂纹可能发生扩展、汇合。竖向界面的存在又能产生类似偏心压缩的弯曲效应。这些局部损伤会改变材料的内部构造，而产生永久变形。但这里发生的永久变形同塑性材料规则的滑移相比，其机理是不同的。

关于脆性材料试件受压破坏的原因，国内外有过研讨和争论。对此传统的解释是：由于通常脆性材料试件压缩破坏的断口发生在与轴线成 45°～55°的方向上，这恰好是单向压缩材料的最大剪应力方向，由此可知材料的断裂是由最大剪应力引起的剪切断裂。一些作者（包括我们）对脆性材料试件的受压破坏过程进行了大量的实测和理论分析，对断裂的原因提出了某些新的解释。我们认为，脆性材料试件的破坏过程是个复杂的力学过程；试件端面摩擦力是影响这一过程的敏感的重要因素，材料在加载过程产生的内损伤，是改变试件应力分布、引起最终破坏的直接原因。图 4.14 给出了端面未经润滑

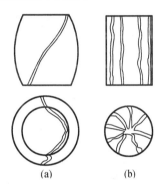

图 4.14 铸铁压缩试件断口形式
(a) 未经良好润滑；(b) 经过良好润滑

等处理和采取良好磨光、润滑等减小摩擦力的措施时，铸铁压缩试件的断口形式。我们曾用有限元法对在不同的润滑情况下，试件产生斜圆柱和鼓形永久变形后的应力场进行了计算，进而研究了试件的破坏过程。结论如下：

(1) 材料随着轴向压力的增大，将产生少量永久变形，圆柱形的试件将变形成为斜圆柱或鼓形。

(2) 即使上述永久变形引起试件的形状改变不大时，也能在试件内引起应力场的明显改变，并在试件部分区域沿某些方向产生拉应力。随着压力的增大，形状改变也会增大，拉应力也随之增大，含有拉应力的区域也将扩大，一旦最大拉应力达到材料抗拉强度极限 σ_{b_1}，将在局部引起材料破坏，即引发裂纹。

(3) 最大拉应力作用处形成的初始裂纹，将在含有拉应力的作用区域内，在裂纹尖端拉应力的作用下，遵循断裂力学裂纹扩展的规律，按连接最大拉应力点的较短的路径，发生裂纹失稳扩展，形成最后的断口。由上述分析确定的断口，与不同润滑试件的实测断口完全吻合。上述分析推断出的材料抗压强度极限 σ_{b_y}，也与不同润滑、不同形状的实测结果相一致。工程中脆性材料压缩时的弹性模量 E 和强度极限 σ_{b_y} 仍可参考脆性材料拉伸的方法测定。

4.3 金属材料扭转时的力学性能

4.3.1 材料扭转实验

金属材料扭转实验,可参考国家标准 GB 10128—88 或最新的有关指导文件。

塑性材料和脆性材料在承受扭转力偶的作用时,也有显著不同的表现。我们分别进行讨论。

扭转试件一般取圆截面试件。除夹持部分要求有充分的长度外,其外形与拉伸试件相似。扭转实验常在专用的扭转实验机上进行。关于扭转实验机将在第 7 章中介绍。目前有些万能材料实验机附加专用的扭转加载附件,也能做扭转实验。

4.3.2 扭转实验的 M_n-ϕ 曲线和 τ-γ 曲线

在材料扭转实验中,也可由扭转实验机绘制扭转外力偶矩或横截面扭矩 M_n 和试件标距 l_0 内相对扭转角 ϕ 之间的函数曲线,即 M_n-ϕ 曲线,如图 4.15 所示。由于圆截面试件扭转时剪应力不像拉、压加载时那样沿横截面均匀分布,通常将不去寻求材料的剪应力 τ 与剪应变 γ 之间的 τ-γ 曲线。但是也能通过分析的方法,绘制材料的 τ-γ 曲线。简介如下:

对同一根试件,研究两个相邻时刻的剪应力分布。图 4.16(a) 和图 4.16(b) 分别表示时刻 1 和时刻 2 剪应力 τ 沿半径方向的分布。

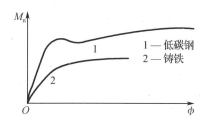

图 4.15 金属材料扭转 M_n-ϕ 曲线

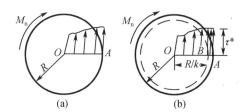

图 4.16 扭转杆横截面剪应力分布图
(a) 时刻 1;(b) 时刻 2

根据材料力学中的平面假设,扭转变形过程中,半径线始终保持为直线,将得到各处剪应变为

$$\gamma(\rho) = \rho \frac{d\phi}{dx} \tag{4.10}$$

其中

$$\frac{d\phi}{dx} = \frac{\phi}{l_0} \tag{4.11}$$

为常量。设时刻 1,2 的扭转角 ϕ_1,ϕ_2 有

$$\phi_2 = k\phi_1 \quad (k>1,常数) \tag{4.12}$$

由式 (4.10) 和式 (4.12) 得

$$\gamma_2(\rho) = \gamma_1(k\rho) \tag{4.13}$$

设材料 τ-γ 间函数关系为

$$\tau = \tau(\gamma) \tag{4.14}$$

当时刻 2 充分接近时刻 1 时,即 $k\to 1$ 时,由式(4.13)和式(4.14),有

OB 段

$$M_{n_{OB}} = \int_0^{\frac{R}{k}} \tau_2(\rho) 2\pi\rho^2 \mathrm{d}\rho = \int_0^{\frac{R}{k}} \tau_1(k\rho) 2\pi\rho^2 \mathrm{d}\rho$$

$$\underline{\rho' = k\rho} \frac{1}{k^3} \int_0^R \tau_1(\rho') 2\pi\rho'^2 \mathrm{d}\rho' = \frac{1}{k^3} M_{n_1} \tag{4.15}$$

BA 段

$$M_{n_{BA}} = \int_{\frac{R}{k}}^R \tau^* 2\pi\rho^2 \mathrm{d}\rho = \frac{2\pi R^3}{3}\left(1 - \frac{1}{k^3}\right)\tau^* \tag{4.16}$$

式中,$M_{n_{OB}}$,$M_{n_{BA}}$ 分别为时刻 2 作用于半径为 OB 的圆内面积上的扭矩和上述圆外(BA 宽的圆环)面积上的扭矩;M_{n_1} 为时刻 1 整个横截面上的扭矩;τ^* 为外部 BA 宽的环形面积上的剪应力。

当 $k\to 1$,即 BA 宽趋于无穷小时,τ^* 近似为常数。再由静力学关系,时刻 2 横截面上的扭矩为

$$M_{n_2} = M_{n_{OB}} + M_{n_{BA}} \tag{4.17}$$

将式(4.15)和式(4.16)代入式(4.17),解得

$$\tau^* = \frac{1}{W_s} \frac{M_{n_2} - \alpha M_{n_1}}{1 - \alpha} \tag{4.18}$$

式中

$$W_s = \frac{2\pi R^3}{3}, \quad \alpha = \frac{1}{k^3} \tag{4.19}$$

另一方面,由式(4.10)和式(4.11)可推出与 τ^* 对应的剪应变,近似为

$$\gamma^* = \frac{R\phi_2}{l_0} \tag{4.20}$$

可见由几个相邻时刻的测量值 (M_{n_1},ϕ_1),(M_{n_2},ϕ_2) 就可以由式(4.18)和式(4.20)求得 τ-γ 曲线上的一个点 (τ^*,γ^*)。

根据加载过程 ϕ 由 0 逐渐增大时,在 M_n-ϕ 图上,取定的一组点列 (M_{n_i},ϕ_i) $(i=1,2,\cdots,n)$,可计算出 (τ_i,γ_i) $(i=1,2,\cdots)$,对这些点,在 τ-γ 坐标系上,通过描点、连线、光顺,就能得到材料的 τ-γ 曲线。

4.3.3 材料扭转时力学性能参数的测定

1. 塑性材料的扭转

(1) 剪切弹性模量 G

在弹性范围内,由

$$\tau = G\gamma, \quad \tau_{\max} = \frac{M_n}{W_p}, \quad W_p = \frac{\pi R^3}{2} \tag{4.21}$$

代入式(4.10)和式(4.11),易推出

$$G = \frac{2M_n l_0}{\pi R^4 \phi} \tag{4.22}$$

在 M_n-ϕ 图的初始直线段测量斜率 $\dfrac{M_n}{\phi}$ 代入式(4.22),即可计算出 G 值。

(2)材料的剪切屈服极限 τ_s

对低碳钢这样有明显屈服平台的材料,能应用理想弹塑性模型分析 M_{n_s}(外纤维开始屈服时的扭矩)。设材料 τ-γ 曲线如图 4.17 曲线 1 所示。引入加载参数 t 描述加载过程。以角速度 ω 匀速加载

$$\phi = \omega t \tag{4.23}$$

对应外表面开始屈服

$$\omega = \dfrac{\phi_s}{t_s} \tag{4.24}$$

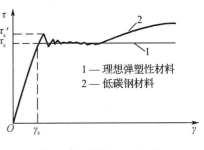

图 4.17 材料 τ-γ 曲线

1——理想弹塑性材料
2——低碳钢材料

由式(4.10)和式(4.11),有

$$\gamma(\rho) = \dfrac{\omega t}{l_0}\rho = \dfrac{\phi_s t}{l_0 t_s}\rho \tag{4.25}$$

由条件

$$\gamma(R_p) = \gamma_s = \dfrac{\phi_s}{l_0}R \qquad (t \geq t_s) \tag{4.26}$$

式中,R_p 为弹塑性边界圆周的半径。代入式(4.25)可以解得

$$R_p = \dfrac{t_s}{t}R \qquad (t \geq t_s) \tag{4.27}$$

由式(4.21)、式(4.25)和静力学条件计算整个横截面上的扭矩(当 $t \geq t_s$ 时),有

$$M_n = \int_0^{R_p} \dfrac{G\phi_s}{l_0 t_s}t\rho 2\pi\rho^2 \mathrm{d}\rho + \int_{R_p}^R \tau_s 2\pi\rho^2 \mathrm{d}\rho$$

$$= \dfrac{G\phi_s}{l_0 t^3}t_s^3 W_p R + \dfrac{4}{3}\tau_s W_p\left[1 - \left(\dfrac{t_s}{t}\right)^3\right] \tag{4.28}$$

式中,$W_p = \dfrac{\pi R^3}{2}$ 为线弹性下横截面抗扭截面模量,而且

$$\tau_s = \dfrac{M_{n_s}}{W_p} \tag{4.29}$$

由式(4.21)第一式及式(4.26)和式(4.29),得

$$M_n(t) = M_{n_s}\left[\dfrac{4}{3} - \dfrac{1}{3}\left(\dfrac{t_s}{t}\right)^3\right] \qquad (t \geq t_s) \tag{4.30}$$

对式(4.30)列表 4.1 进行分析。

表 4.1 M_n 随加载过程的变化

t/t_s	1	$\sqrt[3]{2}$	$\sqrt[3]{3}$	$\sqrt[3]{5}$	2	∞
$\dfrac{M_n(t)}{M_{n_s}}$	1	$\dfrac{28}{24}$	$\dfrac{29.3}{24}$	$\dfrac{30.4}{24}$	$\dfrac{31}{24}$	$\dfrac{32}{24}$

可见,如果能求得图 4.18 中曲线 1 的水平渐近线的纵坐标 M_{n_i} 值,就可由

$$\left[\dfrac{M_n(t)}{M_{n_s}}\right]_{t \to \infty} = \dfrac{4}{3} \text{ 求得}$$

$$M_{n_s} = \frac{3}{4}M_{n_i} \tag{4.31}$$

讨论两点:

① 当 $t = 2t_s$ 时,对应 $\gamma = 2\gamma_s$,而 $M_n(t)$ 与 M_{n_i} 就仅仅相差 $1/32$。

② 由于实际材料存在上屈服极限(图 4.17 中曲线 2 的 τ'_s)的影响,实际材料的扭转 $M_n(t) - t$ 曲线(与 $M_n - \phi$ 曲线趋势一致)将如图 4.18 的曲线 2 所示。实测表明实验曲线 $M_n(t) - t$ 曲线的极小值(对应 C 点)极为接近由理想弹塑性材料的 $M_n(t) - t$ 曲线的渐近线所确定的 M_{n_i} 值。即可以由这一测量值代替 M_{n_i} 值,再代入式(4.31)算出 M_{n_s} 值。用这种方法能既容易又准确地测定出 M_{n_s} 值。

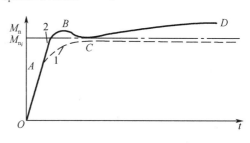

图 4.18 试件扭转 $M_n(t) - t$ 曲线

1—理想弹性材料;2—低碳钢材料

它显然优越于通过测定 $M_n - \phi$ 曲线由直线变为曲线的过渡点或由测量曲线斜率微小变化测定 M_{n_s} 的方法。

最后,将 M_{n_s} 代入式(4.29)立即可算出扭转试件材料的剪切屈服极限 τ_s。

(3)材料的强度极限 τ_b

由于扭转试件在整个加载过程中,直径和标距几乎不改变。由前所述方法测绘的扭转 $\tau - \gamma$ 曲线,不会发生拉伸实验时的颈缩失稳现象。试件的各部位都会产生很大的塑性变形,有些低碳钢试件表面的伸长线应变可以达到非颈缩区拉伸试件最大伸长线应变的几十倍。因此,只有通过扭转实验才便于描述、研究材料受力变形的全过程。以标距两个端面之间相对扭转角为 20π(十周)的材料为例,研究加载过程由 $M_n - \phi$ 图换算得到的 $\tau - \gamma$ 图的变化发现,材料的应变强化主要发生于扭转角 ϕ 处于 $0 < \phi < \pi$ 的范围,以后的 $\tau - \gamma$ 曲线是一个非常平直的水平线。可见,可以定义平直段上的应力值为材料的强度极限 τ_b。直到试件最终断裂时,除轴心附近的极小范围内,外部的绝大部分材料都已达到 τ_b 值,因而,可以按图 4.19 的简化模型计算 τ_b 值

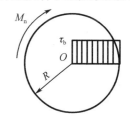

图 4.19 计算 τ_b 的横截面剪应力分布简图

$$M_{n_b} = \int_0^R \tau_b (2\pi\rho)\rho d\rho = \frac{2\pi R^3}{3}\tau_b = W_B \cdot \tau_b$$

即有

$$\tau_b = \frac{M_{n_b}}{W_B} \tag{4.32}$$

其中

$$W_B = \frac{2\pi R^3}{3} = \frac{4}{3}W_p \tag{4.33}$$

2. 脆性材料的扭转

铸铁为典型的脆性金属材料,其 $M_n - \phi$ 曲线见图 4.15 的曲线 2。可以看出直至试件被扭断,材料都表现为近似线弹性。由于

$$\tau = \frac{M_\mathrm{n}}{W_\mathrm{p}}, \quad \gamma = \frac{\phi R}{l_0} \tag{4.34}$$

材料的扭转 $\tau - \gamma$ 曲线,容易由式(4.34)的比例变换得到。而材料的剪切弹性模量 G 也容易由 $M_\mathrm{n} - \phi$ 曲线按式(4.22)算得。材料的强度极限 τ_b,可将 $M_{\mathrm{n}_\mathrm{b}}$ 代入式(4.34)第一式算得。

4.3.4 扭转试件断口分析

塑性材料扭转试件在加载过程中,首先在剪应力最大的横截面内发生滑移。如细心观察能沿试件表面横向看到明暗相间的滑移线。材料经过充分的塑性变形后,由于位错高度塞积、位错密度增大,也必然沿最大剪应力作用的晶面方向生成微裂纹,由微裂纹汇集而成的宏观裂纹也大致沿横截面方向。所以最终的由弹塑性裂纹失稳扩展得到的断口也是沿横截面方向。这些与断口形貌提供的信息是一致的。另外断面中心常见螺旋形坑状解理裂纹,表明裂纹是首先生成于表面,然后向应力较小的中心处扩展的。

脆性试件的断口,一般发生于与轴线成45°角的截面上,断面呈螺旋面形状。可以分析断面恰好发生在各点的最大拉应力方向,而试件内的最大拉应力(发生于与轴线成45°角方向)和最大剪应力(发生于横截面上)是大小相同的。如果各个方向有同样尺寸的裂纹缺陷(裂纹和缺陷的大小、方向都随机分布),根据断裂力学的理论,最大拉应力方向的裂纹将首先失稳扩展,裂纹扩展方向也沿此方向,由此形成最终断口。断裂前和断裂过程中试件内永久变形很小,这与断口的脆断形貌一致。

最后指出,无论对于塑性材料还是脆性材料,扭转试件外表面上有最大剪应力,同时拉应力也最大。因此,表面附近的质量缺陷,将对测量到的材料剪切强度参数和断口形状产生极为敏感的影响。

4.4 金属材料弯曲时的力学性能

4.4.1 材料弯曲实验

金属材料的弯曲实验,可参考国家标准 GB 232—88 或最新的有关指导文件。

塑性材料和脆性材料在发生弯曲变形时,力学行为也显著不同,仍分别予以讨论。

弯曲实验常采用矩形截面梁做试件,有时也用圆截面试件。通常在万能材料实验机上装配三点弯曲或四点弯曲专用加载附件进行加载。计算简图分别如图 4.20(a)、图 4.20(b)所示。

在加载过程中,实验机也可绘制出载荷 P 与实验机压头位移 f 之间的 $P - f$ 曲线。还可适当布置载荷、位移传感器及记录分析仪器,精确绘制载荷 P 与梁上指定截面的挠度 f(如跨中截面的挠度)之间的变化曲线,称为试件的弯曲曲线。图 4.21 给出了典型塑性材料低碳钢和典型脆性材料铸铁的弯曲曲线。

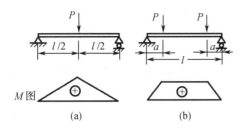
图 4.20 弯曲实验加载装置计算简图
(a)三点弯曲;(b)四点弯曲

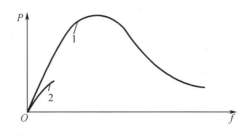
图 4.21 金属材料弯曲曲线
1—低碳钢;2—铸铁

4.4.2 材料弯曲时力学性能参数的测定

三点弯曲或四点弯曲梁在加载时都是上纤维受压、下纤维受拉,理论上横截面上正应力沿梁高成线性分布,即

$$\sigma = \frac{M}{I_z} y \tag{4.35}$$

式中 M——图 4.20 所示梁的弯矩图确定的作用于横截面上的弯矩;
I_z——横截面对形心轴 z 的惯性矩;
y——计算点的 y 轴坐标值。

材料力学弯曲实验的内容之一是测量正应力值并与上述理论值相比较,以验证梁的理论。

弯曲实验也用来测定材料的力学性能参数。

1. 材料弹性模量 E

可用四点弯曲加载测量。合理选择最大载荷 P_{max},使试件在整个加载过程都处于线弹性范围。采集并记录 P 和对应的跨中挠度 f 值。由理论公式

$$f = \frac{Pl^2 a}{24EI}\left(3 - 4\frac{a^2}{l^2}\right) \tag{4.36}$$

可导出

$$E_b = \frac{Pl^2 a}{24fI}\left(3 - 4\frac{a^2}{l^2}\right) \tag{4.37}$$

式中 a,l 意义如图 4.20 所示。将测量值 (P,f) 代入式(4.37)便求得弯曲弹性模量 E_b。为提高测量精确度,可在 P_{max} 之内选多点测量,由统计分析确定 E_b 值。

2. 脆性材料的抗拉强度极限 σ_b

脆性材料弯曲实验中,随着载荷 P 的加大试件会发生脆断。记录脆断载荷 P,可算出断口处 M_{max} 值,代入下式可算出材料弯曲拉应力强度极限

$$\sigma_b = \frac{M_{max}}{W} \tag{4.38}$$

鉴于弯曲试件应力分布不均匀以及压头、支座附近的局部应力的影响,尤其是脆性材料材质不均匀和内缺陷的随机分布的特点,弯曲测量得到的力学性能参数,将不如采用拉伸、压缩实验测得的数据稳定和精密。但是由于弯曲试件的加工和加载比较简单,并可以用较小的载荷得到较大的应力值,另外采用弯曲加载也便于模拟工程弯曲构件的实际受力

和变形,因而弯曲实验也经常用于工程实际。

具有良好塑性的金属材料,能产生很大的弯曲塑性变形。随着塑性变形的产生和增大,将丧失材料力学研究问题的前提:满足线弹性条件和小变形条件。这时试件的受力、变形仅对材料诸如冷弯、展平等机械加工所需要的性能研究有意义。有些塑性好的材料甚至不能通过弯曲加载导致试件最终断裂。

由于弯曲试件上、下表面应力最大,因此,表面附近的材质缺陷,将对各力学参数的测量结果非常敏感。

最后指出,弯曲试件脆性断口由最大弯曲拉应力附近开始起裂,断口也约为横截面方向。塑性材料的晶格滑移也首先发生于 M_{max} 区,因为压头处局部应力和摩擦力的作用,对局部断口及屈服都会产生影响。

第5章 电测原理及测试方法

应变计电测技术是一种确定构件表面应力状态的实验应力分析方法。其原理是将电阻应变计(简称应变计,俗称应变片)粘贴在被测构件表面上,当构件受力变形时,应变计的电阻值发生相应的变化。通过电阻应变仪(简称应变仪)测定应变计中电阻值的改变,并换算成应变值或者输出与应变成正比的电信号,用记录仪器记录下来,就可得到被测量的应变或应力。

目前,应变计电测技术已成为实验应力分析中广泛应用的一种方法,其主要优点如下:

1. 应变计尺寸小、质量轻,一般不影响构件的工作状态和应力分布。
2. 测量灵敏度、精度高。应变最小分辨率可达1微应变,常温静载测量时精度可达1%。
3. 测量应变的范围广。可由1微应变到几万微应变。
4. 频率响应好。可测量0~10万赫的动应变。
5. 可在高温、低温、高速旋转及强磁场等环境下进行测量。
6. 由于测量过程中输出的是电信号,因此容易实现自动化、数字化,并能进行远距离测量和无线电遥测。
7. 通用性好。不但适用于测量应变,而且可制成各种高精度传感器,用于测量载荷、位移、加速度、扭矩等力学量。

不过该测量方法也有它的缺点,主要表现在只能测量构件表面某一方向的应变,且应变计有一定栅长,只能测定栅长范围内的平均应变。

当用于实际工程的外场测量时,应变计及其连接线路易受到其他施工流程的损坏,需要做好防护工作。同时,由于长距离、长时间监测时,连接线阻会导致信号衰减和漂移,可以采用分布式测量系统来避免测试精度降低。

本章主要介绍在一般环境下应变计电测原理及测试方法。

5.1 应变计的工作原理与构造

5.1.1 应变计的工作原理

为了了解电阻应变计的工作原理,先考查金属导线的电阻应变效应,即电阻值随导线的变形(伸长或缩短)而发生改变的一种物理现象。

设有截面积为A的金属导线,其原始电阻为

$$R = \rho \frac{l}{A} \tag{5.1}$$

式中　ρ——导线材料的电阻率;
　　　l——导线长度。

当导线沿其轴线方向受力而发生变形时,其电阻值也随着发生变化,即产生"电阻应变效应"。为了得到电阻改变和应变之间的关系,对式(5.1)两边取对数并微分,得

$$\frac{\mathrm{d}R}{R} = \frac{\mathrm{d}\rho}{\rho} + \frac{\mathrm{d}l}{l} - \frac{\mathrm{d}A}{A} \tag{5.2}$$

式中,$\frac{\mathrm{d}l}{l}$ 为金属导线长度的相对改变量,即线应变 ε,则

$$\varepsilon = \frac{\mathrm{d}l}{l} \tag{5.3}$$

式(5.2)中的 $\mathrm{d}A$ 是导线截面积的改变量,设直径由 D 变为 D',则

$$D' = D(1 - \mu\varepsilon)$$

式中,μ 为导线材料的泊松比,于是导线截面积改变为

$$\mathrm{d}A = \frac{\pi}{4}(D'^2 - D^2) = \frac{\pi}{4}(D^2(1-\mu\varepsilon)^2 - D^2) \approx \frac{\pi D^2}{4}(-2\mu\varepsilon)$$

这里已经略去了 $\mu\varepsilon$ 的二次项。因为 μ 为 10^{-1} 数量级,线应变 ε 一般是 10^{-4} 数量级,则乘积 $\mu\varepsilon$ 的平方为 10^{-10} 数量级,可忽略不计,故

$$\frac{\mathrm{d}A}{A} = -2\mu\varepsilon \tag{5.4}$$

将式(5.3)和式(5.4)代入式(5.2)得

$$\frac{\mathrm{d}R}{R} = (1 + 2\mu)\varepsilon + \frac{\mathrm{d}\rho}{\rho} \tag{5.5}$$

研究表明,金属导线受力变形时,在弹性范围 $\frac{\mathrm{d}\rho}{\rho} \propto \varepsilon$,因而其电阻的相对变化率 $\frac{\mathrm{d}R}{R}$ 与导线的线应变 ε 成正比,导线进入塑性后,$\frac{\mathrm{d}\rho}{\rho}$ 近似为常量,它们的关系略有改变。由此可以设想,若将一根金属丝粘贴在构件表面上,当构件产生变形时,金属丝也将随着一起变形,于是构件表面的应变量直接转换为金属丝电阻的相对变化。电阻应变计就是利用金属丝的这种电阻应变效应制成的传感元件。

5.1.2 应变计的构造

应变计的构造很简单。将一条很细的具有高电阻率的金属丝绕成栅形,用胶水粘在两片薄纸之间,再焊上较粗的引出线,就制成了早期常用的丝绕式应变计。常用的应变计一般由敏感栅、引出线、基底、覆盖层和黏结剂五部分组成,如图5.1所示。

敏感栅是用合金丝或合金箔制成的栅,它能将被测构件表面的应变转换为电阻的相对变化。由于它对被测量的应变的反映非常灵敏,故称为敏感栅。它由纵栅与横栅组成,称纵栅的中心线为应变计的轴线。敏感栅的外形尺寸用栅长 L(横栅为圆弧形时,指两端圆弧顶点内侧之间的距离;横栅为直线形时,则为两端横栅内侧之间的距离)和栅宽 B(在与纵轴垂直的方向上,敏感栅外侧之间的距离)表示,如图5.2所示。应变计栅长尺寸因不同类型的材料的应变测试需求而异,变化范围为 $0.2 \sim 100$ mm。引出线是用来将敏感栅的电信号传递出来的金属线,一般由镀锡铜线或铜带制作而成。基底的作用是保持敏感栅的几何形状和相对位置,应变计工作时使之与被测构件一同变形。而覆盖层是用来保护敏感栅的,它们常用纸、胶膜及玻璃纤维布等材料制作。黏结剂的作用是将敏感栅固定在基底上。

常用的有环氧树脂类和酚醛树脂类黏结剂。在安装应变计时,也是用这些黏结剂将应变计的基底粘贴在被测构件上的。

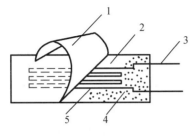

图 5.1　丝绕式应变计

1—覆盖层;2—基底;3—引出线;
4—黏结剂;5—敏感栅

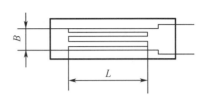

图 5.2　敏感栅的尺寸

5.2　应变计的分类和工作特性

5.2.1　应变计的分类

根据敏感栅所用材料不同可将应变计分为金属电阻应变计和半导体应变计两大类。现着重讨论金属电阻应变计的分类。

1. 按制造方法分类

按敏感栅的制造方法金属电阻应变计可分为金属丝式应变计和金属箔式应变计。

(1) 金属丝式应变计

这种应变计的敏感栅是由直径为 0.01～0.05 mm 的铜镍合金或镍铬合金的金属丝制成,简称为丝式应变计。它又分丝绕式和短接式两种,如图 5.3 所示。前者是用一根金属丝绕制而成,后者则是用数根金属丝排列成纵栅,再用较粗的金属丝与纵栅两端交错焊接而成。

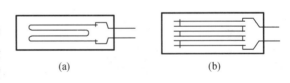

图 5.3　金属丝式应变计

(a) 丝绕式;(b) 短接式

由于应变计的敏感栅除有纵栅外,还有圆弧形或直线形的横栅。因此当应变计感受到轴线方向的应变时,同时还能感受到横向的应变,这就是应变计的横向效应。丝绕式应变计敏感栅的横向部分呈圆弧形,其横向效应较大,故测量精度较差,而且其端部圆弧部分制造困难,形状不易保证,使应变计性能不够稳定;但丝绕式应变计多用纸基底和纸覆盖层,价格较低,粘贴也方便。敏感栅的横向部分平直而且较粗,电阻值很小,故其横向效应很小,加之制造时敏感栅形状容易保证,故测量精度较高;但由于敏感栅中焊点多,且焊点处截面变化剧烈,故容易损坏,且疲劳寿命较低。

(2) 金属箔式应变计

这种应变计的敏感栅是用厚度为 0.002～0.005 mm 的铜镍合金或镍铬合金的金属箔,采用刻图、制版、光刻及腐蚀等工艺过程而制成,简称箔式应变计,如图 5.4 所示。由于制造工艺自动化,可大量生产,并可把敏感栅制成为各种形状和尺寸的应变计,尤其可以制造栅长很小的应变计。其敏感栅的横向部分为较宽的栅条,故横向效应较小;而且栅箔薄而宽,因而粘贴牢固、散热性能好、疲劳寿命长,并能较好地反映构件表面的变形,使测量精度较高。由于箔式应变计具有以上优点,故在各个测量领域中得到广泛的应用。

2. 按结构形状分类

按敏感栅的结构形状,金属电阻应变计可分为单轴应变计和应变花。

(1)单轴应变计

单轴应变计是指只有一个敏感栅的应变计,如图 5.3 和图 5.4 所示。这种应变计可用来测量敏感栅轴向方向(长边方向)应变。若把几个同向单轴敏感栅粘贴在同一个基底上,则称为单轴多栅应变计,如图 5.5 所示。这种应变计可方便地用来测量构件表面的应变梯度。

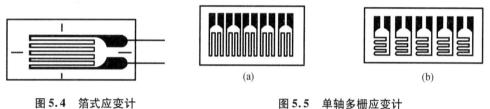

图 5.4　箔式应变计　　　　　图 5.5　单轴多栅应变计

(a)平行轴多栅;(b)同轴多栅

(2)应变花(多轴应变计)

具有两个或两个以上轴线相交成一定角度的敏感栅制成的应变计称为多轴应变计,通常称为应变花,如图 5.6 所示,其敏感栅可由金属丝或金属箔制成。采用应变花可方便地确定平面应变状态下构件上某一点处的主应变和主方向。

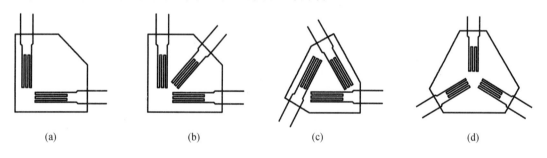

图 5.6　应变花

(a)二轴直角;(b)三轴直角;(c)三轴等角(60°);(d)三轴等角(120°)

5.2.2　应变计的工作特性

应变计的工作性能的好坏直接影响应变测量的精确度,因此对应变计的性能提出了各种要求。常温应变计有如下工作特性。

1. 应变计电阻

应变计电阻指应变计未经安装,也不受外力时,在室温下测得的电阻值。在允许通过同样工作电流时,选用较大电阻的应变计可提高应变计的工作电压,使输出信号加大,测量精度提高。应变计的生产已趋向标准化,国产应变计的名义电阻值一般取 120 Ω,也有采用

350 Ω 的。制造厂对应变计逐个测量,并将阻值接近者分装成一包,注明每包应变计电阻的名义平均值,以及单个限值与平均值的最大偏差。

2. 灵敏系数

应变计安装在单向应力状态的试件表面,且其轴线与应力方向一致,则应变计电阻的相对变化 $\frac{\Delta R}{R}$ 与其轴向应变 ε 之比定义为应变计的灵敏系数,用 K 表示,即

$$K = \frac{\frac{\Delta R}{R}}{\varepsilon} \tag{5.6}$$

灵敏系数是使用应变计时的重要参数,可以参见对式(5.5)的讨论。它受到多种因素的影响,如敏感栅的材料、形式和尺寸,基底及黏结剂的种类、厚度,温度的变化等。其数值无法由理论精确求得,制造厂家用专门设备抽样标定,并在包装上注明平均名义值和标准误差。

3. 机械滞后

在温度不变的情况下,对安装好应变计的试件进行加载和卸载。在同一应变值下,比较加载卸载时的两个指示应变,它们存在一定的差值。取两个指示应变的最大差值为应变计的机械滞后量。机械滞后现象总是存在的,需在正式测量前对试件进行三次以上的加载、卸载循环以减小机械滞后的影响。

4. 绝缘电阻

绝缘电阻指应变计引出线与构件之间的电阻值,可由绝缘电阻测试仪测出。它是安装应变计的黏结剂的固化程度以及是否受潮的标志。

5. 蠕变

应变计的蠕变现象是指当试件在某恒定应变下或某不变温度下,应变计的指示应变随时间稍有下降的现象。

6. 应变极限

应变计的应变极限值指应变计能测量的最大应变量。在特制的试件上,贴上应变计进行测定。试件受拉时,应变计的指示应变与试件实际应变的相对误差达到某规定值(10%)时,认为应变计失去正常工作能力,此实际应变值即为应变计的极限应变。

7. 横向效应系数

对于同一个单向应变值,将应变计垂直于此应变方向粘贴和沿着此应变方向粘贴所测得两个指示应变的比值(取百分数)称为横向效应系数。横向效应系数用 H 表示,取值一般为百分之几。

8. 疲劳寿命

应变计的疲劳寿命指应变计在一定幅值的交变应力下,能保证正常工作的循环次数。对于静态测量此性能参数可不加考虑。

本节最后简单介绍一下半导体应变计。其敏感栅只有一直条,由硅、锗等半导体材料制成,最常用的是单晶硅。

半导体应变计的主要优点是灵敏系数大、横向效应和机械滞后很小。但也有其缺点,首先,其灵敏系数仅在不大的应变范围内保持常数,而在此范围之外,拉、压应变下的灵敏系数显出不同;其次是温度稳定性差,灵敏系数随温度增高而减小;再次,半导体材料中杂

质的存在使应变计之间灵敏系数有较大的分散性;并且半导体应变计的价格也比较贵。目前其主要用于测量小应变、动应变以及用于某些灵敏度高的、小型的传感器上。

5.3 黏结剂及应变计的粘贴与防护

常温应变计的安装是采用黏结剂粘贴到试件或构件上,粘贴质量直接影响应变计的工作特性,如蠕变、滞后、灵敏系数等。只有粘贴层均匀、结实,才能保证敏感栅如实地显示构件的变形。实验的成败在很大程度上取决于黏结剂的选用、粘贴方法的选择。同时,在实际测量中,应变计可能处于各种环境中,一般要求对贴好的应变计采取相应的保护措施,以保证测量的安全可靠。

5.3.1 常用的黏结剂

可用于粘贴应变计的黏结剂也称为应变胶,它应满足一定的要求。如固化后要有较强的黏结能力;抗剪强度高,以便可靠地传递变形;蠕变小;受湿度、温度的影响小;胶层与构件材料的热膨胀系数相近;绝缘电阻大;对敏感栅无腐蚀作用,固化快等。

粘贴应变计采用合成的黏结剂,它分为有机和无机两大类。无机黏结剂用于高温应变计的粘贴。常温应变计的粘贴采用有机黏结剂。表 5.1 给出了粘贴常温应变计的常用黏结剂及其性能。

表 5.1 常用黏结剂及其性能

类型	主要成分	牌号	适于黏结的应变计基底	最低限度的固化条件	固化压力/(10^5 N/m^2)	使用温度范围/℃
硝化纤维素黏结剂	硝化纤维素（或乙基纤维素）、溶剂	—	纸	室温 10 小时或 60 ℃2 小时	0.5～1	-50～+60
氰基丙烯酸酯黏结剂	氰基丙烯酸酯	KH501 KH502	纸、胶膜、玻璃纤维布	室温 1 小时	粘贴时指压	-50～+60
环氧树脂类黏结剂	环氧树脂、邻苯二甲酸二丁酯、乙二胺	—	胶膜、玻璃纤维布	常温固化	1	-50～+100
	环氧树脂、脂类固化剂	914	胶膜、玻璃纤维布	室温 2.5 小时	粘贴时指压	-60～+80
酚醛树脂类黏结剂	酚醛树脂、聚乙烯醇缩乙醛	JSF-2	酚醛胶膜、玻璃纤维布	150 ℃ 1 小时	1～2	-60～+150
氯仿黏结剂	氯仿(三氯甲烷)、有机玻璃粉末(3%)	—	玻璃纤维布、贴于有机玻璃试件	室温 3 小时	粘贴时指压	—

5.3.2 应变计的粘贴工艺

应变计的粘贴过程可分为如下几个步骤。

1. 检查、分选应变计

首先对应变计进行外观检查和阻值测量。检查应变计的敏感栅有无锈斑,基底和覆盖层有无破损,引出线是否牢固等。阻值测量的目的是检查应变计是否断路、短路,并按阻值进行分选,以保证同一组应变计的阻值相差不超过 0.1 Ω。

2. 表面清理

首先将试件表面粘贴应变计处的漆层、油污、锈斑等清除干净,然后用砂布打出光泽。对过于光滑的加工表面,用砂布打出与应变计轴线成 45°的交叉纹路,以增加黏结力,再用酒精(或丙酮)浸过的脱脂棉擦洗,并用画针画出贴片定位线,最后再用棉球擦洗,直至棉球上不见污迹。

3. 粘贴应变计

粘贴方法视黏结剂和应变计基底种类而异。一般先在应变计底面和粘贴表面上各涂一层薄而匀的胶,用镊子将应变计放上并调好位置,然后盖上氟塑料薄膜,用手指滚压,挤出多余的胶,并排除气泡,使应变计与构件完全贴合。适当时间后,由应变计无引出线的一端开始向引出线端揭掉薄膜。

4. 黏结层的固化

对常用的 501,502 胶,用它们粘贴应变计,常温下数小时后即可充分固化。对于需要加温固化的黏结剂,则应严格按规程进行。一般采用红外线灯照射,但加温速度不宜太快,以免产生气泡。

5. 粘贴质量检查

除对应变计的外观进行检查外,还应检查应变计是否粘贴良好,位置是否正确,有无断路或短路,绝缘电阻是否符合要求等。

6. 连接线的焊接与固定

为与测量仪器相接,应变计的引出线需与连接线焊接。在常温静载测量时,连接线一般采用多股铜导线,如可用 $\phi 0.12 \text{ mm} \times 7$ 或 $\phi 0.18 \text{ mm} \times 12$ 的导线。为防止因扯动连接线而将应变计拉坏,应将连接线采用捆扎、黏合等方法固定,并且建议在连接线与应变计引出线之间使用接线端子。接线端子采用黏结剂粘在应变计旁,分别与引出线和连接线焊接。其使用示意图如图 5.7 所示。

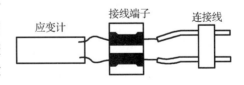

图 5.7 接线端子的使用

5.3.3 应变计的防护

应变计的防护主要是采取防潮和防油措施。胶层和基底会吸收水分,这样会影响绝缘程度,降低应变计的应变传递效率。机油浸入应变计,虽不影响绝缘,但会改变基底和胶层的物理性能,并降低黏结力。对于常温应变计,常采用硅橡胶密封剂防护,即用硅橡胶直接涂在经一般清洁处理的应变计周围,在室温下经 12~24 h 即可黏结固化,它是一种很好的防潮剂。环氧树脂黏结剂也是一种性能好,并兼有防油作用的防护剂。

5.4 测量电路

使用应变计测量应变时,必须采用适当的办法检测应变计阻值的微小变化。测量电路的作用就是将应变计的阻值变化转化为电压(或电流)信号。这种电信号是很微弱的,需用电子放大器放大,然后再由指示仪表或记录器显示、记录。

电阻应变测量一般采用两种测量电路,一种是电位计式电路,另一种是桥式电路(惠斯登电桥)。前一种电路只在某些情况下使用,这里我们仅介绍桥式电路。

桥式电路根据其供电电源的类型又可分为直流电桥和交流电桥两种。下面主要以直流电桥为例介绍桥式电路的工作原理。

5.4.1 电桥的输出电压

图 5.8 所示的是直流电桥。

设各桥臂电阻分别为 R_1, R_2, R_3, R_4,其中的任一个桥臂电阻都可以是应变计电阻。电桥的 A,C 为输入端,现接直流电源,输入电压为 U_{AC};B,D 为输出端,输出电压为 U_{BD}。下面分析当 R_1, R_2, R_3, R_4 变化时,输出电压 U_{BD} 的大小。

从 ABC 半个电桥来看,AC 间的电压为 U_{AC}。流经 R_1 的电流为

$$I_1 = \frac{U_{AC}}{R_1 + R_2}$$

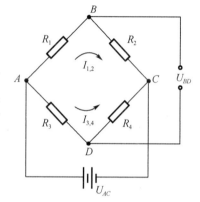

图 5.8 直流电桥

由此得出 R_1 两端的电压降为

$$U_{AB} = I_1 R_1 = \frac{R_1}{R_1 + R_2} U_{AC}$$

同理 R_3 两端的电压降为

$$U_{AD} = \frac{R_3}{R_3 + R_4} U_{AC}$$

故可得到电桥输出电压为

$$U_{BD} = U_{AB} - U_{AD} = \frac{R_1}{R_1 + R_2} U_{AC} - \frac{R_3}{R_3 + R_4} U_{AC}$$

$$U_{BD} = U_{AC} \frac{R_1 R_4 - R_2 R_3}{(R_1 + R_2)(R_3 + R_4)} \tag{5.7}$$

由式(5.7)可知,当

$$R_1 R_4 = R_2 R_3 \tag{5.8}$$

时,输出电压 U_{BD} 为零,称这时电桥平衡。

设处于初始平衡状态的电桥,当各桥臂相应的电阻增量为 $\Delta R_1, \Delta R_2, \Delta R_3, \Delta R_4$ 时,则由式(5.7)得到电桥输出电压为

$$U_{BD} = U_{AC} \frac{(R_1 + \Delta R_1)(R_4 + \Delta R_4) - (R_2 + \Delta R_2)(R_3 + \Delta R_3)}{(R_1 + \Delta R_1 + R_2 + \Delta R_2)(R_3 + \Delta R_3 + R_4 + \Delta R_4)} \tag{5.9}$$

将式(5.8)代入式(5.9),且由于 $\Delta R_i \ll R_i$,可略去高阶微量 $\Delta i \Delta i$,故

$$U_{BD} = U_{AC} \frac{R_1 R_2}{(R_1 + R_2)^2}\left(\frac{\Delta R_1}{R_1} - \frac{\Delta R_2}{R_2} - \frac{\Delta R_3}{R_3} + \frac{\Delta R_4}{R_4}\right) \quad (5.10)$$

式(5.9)和式(5.10)分别为电桥输出电压的精确公式和近似公式。在实际使用时,是要用等臂电桥、卧式桥或立式桥。下面着重介绍使用最多的等臂电桥。

四个桥臂电阻值均相等的电桥称为等臂电桥。即 $R_1 = R_2 = R_3 = R_4 = R$,此时式(5.10)可写为

$$U_{BD} = \frac{U_{AC}}{4}\left(\frac{\Delta R_1}{R_1} - \frac{\Delta R_2}{R_2} - \frac{\Delta R_3}{R_3} + \frac{\Delta R_4}{R_4}\right) \quad (5.11)$$

如果四个桥臂电阻都是应变计,它们的灵敏系数 K 均相同,则将关系式 $\Delta R/R = K\varepsilon$ 代入式(5.11),便得到等臂电桥的输出电压为

$$U_{BD} = \frac{U_{AC} K}{4}(\varepsilon_1 - \varepsilon_2 - \varepsilon_3 + \varepsilon_4) \quad (5.12)$$

式中,$\varepsilon_1, \varepsilon_2, \varepsilon_3, \varepsilon_4$ 分别为 R_1, R_2, R_3, R_4 所感受的应变。

如果只有桥臂 AB 为工作应变计。即仅 R_1 有一增量 ΔR,感受应变 ε,则由式(5.11)和式(5.12)得到输出电压为

$$U_{BD} = \frac{U_{AC}}{4}\frac{\Delta R}{R} = \frac{U_{AC}}{4}K\varepsilon \quad (5.13)$$

式(5.13)表明,输出电压与应变成线性关系,这是个近似公式。若按精确式(4.9),则可得到输出电压为

$$U_{BD} = \frac{U_{AC}}{4}\frac{\Delta R}{R}\left(\frac{1}{1 + \frac{1}{2}\frac{\Delta R}{R}}\right) \quad (5.14)$$

将式(5.14)与式(5.13)比较可知,在式(5.14)中增加了一个系数(括号内部分),称为非线性系数。它愈接近于1,说明电桥的非线性就愈小,即按近似公式及精确公式计算得到的输出电压数值愈接近。

通常应变计的灵敏系数约为 $K = 2$,若应变 ε 为 $1\,000\,\mu\varepsilon$,则由 $\Delta R/R = K\varepsilon$ 可得到式(5.14)中的非线性系数等于0.999,非常接近1。因此在一般应变范围内按近似公式计算输出电压,所产生的误差是很小的,通常可忽略不计。

5.4.2 电桥的平衡

进行测量前,首先必须调整电桥平衡,即电桥输出电压为零。对于直流电桥只需要考虑电阻平衡;对于交流电桥,由于存在连接导线和应变计等分布电容的影响,还必须进行电容平衡的调整。

1. 电阻平衡

在电阻应变仪中常采用图5.9(a)所示的电阻平衡电路,即在电桥中增加电阻 R_5 和电位器 R_6。可将 R_6 分为两部分,$R_6' = n_1 R$ 和 $R_6'' = n_2 R$,并且 $n_1 + n_2 = 1$,如图5.9(b)所示。再将图5.9(b)的星形连接变为图5.9(c)的三角形连接。则

$$R_1' = n_1 R_6 + \frac{1}{n_2}R_5$$

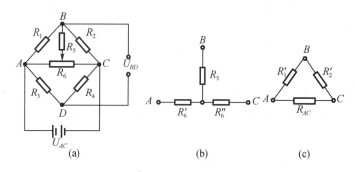

图 5.9 电阻平衡电路

$$R'_2 = n_2 R_6 + \frac{1}{n_1} R_5$$

而 R'_1 和 R'_2 是分别并联在 R_1 和 R_2 上的,因此只要调节 R'_6 和 R''_6,即可使电桥平衡。由于 R_6 的调节范围不大,故要求四个桥臂的电阻不能相差太大。一般 R_5 和 R_6 的电阻值均为 10 kΩ 以上。

2. 电容平衡

直流放大器存在零点漂移问题,稳定性不好,影响测量结果。为此电阻应变仪多采用交流电压作为供桥电压。此时电桥称为交流电桥。设桥臂中只有电阻变化,如图 5.10 所示。

设桥臂电阻分别为 $R_1 = R_2 = R_3 = R_4 = R$。供桥电压为

$$U_{AC} = U_m \sin \omega t$$

式中　U_{AC}, U_m——供桥电压的瞬时值和最大值;
　　　ω——供桥电压的角频率;
　　　t——时间。

在纯电阻情况下,其输出电压仍可按直流电桥公式进行计算。如果仅电阻 R_1 有一增量 ΔR_1,且 $\Delta R_1 = R_1$,则可由下式得到输出电压为

$$U_{BD} = \frac{1}{4} U_{AC} K \varepsilon_1 = \frac{1}{4} K \varepsilon_1 U_m \sin \omega t \tag{5.15}$$

可见输出电压的振幅与应变 ε 成正比。

由于电桥采用交流供电,导线间存在分布电容,这相当于在应变计上并联了一个电容,它对电桥的性能有很大的影响。为了达到电桥的平衡,除使用电阻平衡装置之外,还要采用电容平衡装置。

图 5.11 为一种电容平衡电路,将电容直接并联到桥臂上,电容 C_2 是一个差动式精密可变电容。当拧动调节旋钮时,左右两部分电容一个增加、一个减小,使并联在相邻两桥臂上的电容改变,从而达到电容平衡。

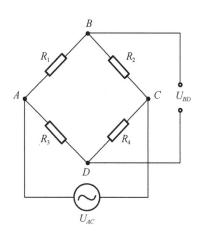

图 5.10　交流电桥

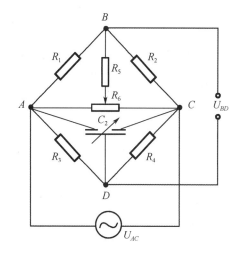

图 5.11　电容平衡电路

5.5　电阻应变仪

电阻应变仪(简称应变仪)的功能是配合电阻应变计组成电桥,并将应变电桥的输出电压放大,以便由指示仪表以刻度或数值显示静态应变数值,或者向记录仪器输出模拟应变变化的电信号。

按频率响应范围可将应变仪分为静态电阻应变仪和动态电阻应变仪两类,前一种专供测量不随时间而变或变化极缓的应变,后一种则是供测量随时间变化的应变。还有一种所谓静动态应变仪,可供测量变化频率不太高(100~200 Hz)的动态应变,但仍以测静态应变为主。静态应变仪每次只能测一个点,即只能和一个应变计构成一个电桥。为方便多点测量,专门设计了预调平衡箱与应变仪配套使用。

应变仪各通道间数据的采样分为同步采集和不同步采集,这里的同步是指在某个具体时间点上,各个通道同时采集信号数据,不同步则意味着在某个时间点上,应变仪对各个通道按顺序依次对各个通道采集数据。

5.5.1　应变仪的组成

图 5.12 为交流电桥电阻应变仪的方框图。

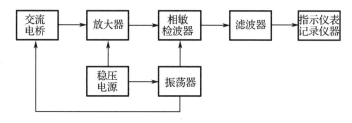

图 5.12　交流电桥电阻应变仪方框图

各组成部分的作用如下：

1. 交流电桥

它将应变计电阻的变化转换为电流或电压信号。振荡器产生的正弦波交流电压作为电桥的供桥电压。由信号电压对它进行调幅，输出一窄频带的调幅电压信号送入放大器。

2. 放大器

它将电桥送来的微弱信号进行不失真放大，输出足够的功率。

3. 相敏检波器

它将放大器送来的调幅波进行相敏检波。检波就是将调幅波还原为放大了的信号电压。相敏就是将信号电压的极性反映出来，即反映出是伸长应变还是缩短应变。

4. 滤波器

它是对于动态测量而言的。它将相敏检波器检波后的信号波形上的高频成分滤掉，使波形平滑。

5. 指示仪表、记录仪器

在静态电阻应变仪中用直流微安或毫安表来指示电桥是否平衡。调整读数盘使电桥平衡，同时读数盘上就指示出换算好的应变值的读数。在动态电阻应变仪中是用数据采集器将被测信号记录下来。

6. 振荡器

它产生正弦电压供给电桥作为桥压，同时供给相敏检波器作为参考电压，它的频率应比测量频率高十倍左右。

5.5.2 静态电阻应变仪的读数方法

静态电阻应变仪常采用零读数法。因它不受放大器、供桥电压稳定性和指示仪精度的影响，故测量精度较高。为此需采用双电桥线路：其中一个电桥用来测量应变，称测量电桥或应变电桥；另一个电桥用来读数，称读数电桥。图 5.13 所示为双电桥电路图。

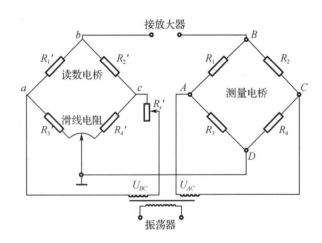

图 5.13 双电桥电路图

读数电桥和测量电桥的供桥电压分别为 U_{BC} 和 U_{AC}。下面以纯电阻情况进行分析。

假设两电桥工作前都处于平衡状态，输出为零。工作时，若测量电桥中只有桥臂 AB 接工作应变计,即仅 R_1 有增量 ΔR,感受应变 ε,使得测量电桥失去平衡。如果 $R_1 = R_2 = R_3 = R_4 = R$,则 B、D 间的输出电压由式(5.13)可知为

$$U_{BD} = \frac{U_{AC}}{4} \frac{\Delta R}{R} = \frac{U_{AC}}{4} K\varepsilon$$

调节读数电桥的沿线电阻,使得在 b,d 两端产生一个与 U_{BD} 相位相反的电压 U_{bd}。假如调节前 ad 的桥臂的电阻值是 R'_3,cd 桥臂的电阻值是 R'_4,调节后分别为 $R'_3 - \Delta R'$ 和 $R'_4 + \Delta R'$,使读数电桥失去平衡。如果 $R'_1 = R'_2 = R'_3 = R'_4 = R'$,则输出电压为

$$U_{bd} = \frac{U_{ac}}{4} \left[\frac{-(-\Delta R')}{R} + \frac{\Delta R'}{R'} \right] = \frac{U_{ac}}{2} \frac{\Delta R'}{R'}$$

当 $U_{bd} = U_{BD}$ 时,双电桥重新达到平衡,电压输出又变为零,此时即可在应变仪的刻度盘上读出换算好的应变值。

由以上两式可求出沿线电阻调节量为

$$\Delta R' = \frac{1}{2} \frac{U_{AC}}{U_{ac}} R' K\varepsilon \tag{5.16}$$

此式表明读数电桥上的电阻调节量 $\Delta R'$ 与应变 ε 成正比。因此只要将 $\Delta R'$ 变换为应变值刻在应变仪面板的读数盘上,就可以直接读出应变的大小。故称此测量方法为零读数法。

但是,不同型号的应变计有不同的灵敏系数,使得同一应变 ε 时 $\Delta R'$ 之值不同。为此,在读数电桥的供桥电路中串一个电位器 R'_5 如图 5.13 所示,调节 R'_5 即可改变供桥电压 U_{ac},使式(5.16)中的 $(U_{AC}/U_{ac})K$ 保持为常数。这样,相同的 ε 就有相同的 $\Delta R'$,使读数盘的读数仍表示原有的应变值。R'_5 通常采用多圈悬臂电位器,在电位器施扭转动范围内标出相应的灵敏系数(即应变仪的灵敏系数),该旋钮就是应变仪面板上的灵敏系数调节旋钮。

由于静态电阻应变仪是直接以均匀应变刻度代替电阻调节量 $\Delta R'$ 的,故存在关系 $\Delta R' = \alpha \varepsilon_d$。$\alpha$ 为一常数,ε_d 为应变仪的读数应变。将该式代入式(5.16),可得

$$\alpha \varepsilon_d = \frac{1}{2} \frac{U_{AC}}{U_{ac}} R' K\varepsilon = \frac{1}{2} \frac{U_{AC}}{U_{ac}} R' \frac{\Delta R}{R}$$

即

$$\frac{\Delta R}{R} = 2 \frac{U_{ac}}{U_{AC}} \frac{\alpha \varepsilon_d}{R'}$$

令

$$K_0 = 2 \frac{U_{ac}}{U_{AC}} \frac{\alpha}{R'}$$

则得到

$$\frac{\Delta R}{R} = K_0 \varepsilon_d \tag{5.17}$$

此式是静态电阻应变仪的基本公式。式中,K_0 为应变仪的灵敏系数。

由式(5.17)和式(5.6)便可得到以下关系

$$K_0 \varepsilon_d = K\varepsilon \tag{5.18}$$

由式(5.18)可知,在测量应变时,只要将应变仪的灵敏系数调节到与应变计的灵敏系数相等(即 $K_0 = K$),则 $\varepsilon_d = \varepsilon$,即应变仪的读数应变不必进行修正。

5.6 温度效应的补偿

5.6.1 温度效应

粘贴在构件上的应变计,其敏感栅的电阻值随构件的应变的改变而改变。当温度发生变化时,也会引起应变计敏感栅电阻的改变。而且当电阻丝材料与构件材料的热膨胀系数不同时,温度变化造成电阻丝受到附加的伸长或缩短,也会引起电阻的变化。环境温度改变引起的电阻变化与承载时应变引起的电阻变化大小通常在同一数量级上,两者混在一起,必然使测得的应变值包含环境温度引起的虚假应变,为实际测量带来很大的系统误差。上述现象称为温度效应。显然在测量中必须消除温度效应的影响,其措施是进行温度补偿。而补偿原理是利用电桥的基本特性来实现的。

5.6.2 电桥的基本特性

对于四个桥臂都接入阻值相等的应变计的等臂电桥,由式(5.12)可知,其输出电压 U_{BD} 为

$$U_{BD} = \frac{U_{AC}K}{4}(\varepsilon_1 - \varepsilon_2 - \varepsilon_3 + \varepsilon_4) = \frac{U_{AC}}{4}K\varepsilon_d \tag{5.19}$$

由此可得到应变仪的读数应变 ε_d 为

$$\varepsilon_d = \frac{4U_{BD}}{U_{AC}K} = \varepsilon_1 - \varepsilon_2 - \varepsilon_3 + \varepsilon_4 \tag{5.20}$$

式中,$\varepsilon_1, \varepsilon_2, \varepsilon_3, \varepsilon_4$ 相应为电桥上四个桥臂电阻应变计 R_1, R_2, R_3, R_4 所感受的应变值。

由上式可知,电桥具有以下基本特性:两相邻桥臂电阻所感受的应变代数值相减,而两相对桥臂电阻所感受的应变代数值相加。进行温度补偿正是利用了电桥的这一特征。

5.6.3 补偿块补偿法

取一应变计作为补偿应变计(补偿片),将它贴在一块与构件材料相同但不受力的试件(称为补偿块)上,并将补偿块放在被测构件附近,处于同一温度场中。贴在构件上的应变计为工作应变计(称为工作片)。电桥连接时,使工作片和补偿片在相邻的两桥臂中,如图 5.14 所示。由于工作片、补偿片粘贴部位的温度始终相同,因此其电阻 R_1,

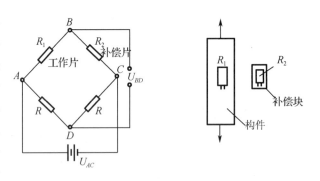

图 5.14 补偿块补偿

R_2 由温度引起的阻值改变也相同。由电桥基本特性可知,环境温度变化引起的虚假应变被消除了,即消除了温度的影响。值得注意的是,工作片和补偿片的阻值、灵敏系数及电阻温度系数均应相同。

5.6.4 工作片补偿法

这种方法不需要另加补偿块和补偿片,而是在同一被测试件上粘贴几个工作应变计,将它们适当接入电桥中。当试件受力且测点环境温度变化时,每个应变计的应变中都包含外力和温度变化引起的应变。根据电桥的基本特性,在应变仪的读数应变中温度变化所引起的虚假应变可相互抵消,而得到所要测量的真实应变。因此工作片既参加工作,又起到了温度补偿的作用。

如果在同一试件上能找到温度相同的几个贴片位置,而且它们的应变关系又已知,就可采用工作片补偿法进行温度补偿。

若在高温条件下,用桥路补偿法已无法消除温度影响,这时一般采用温度自补偿电阻应变计。这种应变计是用电阻温度系数为正值和负值的两种电阻丝串联而制成的应变计。当环境温度变化时,电阻增量相互抵消,减少因温度变化造成的虚假应变。

5.7 应变计接入电桥的方法

在实际测量中可利用电桥的基本特性,采用各电阻应变计在电桥中不同的连接方法达到各种不同的测量目的。如:

1. 实现温度补偿;
2. 从比较复杂的组合应变中测出指定成分而排除其他成分;
3. 扩大应变仪的读数,以减少读数误差,提高测量灵敏度。

在应变测量中常采用以下几种方法将应变计接入电桥。

5.7.1 全桥接线法

在测量电桥的四个桥臂上全部接电阻应变计,称为全桥接线法(或全桥线路),如图5.15所示。对于等臂电桥,此时应变仪的读数应变由式(5.20)给出,即

$$\varepsilon_d = \varepsilon_1 - \varepsilon_2 - \varepsilon_3 + \varepsilon_4 \tag{5.21}$$

实际测量时,可有以下两种情况:

1. 全桥测量

电桥的四个桥臂上都接工作应变计。

2. 相对两桥臂测量

电桥相对两桥臂接工作应变计,另外相对两桥臂接温度补偿应变计。

5.7.2 半桥接线法

若在测量电桥的桥臂 AB 和 BC 上接电阻应变计,而另外两桥臂 AD 和 DC 接电阻应变仪的内部固定电阻 R,则称为半桥接线法(或半桥线路),如图5.16所示。由于桥臂 AD 和 DC 接固定电阻,不感受应变,因此对于等臂电桥,按式(5.20)可得到应变仪的读数应变为

$$\varepsilon_d = \varepsilon_1 - \varepsilon_2 \tag{5.22}$$

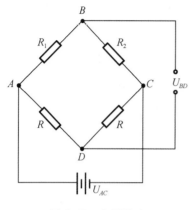
图 5.15 全桥线路

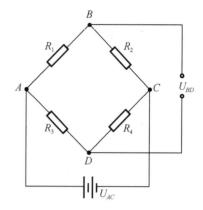
图 5.16 半桥线路

实际测量时,可有以下两种情况:

1. 半桥测量

电桥的两个桥臂 AB 和 BC 上均接工作应变计。

2. 单臂测量

电桥的两个桥臂 AB 和 BC 上任一桥臂接一工作应变计,而另一桥臂接温度补偿应变计。

5.7.3　串联和并联接线法

在应变测量中,若采用多个应变计时,也可将应变计串联或并联起来接入测量电桥,图 5.17(a) 所示为串联半桥接线法,图 5.17(b) 所示则为并联半桥接线法。

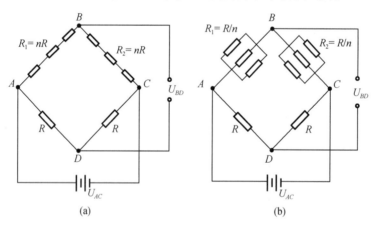

图 5.17　串联和并联半桥线路

若每个应变计的电阻值均为 R,其增量均为 ΔR,则在图 5.17(a) 中,$\Delta R_1 = n\Delta R$;而在图 5.17(b) 中,$R_1 = R/n$,$\Delta R_1 = \Delta R/n$。很容易看出,它们的 AB 桥臂电阻相对变化量均为 $\Delta R_1/R_1 = \Delta R/R$,这与在桥臂 AB 上只接单个应变计时的电阻相对变化量完全相同。因此串联和并联接线都不会增加读数应变。但是,串联后使桥臂电阻增大,因此在限定电流时,可以提高供桥电压,相应地便可以增加信号输出。并联后则使桥臂电阻减小,因而输出电流相应提高,这对于直接采用电流表或记录仪器时是比较有利的。

5.8 贴片方位及应变应力换算

通常我们希望知道被测构件表面一点的主应力。当主应力方向已知时,贴片方位及主应力的确定都容易解决。为解决普遍情况下的应力测量,确定其两个主应力的大小和方向,就需在一个测点上沿不同方向粘贴多个应变计,于是产生了应变花(多轴应变计)。

本节讨论由估计的应力状态确定一个测点的贴片数和贴片方法以及由测得的应变如何换算主应力的问题。

5.8.1 主应力方向已知的情况

如果能明确断定测点为单向应力状态,主应力方向已知,则只要沿主应力 σ 方向粘贴一个应变计。测得该点的主应变 ε 后,由单向胡克定律即可求得主应力,即

$$\sigma = E\varepsilon \tag{5.23}$$

式中,E 为被测构件材料的弹性模量。若已知平面应力状态的两个主方向,如承受内压的薄壁容器,其主应力 σ_1, σ_2 分别沿其周向和轴向。此时只需在表面被测点沿周向和轴向各粘贴一个应变计,测得主应变 ε_1 和 ε_2 后,由广义胡克定律则可求得两个主应力的大小

$$\begin{cases} \sigma_1 = \dfrac{E}{1-\mu^2}(\varepsilon_1 + \mu\varepsilon_2) \\ \sigma_2 = \dfrac{E}{1-\mu^2}(\varepsilon_2 + \mu\varepsilon_1) \end{cases} \tag{5.24}$$

式中,E, μ 为被测构件材料的弹性模量和泊松比。

5.8.2 主应力方向未知的情况

一般来说,应变计总是贴在没有外力作用的表面上,故该点处于平面应力状态。若主应力的方位未知,加上两个主应力的大小,即存在有三个未知量 σ_1, σ_2(σ_1, σ_2 为平面内的最大和最小主应力)和方位角 ϕ_0。此时可在该点沿三个不同方向粘贴三个应变计,根据测得的应变值建立方程,计算出主应力的大小和主应力方向角。为此先讨论平面应变状态。

1. 平面应变状态分析

沿 x, y 方向取出被测点的单元体,并讨论应变发生在同一平面(xy 平面)内的平面应变状态。该单元体的应变可用线应变 $\varepsilon_x, \varepsilon_y$ 和剪应变 γ_{xy} 来表示(图 5.18)。在研究中,规定伸长的线应变和使直角(如 $\angle xOy$)增大的剪应变符号为正。若将坐标系 xOy 旋转 ϕ 角,并规定逆时针旋转的 ϕ 角符号为正,可得到新的坐标系 $x'Oy'$。将新坐标系中沿 x' 方向的线应变和 $\angle x'Oy'$ 的剪应变分别以 ε_ϕ 和 γ_ϕ 表示。

(1) 确定 ε_ϕ 和 γ_ϕ

设图 5.19 中单元体的 $\varepsilon_x, \varepsilon_y$ 和 γ_{xy} 均为正号。坐标系 xOy 逆时针旋转 ϕ 角后,得到新坐标系 $x'Oy'$。现在首先研究沿 x' 方向的线应变 ε_ϕ。在图 5.19(b)、图 5.19(c)、图 5.19(d)中分别表示出 $\varepsilon_x, \varepsilon_y$ 和 γ_{xy} 各自对 x' 方向微分线段 $\mathrm{d}l$ 长度变化的影响。把它们叠加起来,得到 $\mathrm{d}l$ 的伸长量为

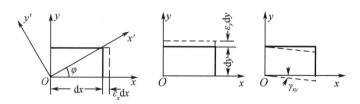

图 5.18　线应变 ε_x, ε_y 和剪应变 γ_{xy}

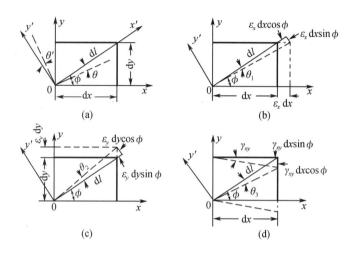

图 5.19　ε_ϕ, γ_ϕ 与 ε_x, ε_y, γ_{xy} 的关系

$$\Delta(\mathrm{d}l) = \varepsilon_x \mathrm{d}x\cos\phi + \varepsilon_y \mathrm{d}y\sin\phi - \gamma_{xy}\mathrm{d}x\sin\phi$$

因此沿 x' 方向的线应变为

$$\varepsilon_\phi = \frac{\Delta(\mathrm{d}l)}{\mathrm{d}l} = \varepsilon_x \frac{\mathrm{d}x}{\mathrm{d}l}\cos\phi + \varepsilon_y \frac{\mathrm{d}y}{\mathrm{d}l}\sin\phi - \gamma_{xy}\frac{\mathrm{d}x}{\mathrm{d}l}\sin\phi$$

再把以下关系式

$$\frac{\mathrm{d}x}{\mathrm{d}l} = \cos\phi \qquad \frac{\mathrm{d}y}{\mathrm{d}l} = \sin\phi$$

代入上式并进行整理,便可得到

$$\begin{aligned}\varepsilon_\phi &= \varepsilon_x\cos^2\phi + \varepsilon_y\sin^2\phi - \gamma_{xy}\sin\phi\cos\phi \\ &= \frac{\varepsilon_x+\varepsilon_y}{2} + \frac{\varepsilon_x-\varepsilon_y}{2}\cos 2\phi - \frac{\gamma_{xy}}{2}\sin 2\phi\end{aligned} \tag{5.25}$$

用叠加法也可以求得 $x'Oy'$ 角的剪应变 γ_ϕ。剪应变 γ_ϕ 是指直角 $\angle x'Oy'$ 的角度改变量。若假设 x' 方向和 y' 方向微分线段的角度改变分别为 θ 和 θ'(图 5.19(a)),则直角 $\angle x'Oy'$ 的角度改变量为

$$\gamma_\phi = \theta' - \theta \tag{5.26}$$

如图 5.19(b)、图 5.19(c)、图 5.19(d) 可知,由于 ε_x, ε_y 和 γ_{xy} 引起 x' 方向微分线段 $\mathrm{d}l$ 的角度改变分量为

$$\theta_1 = \frac{\varepsilon_x \mathrm{d}x\sin\phi}{\mathrm{d}l} = \varepsilon_x\cos\phi\sin\phi$$

$$\theta_2 = \frac{\varepsilon_y \mathrm{d}y \cos\phi}{\mathrm{d}l} = \varepsilon_y \sin\phi \cos\phi$$

$$\theta_3 = \frac{\gamma_{xy} \mathrm{d}x \cos\phi}{\mathrm{d}l} = \gamma_{xy} \cos^2\phi$$

叠加以上结果,并注意到 θ_1 和 θ_3 为顺时针方向,而 θ_2 为逆时针方向,故沿 x' 方向微分线段 $\mathrm{d}l$ 的角位移(逆时针方向为正)为

$$\theta = -\theta_1 + \theta_2 - \theta_3 = -(\varepsilon_x - \varepsilon_y)\cos\phi\sin\phi - \gamma_{xy}\cos^2\phi$$

如以 $\phi + \pi/2$ 代替上式中的 ϕ,便可得到沿 y' 方向微分线段的角位移为

$$\theta' = (\varepsilon_x - \varepsilon_y)\cos\phi\sin\phi - \gamma_{xy}\sin^2\phi$$

把上面 θ 和 θ' 的两个表达式代入式(5.26),即可得到剪应变 γ_ϕ 为

$$\gamma_\phi = \theta' - \theta = 2(\varepsilon_x - \varepsilon_y)\cos\phi\sin\phi + \gamma_{xy}(\cos^2\phi - \sin^2\phi)$$

或表示为

$$\frac{\gamma_\phi}{2} = \frac{\varepsilon_x - \varepsilon_y}{2}\sin 2\phi + \frac{\gamma_{xy}}{2}\cos 2\phi \tag{5.27}$$

当 $\varepsilon_x,\varepsilon_y$ 和 γ_{xy} 为已知时,便可利用式(5.25)和式(5.27)求出任意方向的线应变 ε_ϕ 和剪应变 γ_ϕ。

(2)确定主应变及其方向

由式(5.25)和式(5.27)可知,ε_ϕ 和 γ_ϕ 都是 ϕ 的函数,因此可以确定出线应变的极值及其方向。

$$\left.\frac{\mathrm{d}\varepsilon_\phi}{\mathrm{d}\phi}\right|_{\phi=\phi_0} = 2 \cdot \left(\frac{\varepsilon_x - \varepsilon_y}{2}\sin 2\phi_0 + \frac{\gamma_{xy}}{2}\cos 2\phi_0\right) = 0 \tag{5.28}$$

可得

$$\tan 2\phi_0 = \frac{\gamma_{xy}}{\varepsilon_x - \varepsilon_y} \tag{5.29}$$

由上式可以求出两个角度 ϕ_0。它们确定了两个互相垂直的方向,一个方向上有最大线应变,另一个方向上则有最小线应变。比较式(5.27)和式(5.28)可知,当 $\phi = \phi_0$ 时,γ_ϕ 也等于零。由此得出,在平面应变分析中,通过任一点一定存在两个相互垂直的方向。在这两个方向上,线应变取极值而剪应变为零。这样的极值线应变称为主应变。并用 ε_{max} 代表数值最大的主应变;ε_{min} 代表数值最小的主应变,有 $\varepsilon_{max} \geq \varepsilon_{min}$。主应力对应的方向称为主方向。

由式(5.29)结果可求得 $\sin 2\phi_0$ 和 $\cos 2\phi_0$,将它们代入式(5.25)后,即可求出主应变为

$$\begin{matrix}\varepsilon_{max}\\ \varepsilon_{min}\end{matrix} = \frac{\varepsilon_x + \varepsilon_y}{2} \pm \sqrt{\left(\frac{\varepsilon_x - \varepsilon_y}{2}\right)^2 + \left(\frac{\gamma_{xy}}{2}\right)^2} \tag{5.30}$$

因此,当 $\varepsilon_x,\varepsilon_y$ 和 γ_{xy} 为已知时,便可按式(5.30)和式(5.29)求出主应变的大小及主方向。

2. 应变-应力换算关系

要找出应变-应力换算关系,必须首先确定主应变及主方向,为此必须先知道被测点的三个应变分量 $\varepsilon_x,\varepsilon_y$ 和 γ_{xy}。但用应变仪直接测定应变时,只能测出线应变,剪应变是无法直接测量的。所以一般是在被测点沿着三个任意选定互不平行的方向,其方向角为 ϕ_a,ϕ_b,ϕ_c 粘贴

三个应变计,分别测量出三个方向的线应变 $\varepsilon_a, \varepsilon_b, \varepsilon_c$,如图 5.20 所示。根据式(5.25)可得到下列三个方程,即

$$\begin{cases} \varepsilon_a = \dfrac{\varepsilon_x + \varepsilon_y}{2} + \dfrac{\varepsilon_x - \varepsilon_y}{2}\cos 2\phi_a - \dfrac{\gamma_{xy}}{2}\sin 2\phi_a \\ \varepsilon_b = \dfrac{\varepsilon_x + \varepsilon_y}{2} + \dfrac{\varepsilon_x - \varepsilon_y}{2}\cos 2\phi_b - \dfrac{\gamma_{xy}}{2}\sin 2\phi_b \\ \varepsilon_c = \dfrac{\varepsilon_x + \varepsilon_y}{2} + \dfrac{\varepsilon_x - \varepsilon_y}{2}\cos 2\phi_c - \dfrac{\gamma_{xy}}{2}\sin 2\phi_c \end{cases} \quad (5.31)$$

联立求解上述方程组,即可解出 $\varepsilon_x, \varepsilon_y$ 和 γ_{xy}。把这些值代入式(5.30)和式(5.29),可得到主应变 $\varepsilon_{\max}, \varepsilon_{\min}$ 及主方向角 ϕ_0。再代入式(5.24),就能求出主应力 $\sigma_{\max}, \sigma_{\min}$ 值。由材料力学可知,对于各向同性材料,主应力的方向与主应变的方向是一致的。

为了简化计算,常将 ϕ_a, ϕ_b, ϕ_c 选择成特殊的角度,采用应变花进行测量。下面将推导应用最广的三轴直角应变花的应变—应力换算关系。其他形式应变花的结果参见表 5.2。

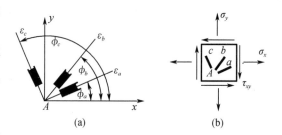

图 5.20　沿一点的三个方向粘贴应变计

三轴直角应变花如图 5.6(b)所示。取 $\phi_a = 0°, \phi_b = 45°, \phi_c = 90°$,若测出的线应变相应为 $\varepsilon_{0°}, \varepsilon_{45°}, \varepsilon_{90°}$,将它们代入式(5.31),可解得

$$\begin{cases} \varepsilon_x = \varepsilon_{0°} \\ \varepsilon_y = \varepsilon_{90°} \\ \gamma_{xy} = \varepsilon_{0°} + \varepsilon_{90°} - 2\varepsilon_{45°} \end{cases} \quad (5.32)$$

根据式(5.30),得到主应变为

$$\begin{matrix} \varepsilon_{\max} \\ \varepsilon_{\min} \end{matrix} = \dfrac{\varepsilon_{0°} + \varepsilon_{90°}}{2} \pm \dfrac{1}{2}\sqrt{(\varepsilon_{0°} - \varepsilon_{90°})^2 + (\varepsilon_{0°} + \varepsilon_{90°} - 2\varepsilon_{45°})^2} \quad (5.33)$$

再将式(5.33)代入式(5.24)即得主应力为

$$\begin{matrix} \sigma_{\max} \\ \sigma_{\min} \end{matrix} = \dfrac{E}{2}\left[\dfrac{\varepsilon_{0°} + \varepsilon_{90°}}{1 - \mu} \pm \dfrac{1}{1 + \mu}\sqrt{(\varepsilon_{0°} - \varepsilon_{90°})^2 + (\varepsilon_{0°} + \varepsilon_{90°} - 2\varepsilon_{45°})^2}\right] \quad (5.34)$$

因主方向与主应变方向一致,故可将式(5.32)代入式(5.29)得到

$$\tan 2\phi_0 = \dfrac{2\varepsilon_{45°} - \varepsilon_{0°} - \varepsilon_{90°}}{\varepsilon_{0°} - \varepsilon_{90°}} \quad (5.35)$$

以上的 $\gamma_{xy}, \varepsilon_{\max}$ 与 $\varepsilon_{\min}, \tan 2\phi_0$ 也可表示为表 5.2 中的形式。

式(5.34)和式(5.35)即为三轴直角应变花的应变-应力换算关系。

表5.2 不同形式应变花的应力应变换算关系

应变花	应变计算式	应力计算式
三轴直角	$\varepsilon_x = \varepsilon_{0°}, \varepsilon_y = \varepsilon_{90°}$ $\gamma_{xy} = (\varepsilon_{0°} - \varepsilon_{45°}) - (\varepsilon_{45°} - \varepsilon_{90°})$ 主应变： $\dfrac{\varepsilon_{\max}}{\varepsilon_{\min}} = \dfrac{\varepsilon_{0°} + \varepsilon_{90°}}{2} \pm \dfrac{1}{\sqrt{2}}\sqrt{(\varepsilon_{0°} - \varepsilon_{45°})^2 + (\varepsilon_{45°} - \varepsilon_{90°})^2}$ 主应变方向： $\tan 2\phi_0 = \dfrac{(\varepsilon_{45°} - \varepsilon_{90°}) - (\varepsilon_{0°} - \varepsilon_{45°})}{(\varepsilon_{45°} - \varepsilon_{90°}) + (\varepsilon_{0°} - \varepsilon_{45°})}$	主应力： $\dfrac{\sigma_{\max}}{\sigma_{\min}} = \dfrac{E}{(1-\mu^2)}\left[\dfrac{(1+\mu)}{2}(\varepsilon_{0°} + \varepsilon_{90°}) \pm \dfrac{1-\mu}{\sqrt{2}}\sqrt{(\varepsilon_{0°} - \varepsilon_{45°})^2 + (\varepsilon_{45°} - \varepsilon_{90°})^2}\right]$
三轴等角	$\varepsilon_x = \varepsilon_{0°}, \varepsilon_y = \dfrac{1}{3}[2(\varepsilon_{60°} + \varepsilon_{120°}) - \varepsilon_{0°}]$ $\gamma_{xy} = \dfrac{2}{\sqrt{3}}(\varepsilon_{120°} - \varepsilon_{60°})$ 主应变： $\dfrac{\varepsilon_{\max}}{\varepsilon_{\min}} = \dfrac{\varepsilon_{0°} + \varepsilon_{60°} + \varepsilon_{120°}}{3} \pm \dfrac{\sqrt{2}}{3} \cdot \sqrt{(\varepsilon_{0°} - \varepsilon_{60°})^2 + (\varepsilon_{60°} - \varepsilon_{120°})^2 + (\varepsilon_{120°} - \varepsilon_{0°})^2}$ 主应变方向： $\tan 2\phi_0 = \sqrt{3}\dfrac{(\varepsilon_{0°} - \varepsilon_{120°}) - (\varepsilon_{0°} - \varepsilon_{60°})}{(\varepsilon_{0°} - \varepsilon_{120°}) + (\varepsilon_{0°} - \varepsilon_{60°})}$	主应力： $\dfrac{\sigma_{\max}}{\sigma_{\min}} = \dfrac{E}{(1-\mu^2)}\left[\dfrac{(1+\mu)}{3}(\varepsilon_{0°} + \varepsilon_{60°} + \varepsilon_{120°}) \pm \dfrac{\sqrt{2}}{3}(1-\mu)\sqrt{(\varepsilon_{0°} - \varepsilon_{60°})^2 + (\varepsilon_{60°} - \varepsilon_{120°})^2 + (\varepsilon_{120°} - \varepsilon_{0°})^2}\right]$
四轴 45°~135°	$\varepsilon_x = \varepsilon_{0°}, \varepsilon_y = \varepsilon_{90°}$ $\gamma_{xy} = (\varepsilon_{135°} - \varepsilon_{45°})$ 主应变： $\dfrac{\varepsilon_{\max}}{\varepsilon_{\min}} = \dfrac{\varepsilon_{0°} + \varepsilon_{90°}}{2} \pm \dfrac{1}{2}\sqrt{(\varepsilon_{0°} - \varepsilon_{90°})^2 + (\varepsilon_{45°} - \varepsilon_{135°})^2}$ 主应变方向： $\tan 2\phi_0 = \dfrac{(\varepsilon_{45°} - \varepsilon_{135°})}{(\varepsilon_{0°} - \varepsilon_{90°})}$ 校核： $\varepsilon_{0°} + \varepsilon_{90°} = \varepsilon_{45°} + \varepsilon_{135°}$	主应力： $\dfrac{\sigma_{\max}}{\sigma_{\min}} = \dfrac{E}{(1-\mu^2)}\left[\dfrac{(1+\mu)}{2}(\varepsilon_{0°} + \varepsilon_{90°}) \pm \dfrac{(1-\mu)}{2}\sqrt{(\varepsilon_{0°} - \varepsilon_{90°})^2 + (\varepsilon_{45°} - \varepsilon_{135°})^2}\right]$

表 5.2(续)

应变花	应变计算式	应力计算式
四轴 $60°\sim90°$	$\varepsilon_x=\varepsilon_{0°}, \varepsilon_y=\varepsilon_{90°}$ $\gamma_{xy}=\dfrac{2}{\sqrt{3}}(\varepsilon_{120°}-\varepsilon_{60°})$ 主应变: $\begin{aligned}\varepsilon_{\max}\\\varepsilon_{\min}\end{aligned}=\dfrac{\varepsilon_{0°}+\varepsilon_{90°}}{2}\pm$ $\dfrac{1}{2}\sqrt{(\varepsilon_{0°}-\varepsilon_{90°})^2+\dfrac{4}{3}(\varepsilon_{60°}-\varepsilon_{120°})^2}$ 主应变方向: $\tan 2\phi_0=\dfrac{2}{\sqrt{3}}\dfrac{(\varepsilon_{60°}-\varepsilon_{120°})}{(\varepsilon_{0°}-\varepsilon_{90°})}$ 校核: $\varepsilon_{0°}+3\varepsilon_{90°}=2(\varepsilon_{60°}+\varepsilon_{120°})$	主应力: $\begin{aligned}\sigma_{\max}\\\sigma_{\min}\end{aligned}=\dfrac{E}{(1-\mu^2)}\left[\dfrac{(1+\mu)}{2}(\varepsilon_{0°}+\varepsilon_{90°})\pm\dfrac{(1-\mu)}{2}\cdot\right.$ $\left.\sqrt{(\varepsilon_{0°}-\varepsilon_{90°})^2+\dfrac{4}{3}(\varepsilon_{60°}-\varepsilon_{120°})^2}\right]$

第6章 光测原理及测试方法

光弹性测试方法是一种应用光学原理的应力测试方法。它是使用双折射透明材料模型模拟实际构件受力,在偏振光场中产生干涉条纹,通过条纹分析获得模型应力场。首先按实际构件,制成几何相似的模型。制作模型的材料种类很多,近年来我国多使用环氧树脂和聚碳酸酯。把模型放在偏振光场中,模拟构件的受力状态和约束情况。对模型加载、模型将产生与应力有关的干涉条纹图。通过计算分析即可得知模型内部及表面各点的应力状态。再根据相似理论可换算求得构件中的真实应力场。

光弹性测试方法是光学与力学紧密结合的一种测试技术。它的最大特点是直观性强,可靠性高,能有效、准确地确定构件的应力分布情况和应力集中部位。利用光测法不仅能得到二维应力,而且还可以得到三维的应力分布情况。它是一种有效地取得全场应力信息的方法。

6.1 光学的基本知识

6.1.1 光波

光学这一学科虽然历史悠久,但对于光的本性认识还一直存在着光的波动理论和光的量子理论的两种学说。它们都能在不同的领域解释一些光学现象。在光弹性测试方法中,各种光学现象均能采用光的波动理论来解释,即认为光是一种电磁波,它的振动方向垂直于传播方向,是一种横波。在均匀的介质中,光的传播可用正弦波来描述,其表达式为

$$u = a\sin(\omega t + \phi_0) \tag{6.1}$$

式中 a——振幅;
ω——圆频率;
t——时间;
ϕ_0——初相位。

当 $\phi_0 = 0$ 时,它具有最简单的形式

$$u = a\sin\omega t \tag{6.2}$$

如用光程来表达,则为

$$u = a\sin\frac{2\pi}{\lambda}(vt + \delta_0) \tag{6.3}$$

式中,λ 为光波在介质中的波长;v 为光在介质中的传播速度;δ_0 为零时的光程。

6.1.2 自然光和平面偏振光

我们日常所见的光源,如太阳、白炽灯等,它们所发出的光波是由无数个互不相干的波组成。在垂直于光波传播方向的平面内,振动方向可取任何可能振动的方向,哪个方向也

不占优势,也就是说,在所有可能方向上振动,振幅都是相等的,这种光称为自然光,如图 6.1(a)所示。

如果光波在垂直于传播方向的平面内,只在某一个方向振动,并且光波沿传播方向所有点的振动均在同一平面内,则称为平面偏振光。图 6.1(b)所示的是单色平面偏振光,其光矢量端点的轨迹为一直线。平面偏振光可用自然光通过某种特殊透明的介质,使其振动被限制在一个确定方向来产生。这种用上述材料制作用来产生偏振光的光学元件称为偏振片,光振动所在的平面为振动平面。与之垂直的平面为偏振面,振动平面与偏振片的交线为偏振轴。

图 6.1　自然光与平面偏振光
(a)自然光;(b)平面偏振光

6.1.3　双折射

在光学各向同性的介质中,光波不论沿哪个方向,都以同一速度传播,折射率的大小也均是相同的。光波入射时,只产生一束折射光线。当光波入射到某些特殊的晶体时,将分解成两束折射光,这种现象称为双折射。这两束光是平面偏振光,它们在两个相互垂直的平面内振动,并且在晶体内传播的速度不同,其中一束遵守折射定律,称为寻常光或 o 光,另一束不遵守折射定律的光,称为非寻常光或 e 光。两束光的折射率分别用 n_o 和 n_e 表示。n_o 与光的入射方向无关,是一个常数,n_e 则随着光的入射方向不同而不同,这种晶体称为光学各向异性晶体。对它的某一特定方向,光沿此方向入射时,不发生双折射现象,在此方向只有一个折射率 n_o,射出的光束仍为一束光,这个特定方向称为晶体的光轴。当晶体界面与光轴平行,并沿此方向切取薄片,此片称为波片,当光线垂直入射时,入射光将被分解成两束平面偏振光,o 光和 e 光的行进路径也将重合,o 光的振动方向与光轴垂直,而 e 光的振动方向则沿着光轴。由于两束光在波片中传播的速度不同,因此,当两束光通过晶体时,产生一光程差,其中 o 光快于 e 光,o 光和 e 光的振动方向分别称为波片的快轴和慢轴。再按适当厚度制作,使产生光程差为 1/4 个波长的波片,叫作 1/4 波片。

天然的各向异性晶体产生双折射现象,是其固有的特性,对应的双折射称为永久双折射。有些各向同性的透明非晶体材料,在自然状态时,不会产生双折射现象,但当受到应力作用时,它就变为各向异性晶体材料,能产生双折射现象,而且光轴方向与主应力方向重合。如当一束光线垂直入射到受力的树脂模型上时,光将沿着主应力 σ_1 及 σ_2 方向分解成两束平面偏振光,它们振动的方向互相垂直,传播的速度不同,当卸去载荷时,双折射现象也随之消失,这种现象称为暂时(人工)双折射。环氧树脂、有机玻璃、聚碳酸酯等都有此特性。

6.1.4　圆偏振光、1/4 波片

沿着光线传播方向,光波上各点光矢量横向振动是一个旋转量,各点光矢量的端点在垂直于传播方向平面内的投影是一个圆,这种偏振光称为圆偏振光。要产生圆偏振光,可将一块双折射晶体平行于光轴方向切一薄片,用一束平面偏振光垂直入射到这个薄片上,光波被分解成两束振动方向互相垂直的平面偏振光,其中一束比另一束较快地通过晶体。

于是光波射出薄片时,两束光波产生了一个相位差。这两束振动方向互相垂直的平面偏振光,传播的方向一致,频率相等,而振幅可以不等,设这两束平面偏振光为

$$u_1 = a_1 \sin \omega t \quad (6.4)$$
$$u_2 = a_2 \sin(\omega t + \phi) \quad (6.5)$$

式中 a_1, a_2 ——振幅;

ϕ ——两束光的相位差。

如果相位差恰好为 $\phi = \pi/2$,则

$$u_1 = a_1 \sin \omega t \quad (6.6)$$
$$u_2 = a_2 \sin\left(\omega t + \frac{\pi}{2}\right) = a_2 \cos \omega t \quad (6.7)$$

将式(6.6)和式(6.7)消去 t,即得合成后的光矢量末端运动轨迹。在 $x-y$ 平面内的投影方程式

$$\frac{u_1^2}{a_1^2} + \frac{u_2^2}{a_2^2} = 1 \quad (6.8)$$

如果 $a_1 = a_2 = a$,则此方程式为圆方程

$$u_1^2 + u_2^2 = a^2 \quad (6.9)$$

光路上任一点合成光矢量末端轨迹符合此方程的偏振光,在光路各点上,合成光矢量末端的轨迹是一圆柱面的螺旋线,如图 6.2 所示。

由上面叙述可知,要产生圆偏振光,必须有两束振动平面互相垂直的平面偏振光。它们要有相同的频率,相等的振幅,相位差为 $\pi/2$。如平面偏振光入射到具有双折射特性的薄片上时,将分解成两束振动方向互相垂直的平面偏振光。当使入射的平面偏振光的振动方向与这两束平面偏振光的方向各成 45°角,则分解后的两束平面偏振光振幅相等,如图 6.3 所示。由于两束光在薄片中传播速度不同,通过薄片后就产生一个光程差,只要适当地调整薄片的厚度,使它射出的两平面偏振光的相位差正好是 $\pi/2$,这样就满足形成圆偏振光的条件。因为相位差 $\pi/2$ 相当于光程差 $\lambda/4$(λ 为光波的波长),故称此薄片为 1/4 波片。平行于传播速度较快的那束偏振光振动平面的方向称为快轴,与快轴垂直的方向称为慢轴。

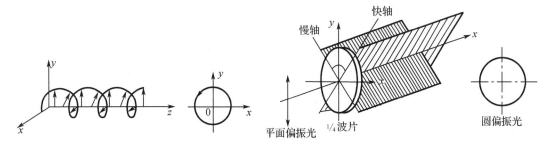

图 6.2 圆偏振光的传播　　　　图 6.3 圆偏振光的产生

6.2　平面应力 – 光学定律

我们知道线弹性构件在平面应力情况下,应力分布通常与材料的力学常数 E,μ 无关。因此我们采用各向同性透明的塑料制作模型。这种材料在没有应力存在时,并不发生双折射,但当这些模型加上载荷,受有应力作用时,表现为光学各向异性,产生了双折射现象。通过实验证明,当一束偏振光垂直射入受有二向应力的模型时,它的光学性质发生了变化,由原来的单折射性,转变成两个主应力方向折射的暂时双折射性能。这样入射的光波,将沿模型入射点的两个主应力方向分解成两束相互垂直的偏振光,如图 6.4 所示。

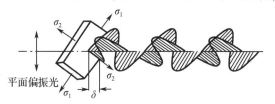

图 6.4　平面偏振光通过受力模型

分解后的偏振光,在模型内传播的速度不同,所以当它们离开模型时,产生了一个光程差 δ,这光程差与该单元体的主应力差 $(\sigma_1 - \sigma_2)$ 和模型的厚度 t 成正比,即

$$\delta = Ct(\sigma_1 - \sigma_2) \tag{6.10}$$

式中,C 为应力光学系数。

C 与模型的材料和所采用的光源波长有关。这就是平面应力 – 光学定律。由式 (6.10) 可见,当模型厚度 t 一定时,只要找出光程差(或相位差),就可以求出主应力差。我们可以在平面偏振光场中,利用光的干涉原理测得光程差(或相位差)。

6.3　平面偏振光场通过受力模型的光场效应

根据光的干涉原理我们知道,要使两束光互相干涉,必须满足三个条件:同频率、同方向和恒定的光程差(或相位差)。在图 6.5 中可以看出,a 和 b 两束平面偏振光是由同一块偏振片分解出来的,频率相同,经过模型后,又有了恒定的光程差(或相位差);但两束光是互相垂直

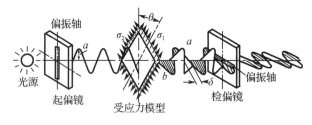

图 6.5　受力模型的光弹性效应

的,方向不同,故满足不了干涉条件,不能产生干涉。因此,我们在模型后面再设置一偏振片,为检偏镜。当这两束光通过检偏镜后,将由相互垂直的两束光合在同一个平面上振动,产生了光的干涉,而形成了干涉条纹。这样由两个偏振片一个光源组成的光场为平面偏振光场。

在平面偏振光场中,单色的平面偏振光通过受力模型产生干涉后的光强 I 为

$$I = K\left(a\sin 2\theta \cdot \sin\frac{\pi\delta}{\lambda}\right)^2 \tag{6.11}$$

式中 K——起偏振镜通过模型后的偏振光强;

θ——起偏振镜的振动轴与模型上光线通过主应力 σ_1 之间的夹角;

λ——光波的波长。

将式(6.10)代入式(6.11)中得

$$I = Ka^2\sin^2 2\theta \cdot \sin^2\left[\frac{\pi(\sigma_1 - \sigma_2)}{\lambda}C \cdot t\right] \tag{6.12}$$

由式(6.12)可见,光强 I 与主应力差和主应力方向角 θ 有关,并且可知光强 I 为零时(即消光现象)的可能性有两种情况:

1. 若 $\sin 2\theta = 0$,则 $I = 0$

此条件相当于 $2\theta = 0°$ 或 $180°$,即 $\theta = 0°$ 或 $90°$。这表明模型上某点的主应力方向与偏振轴重合时则消光,在投影屏幕上呈暗点。如果有许多点的主应力方向均与偏振轴方向一致,则将构成一条黑线,此线称为等倾线,其中各点的主应力方向均相同,而且与偏振轴方向一致。当同步旋转起偏镜和检偏镜时,可以看到等倾线在移动,转动不同角度,分别能得到相应角度的等倾线。如果把偏振轴从 $0°$ 旋转到 $90°$,那么模型内所有主应力的方向均可显示出来,从而得到了一系列不同方向的等倾线。因此模型内任意点主应力的方向都可以用等倾线来确定,如图6.6所示。

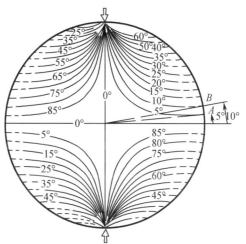

图6.6 对径受压圆盘的等倾线

2. $\sin\frac{\pi Ct(\sigma_1 - \sigma_2)}{\lambda} = 0$

此条件相当于 $\frac{\pi Ct(\sigma_1 - \sigma_2)}{\lambda} = n\pi$($n$ 为 $0, \pm 1, \pm 2, \cdots$)或

$$(\sigma_1 - \sigma_2) = n\lambda/(Ct) \tag{6.13}$$

设 $f_\sigma = \lambda/C$,f_σ 称为材料的条纹值。它只是与材料和光源有关的常数,可以用应力状态已知的简单光弹性试件测定,则式(6.13)可写成

$$(\sigma_1 - \sigma_2) = nf_\sigma/t \tag{6.14}$$

此式为光弹性基本方程式,称为光学-应力关系式。它表明模型上某点的主应力差为 f_σ/t 的 n 倍时($n = 0, 1, 2, \cdots$)即消光,此点在投影屏幕上呈暗点。因为模型受力后的应力变化是连续的,所以只要模型上主应力差为 f_σ/t 的 n 倍时,都满足消光条件,屏幕上就呈现出一系列黑条纹。由式(6.14)可知,这些黑条纹是代表主应力差相等的点的轨迹,也叫等差线或等色线。由于模型中的应力变化是连续的,因此相邻的等差线(等色线)的条纹序数也必然是连续的。在模型中,只要判断出零级或任意一级条纹级数,就可以按次序推算出其他等差线的条纹级数。

6.4 等倾线和等差线的区别

由 6.2 节和 6.3 节分析可知,当一块模型在平面偏振光场中受力时,会同时出现两种不同系列的条纹,即等倾线与等差线。若在正交偏振光场中,采用白光光源,则二者就很容易辨别,因为在白光下,等倾线是黑色的,而等差线除了零级条纹是黑色的外,其余的均为彩色条纹。若采用单色光源,则两种系列的条纹均是黑色。尽管如此,等差线通常还是容易辨别的,因为等差线较等倾线界线分明。还可以利用观察条纹的办法来识别两种条纹图。若使载荷保持不变,而使正交状态下的偏振镜同步旋转,则等倾线图将发生变化,而等差线图却保持不变;相反,若将偏振镜的位置固定,而改变模型上的载荷,则等差线图将发生变化,而等倾线图却保持不变。

如果在测试中,只要等差线而不要等倾线时,我们可以在起偏镜的后面、检偏镜的前面各加一片波长为 $1/4\lambda$ 的波片。此波片的快轴和慢轴分别与偏振轴成 45°角,并且使两块波片之间的快轴和慢轴相互垂直,如图 6.7 所示,这种光场为圆偏振光场。如果是暗场,就叫正交圆偏振光场。在这种光场下,受力模型通过检偏镜后的光强 I 为

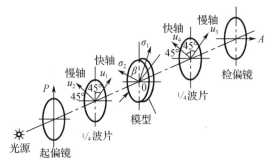

图 6.7 正交圆偏振光的布置

$$I = Ka^2 \sin^2\left[\frac{\pi Ct(\sigma_1 - \sigma_2)}{\lambda}\right] \quad (6.15)$$

从式(6.15)中可以看出,光强 I 只与主应力的差有关,而与主应力的方向无关。如果在正交圆偏振光场的布置中,使两个偏振片的偏振轴相互平行(即亮场),得到平行圆偏振光场。这时的光强表达式仍与主应力方向无关,只是等差线是半级次,即 1/2 级、3/2 级、5/2 级等。因此,在圆偏振光场中,消除了等倾线,得到的只有等差线。

6.5 非整数级条纹级数的确定

我们知道在暗、明两种光场布置中,可以分别得到整数级次和半数级次的等差线,但试件上的被测点并不一定都正好位于整数或半数级次条纹上,它们的位置可能对应小数级次条纹,因此,需要设法测得。要精确测试小数级次的方法有很多,可以用本身的光学仪器作为补偿的方法,还可以用巴比涅-索列尔补偿器、柯克补偿器等。下面我们简单介绍用本身光学仪器作为补偿的方法,这种方法也称为旋转检偏镜法。此方法有两种补偿,一种为双波片法,另一种为单波片法。

双波片法采用正交圆偏振光场布置,两偏振片的偏振轴 P 和 A 分别与被测点的两个主应力方向重合,如图 6.8 所示。单波片法是只用模型后的一块 1/4 波片、两偏振片的偏振轴正交,与主应力方向成 45°角,波片的快轴和慢轴与偏振轴 P 或 A 相平行,如图 6.9 所示。

下面介绍双波片法。

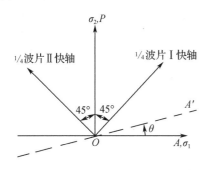

图 6.8 双波片法各主轴的相对位置

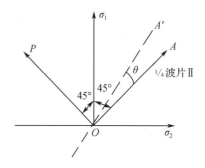

图 6.9 单波片法各主轴相对位置

对于图 6.8 所示的各镜片主轴位置,从起偏镜到检偏镜止,可参阅 6.3 节所述方法进行光学分析,然后,转动检偏镜偏振轴 A,使被测点 O 成为黑点。此时设检偏镜偏振轴 A 转过了 θ 角,处于 A' 位置,通过检偏镜后的偏振光为

$$u'_5 = u'_3 \cos(45° - \theta) - u'_4 \cos(45° + \theta) \tag{6.16}$$

利用圆偏振光场效应通过第二块波片后推出公式(此公式推导可参阅其他有关书籍)

$$u'_3 = \frac{\sqrt{2}}{2} a [\cos(\omega t - \beta + \Delta)\cos\beta - \sin(\omega t - \beta)\sin\beta] \quad (沿慢轴)$$

$$u'_4 = \frac{\sqrt{2}}{2} a [\cos(\omega t - \beta)\cos\beta - \sin(\omega t - \beta + \Delta)\sin\beta] \quad (沿快轴)$$

式中,β 角等于 45°,代入到式(6.16)中简化之得

$$u'_5 = a\sin\left(\theta + \frac{\Delta}{2}\right)\cos\left(\omega t + \frac{\Delta}{2}\right) \tag{6.17}$$

要使 O 点成黑点(即光强为零),必须使 $\sin\left(\theta + \frac{\Delta}{2}\right) = 0$,也即

$$\theta + \frac{\Delta}{2} = N\pi \quad (N = 0, 1, 2, \cdots) \tag{6.18}$$

将 $\Delta = 2\pi\delta/\lambda$ 代入式(6.18)得

$$\theta + \frac{\pi\delta}{\lambda} = N\pi \quad 即 \quad \frac{\delta}{\lambda} = N - \frac{\theta}{\pi} \tag{6.19}$$

令被测点的等差线条纹级数为 N_0,则

$$N_0 = \frac{\delta}{\lambda} = N - \frac{\theta}{\pi}$$

式中,N 为整数级条纹数。

检偏镜可以顺时针和逆时针旋转。设被测点两旁附近的整数条纹级数为 $(N-1)$ 和 N,如检偏镜向某方向旋转了 θ_1 角,而 N 级条纹移至被测点,则被测点的条纹级数为

$$N_0 = N - \frac{\theta_1}{\pi} \tag{6.20}$$

如果向另一方向旋转了 θ_2 角,而 $N-1$ 级条纹移至被测点,则被测点的条纹级数为

$$N_0 = (N-1) + \frac{\theta_2}{\pi} \tag{6.21}$$

根据以上推导,双波片法补偿的具体步骤如下:

(1)求出被测点的主应力方向,为此可用白光作为光源,在正交平面偏振光场下,同步旋转起偏镜和检偏镜,直到等倾线通过该点为止,根据等倾线的角度定出被测点主应力的方向。

(2)采用圆偏振光场,使起偏镜和检偏镜的偏振轴分别与被测点的主应力重合,而1/4波片与偏振轴的相对位置不变,形成正交圆偏振光场布置。

(3)单独旋转检偏镜,可看到等差线均在移动,当被测点附近的整数条纹 N 的等差线通过该点,如图6.10所示。记下检偏镜上旋转角度 θ_1,这时被测点的条纹级数用式(6.20)计算。若转动时,$N-1$ 的条纹经过被测点时,转角为 θ_2,则被测点用式(6.21)计算。

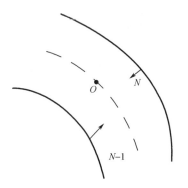

图 6.10　小数级条纹的测量

此方法可以在同一仪器上测出模型上任意一点的等差线,既经济,又精确,是目前常用的一种方法。测小数级条纹的方法还有很多,读者可以参阅有关书籍。

6.6　激光全息干涉测量原理

全息干涉法是利用全息照相技术进行全息干涉计量的方法。全息干涉法的发展和在现代光测力学分析中的应用,使力学的实验和量测技术提高到一个全新的水平。

全息照相术的研究开始于1947年,其原理是由英国人盖伯(D. Gabor)提出来的,即波面再现成像原理。他认为物体所以能被人们看见,是因为物体的表面光波传播到人们的眼睛而感觉到这个物体。因此,如果能把物体的表面光波记录下来,然后,把记录下来的光波再现出来,当人们看到这个再现出来的物体表面光波,就像看到物体本身一样(虽然这时物体已经不存在了)。这是一种两步成像的方法,第一步先将物体的表面光波记录下来;第二步将记录的光波再"再现"出来。

但由于当时缺乏很强的相干光源,使得这种技术进展极慢。直到1960年,第一台激光器——红宝石激光器研制成功,有了相干性强、亮度高的激光光源,才使全息照相术迅速发展起来,应用的领域也正在日益扩大,目前已成为一门独立的技术。

众所周知,描述一个光波有两个基本的物理量,即振幅和相位。普通的照相术只是记录被摄物体表面光波的振幅(光波的强弱)信息,而把相位这一个信息丢掉了,或者说只是记录了物光的部分信息;而全息照相不但记录物光的振幅信息,同时把物光的相位信息也记录下来。这种把光波的振幅和相位两个信息全部记录下来的照相术,称为全息照相。

激光全息干涉具有以下特点:

(1)干涉计量精度与波长同量级,检测灵敏度高。

(2)由于激光的相干长度大,因此可以检验大尺寸物体;只要激光能够充分照射到的物体表面,都能检验完毕。

(3)激光全息检验对被检对象没有特殊要求,可以对任何材料、任意粗糙的表面进行检验。

(4)借助干涉条纹数量和分布状态,可以对构件位移及缺陷进行定量分析。

(5)检测结果直观性强,便于保存。

用于全息照相记录的典型光路如图 6.11 所示,该图是为记录不透明物体的反射光用的光路。

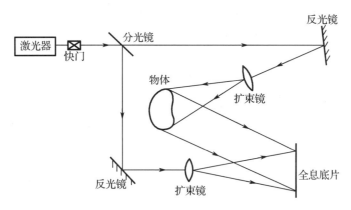

图 6.11　激光全息记录光路

一束相干性很好的激光,被分光镜分成两束相干光,一束经反射镜并扩束后照射到物体,再经物体反射或透射至全息底片,称之为物光;另一束称之为参考光。物光和参考光在全息底片上相遇,发生干涉,形成一幅非常复杂的干涉条纹,并由全息底片记录下来,将曝光后的全息底片经显影定影处理后,即得到全息图。如将全息图放回原光路系统,仅用参考光照射底片,全息底片上的干涉条纹相当一衍射光栅,参考光被全息图衍射,其中沿着原来物光传播方向的一级衍射波即为物光波再现,得到物体的虚像,再现光路如图 6.12 所示。

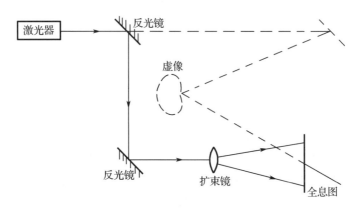

图 6.12　激光全息再现光路

全息照相的基本装置包括激光器、防震系统、光学元件以及记录介质等。激光器用来得到相干光,光强要有足够强,通常使用氦氖激光器,波长为 632.8 nm。全息照相的整个拍摄装置需置于防震台上,防震台要防震还要有一定的刚度,防震台面可用钢板焊接或铸铁平台,防震措施可因地制宜进行设计,对防震效果可以用麦克耳逊干涉仪(或光路)检测。拍摄全息图的光学元件主要包括分光镜、反光镜、扩束镜等。记录介质要求分辨率高。

在拍摄全息图时应使物光与参考光的光程基本相等,两束光交于底片的夹角以 20°左右为宜,参考光与物光的光强比适当。

全息干涉法不但适用于不同材料、形状、表面状况的物体,在多种载荷条件和特殊工作环境下的力学测量;而且,在固体力学方面,全息干涉法还可用于静、动态位移或形变场的测量,应变分析、振动分析、断裂力学及生物医学研究等方面。

全息干涉用于位移测量时,常采用双曝光法(两次曝光法),即在物体变形前后两次曝光拍摄全息图。再现时,则有物体变形前后的两束物光波,由于它们的光程不同,故发生干涉,形成与位移或变形有关的干涉条纹图。

设 P 为物体上一点,变形后位置为 P',有一微小位移 d,照明光源位置为 S,全息底片所接受的反射光和位移方向之间的夹角及两次曝光物体变形前后的位移与位相差的关系如图 6.13 所示。

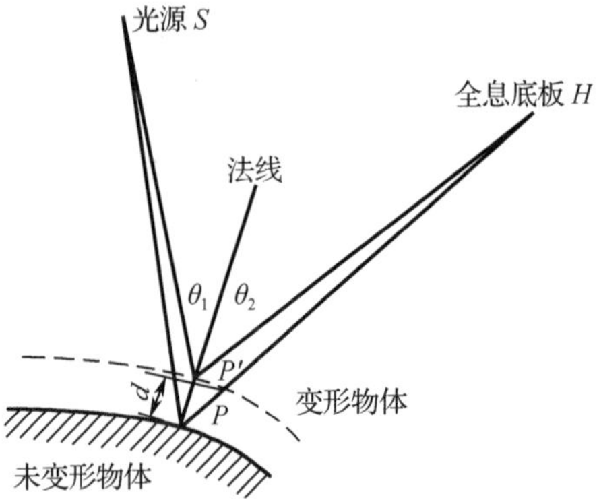

第一次曝光时物光的光程为 $(SP+PH)$,第二次曝光时物光的光程为 $(SP'+P'H)$,位移量与物光光程相比是极小量,可以认为变形前后角 θ_1 和 θ_2 不变。由图 6.13 可见,由于位移 d 引起的光程差 $\Delta(x,y)$ 可以表示为 $\Delta(x,y) = (SP+PH) - (SP'+P'H) = d\cos\theta_1 + d\cos\theta_2$,相应的相位差

$$\phi - \phi_0 = \frac{2\pi}{\lambda}\Delta(x,y) = \frac{2\pi d}{\lambda}(\cos\theta_1 + \cos\theta_2) \tag{6.22}$$

图 6.13 物体变形前后与位相差关系

再现像上亮条纹处 $\phi - \phi_0 = 2m\pi$,代入式(6.22)可得

$$d = \frac{m\lambda}{\cos\theta_1 + \cos\theta_2} \tag{6.23}$$

若令 $\theta = \frac{1}{2}(\theta_1 + \theta_2)$,即入射光与反射光夹角的一半,$\phi = \frac{1}{2}(\theta_1 - \theta_2)$ 为分角线与位移方向的夹角,则有

$$d\cos\phi = \frac{m\lambda}{2\cos\theta} \tag{6.24}$$

式中,$m = 0, \pm 1, \pm 2, \cdots$;$\lambda$ 为使用的激光的波长。

对于一些简单的情况,零级条纹(对应 $d = 0$)和条纹增加方向十分明确,m 值不难确定。θ 角可以根据光路布置得到,那么 $d\cos\phi$ 就可以得到。$d\cos\phi$ 就是位移矢量在入射光和全息干板接受的反射光的角平分线方向上的分量。

每一张全息图可以给出位移矢量在入射光与全息干板接受的反射光夹角分线方向的投影(分量)。

如果取照明方向和观察方向与表面法线夹角都相等,即 $\phi = 0$,则可以直接得到离面位移。

6.7 散斑干涉测量原理

电子散斑干涉技术,英文的全称是 Electronic Speckle Pattern Interferometry,缩写为 ESPI。它靠 CCD 取得被测物表面的散斑信息,再用计算机进行图像处理,直接在屏幕上得到干涉条纹图。这一方法的优点是不用在暗房中进行实验,也不需对底版的显定影及付氏处理,速度快、操作简单并可对结果按设计人员的需要进行后处理,所以该技术发展迅速,在现代光测力学领域中应用广泛。

散斑干涉主要有以下光路,图 6.14 和图 6.15 分别为测量面内位移和离面位移的光路,图 6.16 为测量离面位移梯度的剪切散斑光路。

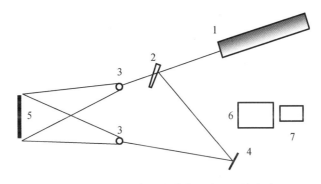

图 6.14 测量面内位移的电子散斑干涉光路
1—激光器;2—渐变分光镜;3—扩束镜;4—反射镜;5—被测物体;6—ZOOM 镜头;7—CCD

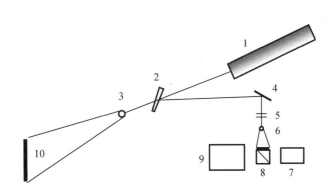

图 6.15 测量离面位移的电子散斑干涉光路
1—激光器;2—渐变分光镜;3—扩束镜;4—反射镜;5—双偏振片;
6—扩束镜;7—CCD;8—方棱镜;9—ZOOM 镜头;10—被测物体

散斑图像采集系统由电子散斑干涉系统和图像采集卡组成。其中电子散斑干涉系统由外接激光器,如上所示散斑测量光路系统和 CCD 摄像头等部分组成。软件为运行于 Windows 环境下的 ESPI 专用程序,可以完成散斑条纹图的图像处理。

当一束激光照射在光学粗糙表面上,由于漫射表面散射光的干涉将产生许多随机分布的亮暗斑点,用透镜成像后,在像平面上物光的复振幅分布为

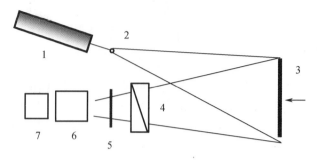

图 6.16 剪切电子散斑干涉原理图
1—激光器；2—扩束镜；3—被测物；4—剪切棱镜；
5—偏振片；6—ZOOM 镜头；7—CCD 摄像机

$$U_0(r) = u_0(r)\exp[\phi_0(r)] \tag{6.25}$$

式中　$u_0(r)$——物光波振幅；
　　　$\phi_0(r)$——物光波的相位。

除了物光波之外，与全息干涉相类似，还需要有一个参考光波与其合成。图 6.15 为典型的对离面位移敏感的 ESPI 光路系统。

该系统将渐变分光镜分出的一小部分激光经扩束后照射在一半透半反镜后与物体漫反射光相汇合而在 CCD 靶面干涉。其参考光波的复振幅分布为

$$U_R(r) = u_R(r)\exp[\phi_R(r)] \tag{6.26}$$

式中，$u_R(r)$ 和 $\phi_R(r)$ 分别是参考光波的振幅与相位。

物光和参考光在 CCD 靶面上形成的光强 $I(r)$ 为

$$I(r) = u_0^2 + u_R^2 + 2u_0 u_R \cos(\phi_0 - \phi_R) \tag{6.27}$$

当被测物体发生变形之后，表面各点的散斑场振幅 $u_0(r)$ 基本不变，而相位 ϕ_0 将改变为 $\phi_0 - \Delta\phi(r)$，即 $U'_0(r) = u_0(r)\exp[\phi_0(r) - \Delta\phi(r)]$。由于变形前后参考光波维持不变，因此位移后的合成光强 $I'(r)$ 为

$$I'(r) = u_0^2 + u_R^2 + 2u_0 u_R \cos[\phi_0 - \phi_R - \Delta\phi(r)] \tag{6.28}$$

对于全息干涉，它是把两个不同时刻的光强记录在同一干板上，也即产生叠加效应。而在电子散斑干涉计量中，由于系统使用了视频记录与数字化存储，因而可以将变形前后两幅干涉场分离，因此通常采用实时减模式信息表征方式，即

$$\begin{aligned}\bar{I} &= |I'(r) - I(r)| \\ &= |u_0^2 + u_R^2 + 2u_0 u_R \cos[\phi_0 - \phi_R - \Delta\phi(r)] - u_0^2 - u_R^2 - 2u_0 u_R \cos(\phi_0 - \phi_R)| \\ &= \left|4u_0 u_R \sin\left[(\phi_0 - \phi_R) + \frac{\Delta\phi(r)}{2}\right]\sin\frac{\Delta\phi(r)}{2}\right| \end{aligned} \tag{6.29}$$

由式(6.29)可见，相减处理之后的光强是包含有高频载波项 $(\phi_0 - \phi_R) + \Delta\phi(r)/2$ 的低频条纹 $[\sin(\Delta\phi(r)/2)]$。该低频条纹取决于物体变形引起的光波相位变化。这个光波相位变化与物体变形关系可以从光波传播的理论中推导出来。对于图 6.14 所示光路系统有

$$\Delta\phi = \frac{2\pi}{\lambda}[W(1 + \cos\theta) + U\sin\theta] \tag{6.30}$$

式中　λ——所用激光的波长；

　　　θ——照明光与物体表面法线的夹角；

　　　W——物体变形的离面位移；

　　　U——物体变形的面内方向位移。

在一般情况下,照明角较小,$\cos\theta\approx 1$,$\sin\theta\approx 0$,所以

$$\Delta\phi = \frac{4\pi W}{\lambda} \tag{6.31}$$

由式(6.29)可知,当 $\Delta\phi = 2n\pi + \pi/2$ 时,$n = 0, \pm 1, \pm 2, \cdots$ 时,光强为极大值,即为亮条纹。此时相邻的两条条纹之间所对应的离面位移 $W = \lambda/4$。

根据式(6.29)可得到电子散斑干涉条纹所形成的条纹图。但是我们可以看到其条纹图存在有高频散斑的调制项,因此条纹质量较差,需进一步处理以提高条纹质量,主要手段是通过高频滤波把高频散斑去除。方法可以用硬件,也可以用软件,或者用相位处理的方法。

对于双光束照明条件下(测量面内位移)的物体变形与光波位相之间的关系,可以将一束光看成物光,另一束光为参考光,如图6.14所示。因此,式(6.31)也可以用来表示变形与相位之间的关系,但是由于变形对二束光的相位都有影响,所以合成的相位差与位移的关系为

$$\Delta\phi = \frac{2\pi}{\lambda}[W(\cos\theta - \cos\theta) + U(\sin\theta + \sin\theta)] = \frac{4\pi}{\lambda}(\sin\theta)U \tag{6.32}$$

由式(6.32)可以看到,双光束电子散斑光路将离面位移 W 消去,而只敏感于面内位移 U。在做测量时,可以将 θ 布置得较大,提高灵敏度。

条纹形成的一个直观解释是当物体变形产生的相位变化在某些点为 0 或 $2n\pi$ 时,散斑在该点(或小区域)不变,经过相减处理之后表现为光强为零,即出现黑条纹。而当相位变化 $\Delta\phi(r)$ 不为 0 或 $2n\pi$ 时,则随机散斑高频项仍然存在,所以这个条纹图表现为黑条纹和散斑相间的形式。

6.8　云纹干涉测量原理

云纹法又称莫雷(Moiré)法。相传法国人把古代中国丝绸上的花纹图案称为莫雷,故由此而得名。如果将间距相等的平行细线刻在玻璃板或透明胶片上,即形成栅板。将两片平行栅板斜交地叠在一起,用肉眼就能看到明暗相间的条纹,这就是云纹条纹,称为云纹效应。托伦阿(D. Tollenaar)在1945年首先对云纹条纹做了几何解释,后来摩尔斯(S. Morse)和杜勒里(A. J. Durelli)等对应变分析中云纹条纹的几何意义做了完整的解释,并建立了云纹效应的力学基本方程式。近年来,云纹法又有了新的发展,逐渐形成实验力学中应变分析的独立的分支,并在工程实践中被广泛应用。

由于传统云纹法中,所用栅线密度不可能很高,其测量灵敏度受到很大限制。波斯特等人建议将近代光栅技术引入云纹法,即在被测试件表面复制高密度衍射光栅,以大大提高测量变形的灵敏度,但其基本原理却不同于传统的云纹法,它是通过由变形栅衍射的不同波前相干涉产生的条纹以获取变形信息的。从本质上说,这是一种波前干涉方法,其基

本理论和实验装置是和全息干涉法、散斑干涉法,特别是双光束散斑干涉法类同的,只是由于历史发展上和云纹法的某些联系,这种方法才被称为云纹干涉法。

云纹干涉法由于采用栅线密度为 600~1 200 线/毫米甚至超过 2 000 线/毫米的高密度衍射光栅作为试件栅,其测量灵敏度和全息干涉法、散斑干涉法一样,可达到波长量级,比传统云纹法要高出 30~120 倍。此外,这种方法还具有全场分析、实时观测、高反差条纹,以及直接获取面内位移场和应变场等优点。近几年来,云纹干涉法在基本理论、实验技术、试件栅复制工艺等方面正趋于完善,而且已经在应变分析、复合材料、断裂力学、残余应力测量等方面获得了成功的应用,是一种具有发展和应用前景的新的实验力学方法。

经典的云纹法与云纹干涉法条纹形成的机理不同,经典云纹法是利用了低频栅线的几何干涉,而云纹干涉法是利用了光波的干涉与高频光栅的衍射。

两束相干的准直光在空中汇交,在它们汇交的空间区域内会形成一个干涉区,如图 6.17 所示,在干涉区内产生相长干涉和相消干涉,从而构成一系列明暗相间的平行平面。

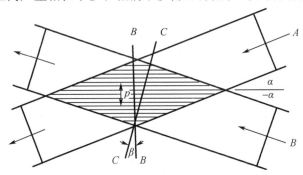

图 6.17 干涉区

图 6.18 表明了两列相干光波在给定时刻的情形,两个波列分别沿 Z 轴方向成 $\pm\alpha$ 角的方向入射,图中垂直于波列传播方向的细实线代表波前,标有 A_1 或 A_2 的箭头代表波的振幅,光波的位相变化由正弦曲线表示,两个等位相面间的距离是波长 λ。从图中可以看出沿 $a-b$, $c-d$ 及 $e-f$ 这些平行线都是两波波峰的交点,在这些线上两波形成相长干涉,而图中虚线都是波峰与波谷上相交的点形成的相消干涉线。由此在空间干涉区内形成一系列明暗相间的平行平面,相长干涉对应着亮平面,相消干涉对应着暗平面,相邻亮平面(或暗平面)的间距 p 可以从图中三角形几何关系得到

$$p = \frac{\lambda}{2\sin\alpha} \tag{6.33}$$

我们如果将全息干板(或涂有感光材料的软片)沿图 6.17 中的 $B-B$ 线(或 $C-C$ 线)并垂直于纸面的方向置入这个干涉区内曝光,经显影定影后就会在干板上形成一系列明暗相间的条纹,这些条纹的频率 f(或间距 p)与两波夹角 α、光波波长 λ 及干板的位置有关,位于 $B-B$ 位置时 $\frac{1}{f}=p=\frac{\lambda}{2\sin\alpha}$,当位于 $C-C$ 位置时 $\frac{1}{f}=p=\frac{\lambda}{2\sin\alpha\cos\beta}$。这就是利用双束相干准直光在干板表面形成的全息光栅。

光栅是由一系列有规律间隔的"条纹"组成。当一束光照到一个光栅上时,光栅会把入射光波分成一系列强度较小的光波,这一系列光波被称为衍射波,它们按照各自的衍射角射出,二维衍射现象可由图 6.19 来描述,各级衍射波的衍射角 θ 可由二维光栅方程确定:

$$p(\sin\theta_n + \sin\alpha_0) = n\lambda \tag{6.34}$$

式中　p——栅距；

　　　θ_n——第 n 级衍射角；

　　　α_0——入射角；

　　　λ——波长。

该方程对反射光栅同样适用。

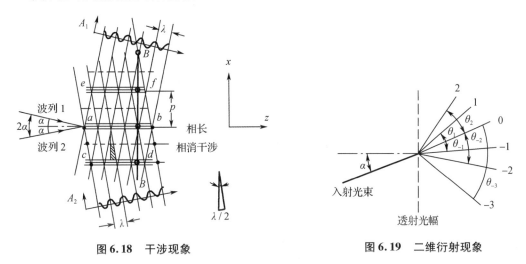

图 6.18　干涉现象　　　　　　　　图 6.19　二维衍射现象

云纹干涉法需要在试件表面制出频率为 $f/2$ 的高频光栅(又称试件栅)，当试件变形时，试件栅随试件一同变形。已知 $f = \dfrac{2\sin\alpha}{\lambda}$，如两束相干准直光分别以入射角 $\pm\alpha$ 照射试件，如图 6.20 所示，在试件表面形成频率为 f 的虚光栅，当虚光栅与试件栅完全平行并且栅频是试件栅的两倍时，A 光束被试件栅衍射后，其 $+1$ 级衍射沿 $\theta = 0$ 的方向出射，光束 B 的 -1 级衍射也沿 $\theta = 0$ 的方向出射，这两束衍射光也是相干光，它们相交后的交角为零，两束光干涉后在全场形成均匀光场，得到一幅空白场(0 条纹/毫米)。当试件受力产生变形时，试件栅的频率发生变化，按照光栅方程，A 光束的 $+1$ 级衍射波与 B 光束的 -1 级衍射波的出射方向发生变化，这两束光在空中以一定的交角汇交，再次出现干涉条纹，这就是可用肉眼观察到的"干涉"云纹图。

也可以用波前干涉理论解释云纹干涉法的云纹条纹形成原理，平面波前(图 6.20 中的 A'，B')干涉后得到的是均匀场，即零条纹场，而翘曲波前(图 6.20 中的 $A''B''$)干涉后形成的是干涉云纹图。大多数情况下，试件承受的是非均匀变形，这使试件栅局部频率在全场范围内以连续函数的形式逐点变化，于是各点的 ± 1 级衍射也将连续变化，从而生成图中 A''，B'' 所示的略有翘曲的波阵面，相机将这两束光汇聚起来成像得到干涉云纹图，该图以位移等值线的形式给出了试件表面各点的面内位移值，对于条纹图中的每一点可以定量地给出。

$$u = \frac{N_x}{f} \tag{6.35}$$

$$v = \frac{N_y}{f} \tag{6.36}$$

式中 μ, υ ——该点的 x 和 y 方向的位移分量；

N_x, N_y ——该点的 u, v 云纹干涉图中的条纹级数；

f ——参考栅频率。

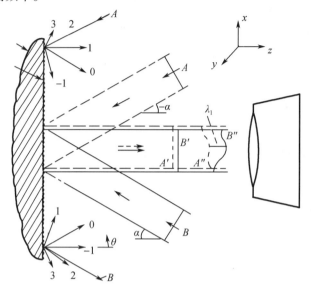

图 6.20 干涉云纹图的形成

综上所述，云纹干涉法的基本原理是：在试件表面制有可随试件变形的高频试件栅，用两束准直光以一定的角度照射试件栅，由试件栅产生的衍射波相互干涉，得到反映试件（物体）表面位移信息的干涉图。

第7章 实验仪器设备介绍

7.1 万能材料实验机

常见的材料实验机可以做拉伸、压缩、剪切、弯曲实验,习惯上称为万能材料实验机。根据它的加力和测力方式不同,可以分为液压式、机械式及电子式。

7.1.1 WE-300A 液压式万能材料实验机

1. 构造原理

(1)加载部分

WE-300A 液压式万能实验机如图 7.1 和图 7.2 所示,柱塞通过两根支柱固定在活动平台上,立柱支承着油缸。实验机的活动平台、柱塞和两根活动立柱组成了一个活动框架。

图 7.1 WE-300A 液压万能实验机

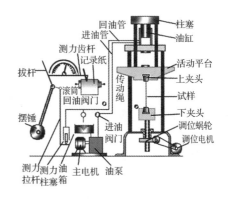

图 7.2 液压万能实验机原理图

当电动机带动油泵工作时,通过进油阀门,高压油进入油缸,推动活塞及活动平台上升。当试件夹在上夹头和下夹头之间时,试件就受到拉伸作用;当试件放置在活动平台上的上下压头之间时就受到压缩作用。

加载速度通过调节进油阀门的手轮来控制。实验过程中,若关闭进油阀门,由于油缸壁渗油的缘故,就能达到缓慢卸载的目的。因此,在实验过程中想要稳定在某一载荷上,则不能关死进油阀门,需要细心调节手轮才可以实现。打开回油阀门,可以迅速卸载。

开动调位电机调节下夹头活动平台上升或下降,但它只能用于调整下夹头活动平台的位置,使活动平台与装夹试件的空间相适应,不能用调位电机对试件实施加载和卸载,否则调位电机会因过载而损坏,同时也会导致其他部件的损坏,降低实验机的精度和寿命。

(2) 测力部分

测力部分采用摆式测力机构。机体内装有一个测力油缸,这个测力油缸和加载部分的工作油缸相连通,据液体传递压力的原理,两个油缸的压强相等。加载时,测力活塞下移,推动连接在一起的杠杆机构,使主轴带动摆杆及摆锤产生一角位移。这个角位移的大小与加到测力活塞上的负荷大小成正比例。摆杆推动测力度盘上的指针,使指针转动指示出作用在试件上的负荷数值。

测力度盘有三种测量范围(50 kN,150 kN,300 kN),按所选用的量程,配置相应的摆锤。一般选用的度盘应使最大载荷在度盘测力范围的 50%～80% 之间。显示负荷数值的指针有两个,一个为主动针,另一个为从动针。当试件破坏时主动针回到零点,而从动针仍留在原载荷数值的位置,便于记录。

加载前,测力指针应对准度盘零点。调整办法是:开动油泵电机,通过进油阀送油,使工作台升起 1 cm 左右,再拧动位于自动绘图器上方水平齿杆使主动针对准零点,同时拨动从动针与主动针重合。这里要注意的是:水平齿杆只能转动,不能拉动。实验前先给油缸充一些油再调节指针零点,目的是为了平衡工作台的重量和畅通油路,使测力系统反应灵敏。

(3) 自动绘图器

用一根拉线通过滑轮将自动绘图器滚筒与活动平台连接。当试件受力变形时,活动平台即上、下移动,滚筒也随之转动。自动绘图器的笔尖安装在测力部分的水平齿杆上,当试件上受力改变时,笔尖随之左右移动。这样在滚筒的记录纸上就能自动绘出实验过程中力和变形的关系曲线。滚筒的周向表示变形,轴向表示载荷。

2. 操作步骤和注意事项

(1) 操作步骤

①检查实验机的试件夹头的形式是否与试件配合,检查进、回油阀是否处在关闭状态。

②根据所估计的最大实验载荷,选择测力度盘,并调整缓冲阀位置。

③开动油泵电机,打开进油阀,使活动平台上升 1 cm 左右。先调整摆杆使之处于铅垂位置,再调整测力度盘主动针对零,并使从动针和主动针重合。

④按电机升或降钮,调整夹头间距离与试件相适应,然后装夹试件。

⑤装上记录纸和笔。

⑥拧开进油阀,缓慢进油,进行实验;同时注意度盘指针转动,以免加载太快。

⑦实验完毕立即停车,打开回油阀并取下试件。整理测量数据,回复实验机。

(2) 注意事项

①实验前一定要给油缸里充一些油,使活动平台少许升起。

②指针调零时,拧动水平齿杆要小心,不许抬压,以免机构滑扣,毁坏精密丝和细牙轮。

③启动前,进油阀一定要在关闭位置,加载、卸载和回油均应缓慢进行。

④不准用调位电机对试件施行加载和卸载,升、降方向不能直接变换,必须按停止钮后再进行变换。

⑤装夹试件时,注意夹具对号相配。

⑥机器运转时,操作者不得离开。实验时不要触动摆锤和滚筒拉线。

⑦实验时,听见异常声音或发生任何故障应立即停机。

7.1.2 WJ-10B 机械式万能材料实验机

1. 构造原理

(1) 加载部分

WJ-10B 型万能材料实验机是靠机械系统加载和测力的实验机,如图 7.3 和图 7.4 所示。在这种实验机上,拉伸实验和压缩实验都在同一位置进行。工作台向下移动使试件拉伸,向上移动使试件压缩。工作台的移动由电机或手摇加载机构的手柄转动实现的。主电机是可控制的无级变速电机。当用其加载时,要先按操纵台面上的"拉"或"压"钮,拉伸时按"拉",压缩时按"压"。需要卸载时,原是拉伸载荷按压缩钮,原是压缩载荷按拉伸钮。加载和卸载的速度由调节主机台面有上方的调速旋钮来实现,它可以控制主电机实现无级变速。加载和卸载速度的大小可直接由调速钮边上的速度表读出。要注意的是,在加载前,调速钮的初始位置应置于零,以免在初加载时产生冲击载荷,导致实验失败。

图 7.3 WJ-10B 型机械式万能实验机

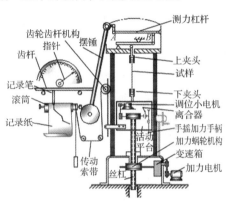

图 7.4 机械式万能实验机原理图

手摇加载或卸载时要按下"停"钮使红灯亮。点动"降""升"按钮可以调整工作台的位置,但绝对不能用来加、卸载。

(2) 测力部分

测力系统包括上夹持器、挂环、吊架及一系列杠杆系统组成。系统内通过改变内部支点的位置来确定量程的范围。实验机有四种测力范围,即 10 kN,20 kN,50 kN,100 kN。转动度盘旁的手轮来选择量程。

载荷记录是通过一系列机构使加载时记录笔从右向左移动,在记录纸上记录力和位移曲线;变形记录也是通过一系列机构使加载时记录筒转动记录下拉伸、压缩或弯曲的变形曲线。记录笔装在记录笔架上,采用 24 V 低压电加热电阻丝笔尖,使其在特制的热敏纸上接触移动,热敏纸受热发生化学反应,留下轨迹。因此,笔尖在纸上的移动轨迹就是实验记录曲线,调节调温旋钮能控制记录曲线的粗细。

(3) 自动绘图器

自动绘图器、记录滚筒通过齿轮组和丝杆联动,因此它的转动量按一定比例代表了夹头的移动量,它可以相当准确地表示试件标距间的变形量。载荷的记录是电传式的,通过一系列的电气装置,使记录小车带着笔尖随载荷的大小在滚筒纸上移动,其移动量表示力的大小。当滚筒和笔尖都同时移动时,在记录纸上便自动描绘出力和变形的关系曲线。

2. 操作步骤和注意事项

(1) 操作步骤

① 检查实验机的试件夹头的形式是否与试件配合。

② 根据预先估计的最大实验载荷，选择测力度盘。

③ 检查测力指针是否对准零点，从动针和主动针是否重合在一处。

④ 打开实验机总电源（位于实验机右侧），按下启动钮。

⑤ 再按快速升、降钮调节两夹头间的距离，然后装夹试件。

⑥ 装好记录纸，用手扭动滚筒，以检查滚筒的比例挡和拉、压挡是否选好、挂住。打开记录电源，按一下记录钮（需要记录时才进行）。

⑦ 加载：

电动加载：先将调速钮置于零位，再根据要求按拉伸钮或压缩钮。调速钮调至需要的速度。

手摇加载：按一下停止钮，再摇动手摇加载机构的手柄即可。

⑧ 实验完毕立即停机，取下试件，将一切复原。

(2) 注意事项

① 快速升降机构只能用于空载时调节两夹头间的距离，切不可用于加载或卸载。实验过程中需卸载时，原是拉伸的按压缩钮，原是压缩的按拉伸钮。

② 电动加载前，需将调速钮置于零位。

③ 机器运转时，操作者不得离开，听见异常声音或发生故障应立即停机。

7.1.3 WDW3100 微控电子万能实验机

WDW3100 微控电子万能实验机采用了微机控制、电机驱动的传动，加装了高精度的电子传感器，测量精度较比液压式和机械式万能实验机大大提高，可以对金属、非金属的原材料及制品进行拉伸、压缩、弯曲、剪切、剥离、摩擦、撕裂等多项力学实验。WDW3100 型电子万能实验机外形如图 7.5 所示，结构示意图如图 7.6 所示。

图 7.5 WDW3100 型电子万能实验机

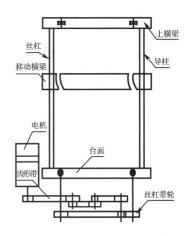

图 7.6 电子万能实验机原理图

1. 构造原理

WDW3100 型电子万能实验机主要由机械加载结构、传动控制系统、测量系统及微机系统等部分组成。在微机系统的控制下,实验机移动横梁向上或向下按一定移动速度运动,通过不同类型的夹具,实现对试件的加载。

机械加载部分为实验机主机,它由移动横梁、上横梁、台面、光杠、丝杠、伺服电机、齿形带和丝杠带轮组成。滚珠丝杠固定在台面和上横梁之间,两丝杠的丝母及两光杠的导套固定在移动横梁上。电机通过三级同步带轮减速以后带动丝杠旋转,从而推动移动横梁在选定的速度下做直线运动以实现各种实验功能。采用同步带轮减速较比以往使用减速机进行减速的优点在于最大限度地减小了机械间隙。

传动控制系统是实验机最主要部分之一,主要包括微控制器、控制面板、远控盒、控制微机以及控制软件组成。控制部分的主要功能是控制实验机的加载方式、加载速度、各种数据的采集和处理、横梁保护、横梁移动的方向等。

测量系统是实验机的核心部分之一,用来测量实验力和位移。实验力测量系统包括测力传感器、测力放大器、A/D 转换器以及接口电路组成。实验力通过测力传感器转化为电信号,输入测力放大器进行放大,再通过 A/D 转换器输入计算机并实时显示试样承受的力。为了精确测量移动横梁的位移,通过光电编码器将丝杠的转角转化为编码器的脉冲输出,编码器的脉冲信号经过整形后输出给计算机,计算机将接收到的信号再次整形、滤波后进行识别、判断、计算处理并将结果送给显示设备及终端设备。

限位保护。为了防止移动横梁超过上下极限位置造成机械事故或使移动横梁能停在设定位置,实验机设有一个移动横梁限位保护机构,如图 7.7 所示。它是由限位杆、上下挡块、紧固螺钉、拨叉、限位开关等组成。当移动横梁上的拨叉碰到挡块时,便通过限位杆、触片碰压限位开关的触点,从而使实验机停车。

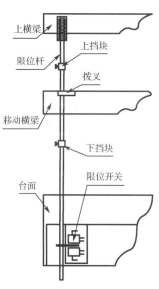

图 7.7 移动横梁限位保护装置

2. 实验机控制方法

微控电子万能实验机的实验控制是由远控盒、控制面板和计算机来实现的。

(1) 控制面板

控制面板如图 7.8 所示,共分四个区域,即"显示屏幕"区、"特殊功能键"区、数字键区和控制区,各区域功能不同,下面详细介绍一下各区域的功能。具体各参数的含义见附录。

① 显示屏幕

它是整个控制系统的输出设备。实验过程中,实时显示各通道数据,包括实验力、变形、位移、速度,并显示控制状态和各控制参数。

② 特殊功能键

[F1]~[F4]键为特殊功能键,在不同界面其功能不同,其功能对应于键上方液晶显示屏幕中的提示。

③ 数字键

数字键区包括[0]~[9]键,[+/-]键及[复位]键。其中,[0]~[9]键在数字输入时

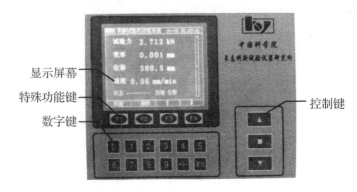

图7.8 液晶控制面板

对应数字0~9。在主界面状态,[0]键为位移清零;[1]键为实验力清零;[2]键为变形清零;[+/-]键在数字输入时对应+、-号切换;在非数字输入时为功能切换界面。[复位]键在数字输入时为小数点,在主界面对应启动/停止断裂停车功能。

④控制键

控制移动横梁上升、下降及停止。

使用电子万能实验机进行材料力学实验时,可以使用控制面板完成实验,但其测试数据无法输出和保存。

为了方便处理和保存实验数据,常常在实验时并不使用控制面板来记录实验过程中的数据,而是使用微机来控制实验过程并处理实验数据。实验过程中,控制面板常常作为实验机调试和装夹试件时使用,对实验机系统参数的设置是通过控制面板来实现的。

(2)计算机控制

计算机控制主要是采用计算机上的软件实现对微机控制电子万能实验机的控制,可以实现控制移动横梁的上升和下降,实现对实验过程的开环和闭环控制,实现对实验数据的实时记录和保存,并对实验数据进行后处理,形成实验报表。

电子万能实验机的微机控制程序大致包括录入界面部分、实验界面部分、参数设置界面部分和数据管理部分,下面分别就这几个部分的功能进行说明。

①软件界面

软件界面如图7.9所示,实验界面最上方是程序的标题栏,下面的选项栏可以对控制程序的界面进行调整,并集成了一些系统工具以供使用。选项栏的下方是工具栏,工具栏上的"联机"和"脱机"按钮,可以控制实验程序与实验机的连接,当点击"联机"按钮后,如果联机成功,在实验机液晶屏上显示"PC - Control"的字样,并且在实验界面上实验力显示的数值有变化。注意,如果未联机,实验编号或参数设置是不能被改变或进入的。

"实验开始"按钮控制实验机开始实验并采集记录实验过程中的数据,"实验结束"按钮控制实验机结束实验并将实验数据和实验曲线保存。

点击"试样录入"图标可以进入试样录入界面;点击"参数设置"图标可以进入参数设置界面,点击"数据管理"图标可以进入数据管理界面,对已经取得的实验数据进行保存、提取或再处理。

实验界面的实验数据栏实时显示实验过程中的数据信息,包括实验力、位移、实验时

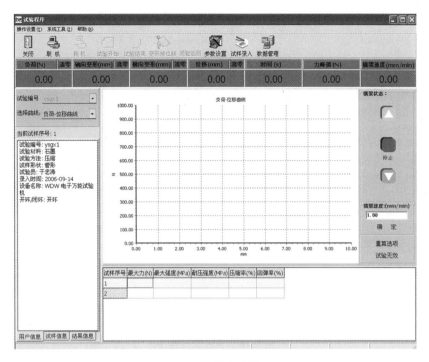

图 7.9　操作软件界面

间、应变值、力峰值等。

实验数据栏左下方是实验信息栏,包括用户信息和试样信息,用户信息显示在录入模块的上半部分录入的内容,未录入的项目不显示。试样信息显示在录入模块下半部分录入的内容(主要是试样的实际尺寸)。实验编号编辑框内保存有未做过实验的实验组或者实验组内包含有未做过实验的试样(即一组试样未全部做完)。

屏幕中央是实验曲线的实时显示栏,在点击"实验开始"后,实时显示实验曲线,可以通过试样信息栏中的选择曲线来选择不同的显示曲线。

最右侧是实验机横梁的控制栏,可以在联机以后,输入横梁速度,点击向上按钮或者向下按钮来控制横梁的运动。注意,在实验过程当中可以改变横梁的速度,只要在横梁速度编辑框中输入横梁的速度值,然后必须按"确定"键方可。

②试样录入界面

点击菜单栏上的试样录入按钮,即可进入录入界面,如图 7.10 所示,该界面就是对要进行的实验基本信息进行输入,为实验后数据的处理和报表的生成提供信息。录入界面中需要录入的信息如下。

实验材料:根据要进行的实验材料进行选择,如金属、橡胶等。

实验方法:选择要进行的实验的实验方法,如拉伸、压缩、弯曲等。

实验编号:对所要进行的实验设定实验名称,作为实验后生成的数据处理文件的文件名。

试样的形状:根据要进行的试样的形状进行选择,如图形、矩形等。

选择查询条件:双击实验编号栏,弹出实验编号栏,通过设置查询条件,可以查询以往的实验设置,用鼠标左键点击所需记录,按确认键,可以返回前一个界面,之后弹出对话框,

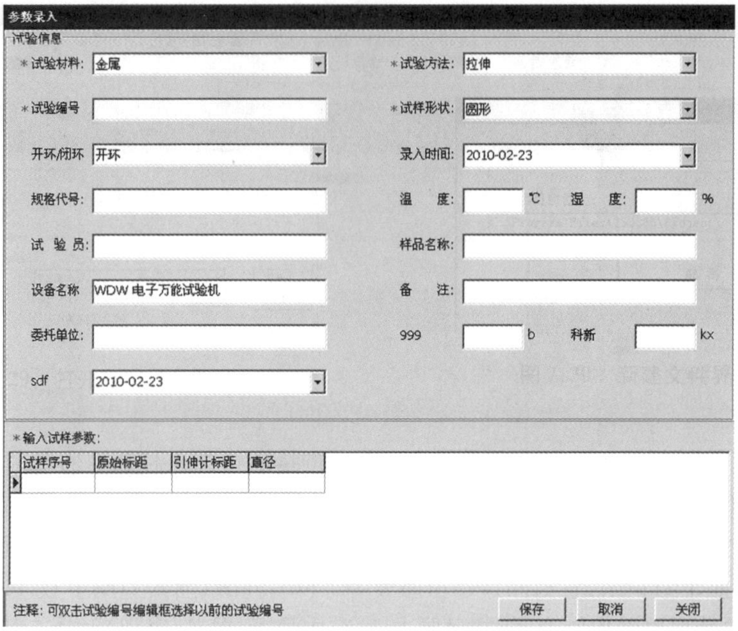

图 7.10　参数录入界面

选择"是"可修改或追加试样。注意,录入部分只能对未完成的实验试样尺寸做修改,如果想修改已经完成的实验试样尺寸,需要到数据管理界面进行调整。

开环/闭环:开环控制是指控制装置与被控对象之间只有按顺序工作,没有反向联系的控制过程,其特点是系统的输出量不会对系统的控制作用发生影响,没有自动修正或补偿的能力。闭环伺服系统对工作台实际位移量进行自动检测并与指令值进行比较,用差值进行控制。开环和闭环控制的区别是有无反馈电路。

根据实验标准选择开环控制或者闭环控制。如果实验只要求一步完成,并且是在位移控制(mm/min)下直至拉断为止,则选择开环控制,否则选择闭环控制。如果选择闭环控制,在后面的"参数设置"区域对闭环控制参数有专门的设置界面。在 WDW3100 电子万能实验机中一般实验使用开环控制。

试样参数的录入:试样序号可自动生成,不需录入。其他参数可根据需要录入所需尺寸即可,如果不想录入尺寸,可在任意一个参数项内输入 0 即可。录入后单击"保存"按钮完成试样录入工作。可以一次录入多个组,且每个组内的试样个数不受限制。

③实验参数设置界面

实验参数设置界面是对实验过程中的一些选项进行设置。如图 7.11~7.13 所示。

实验开始点:大于此点,微机才开始采集实验机发送过来的数据。一般情况将此值设置为传感器额定值的千分之四。

横梁速度:即试样的开环实验速度。

停车后返回:实验结束后,横梁以输入的返回速率自动返回到开始实验的位置。一般情况下,对金属材料实验选择停车后不返回。

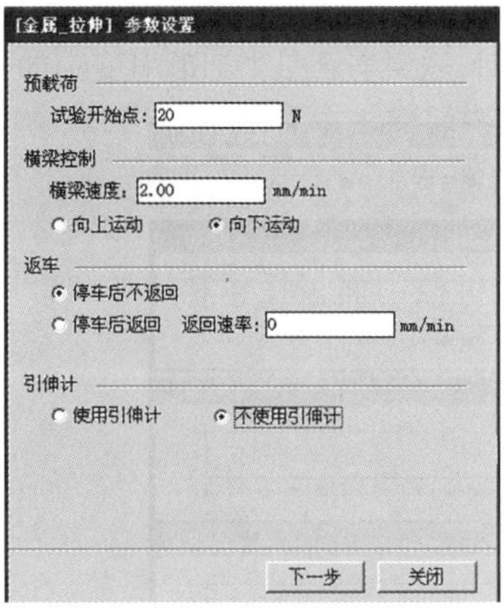

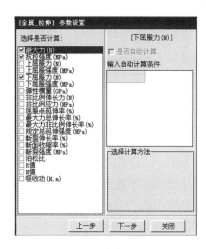

图7.12 参数设置2

图7.11 参数设置1

引伸计设置:如果不使用引伸计来测量变形,一定要选择"不使用引伸计",否则计算结果不正确。

选择是否计算:此选项是针对不同材料、不同类型的实验,程序可以根据采集到的数据,自动进行相关参数的计算。打对号则计算其值,否则不计算其值。

实验结束条件设置条件如下。

断裂百分比:实验过程中最大力的百分比,如实验过程中最大力的值为 10 kN,如果断裂百分比为 60,则当实验力下降到 $10 \times 60\% = 6$ kN 的时候,程序将结束实验并计算结果。

最大负荷值:一般设置为传感器的最大负荷值。实验过程中,如果实验力大于此值,则实验自动结束。

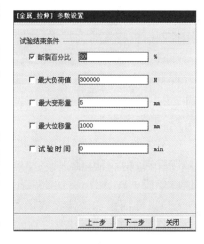

图7.13 参数设置3

最大变形量:一般设置为引伸计最大变形量。实验过程中,如果变形大于此值,则实验自动结束。

最大位移量:一般设置为实验机最大行程。实验过程中,如果位移值大于此值,则实验自动结束。

实验时间:实验过程中,如果实验时间超过此设定值,则实验结束。

注意:如果不是必须,则后四项最好不要设置,以免干扰信号影响实验正常进行。参数设置界面中的所有默认值为最近一次所设置过的参数。注意不同材料、不同实验方法有不同的默认值,它们之间互不干涉。输入参数后,只要按上一步、下一步或退出按钮都会将此刚输入的参数按照实验材料与实验方法保存下来,实际上,下次再进入此参数设置界面,如果材料和实验方法与此次相同,则所显示的所有值都与本次所设置的完全一致。

④数据管理界面

在数据管理界面可以实现对数据的查询、输出、编辑和再计算等后处理功能。

实验数据的查询:实验结束后,程序将本次实验得到数据形成以实验编号为名称的结果文件,可以通过选择在最左边的树形框内查询到实验编号,也可以点击工具栏中的"查询"按钮,输入查询条件进行查询。单击所要显示的实验编号,则在右边可以显示结果数据及实验曲线等。

实验数据的输出:在选项栏中选择"输出",点击"横向输出至 Excel 文件"或"纵向输出至 Excel 文件"可以得到可编辑的 Excel 形式的报表文件。

3. 基本操作

电子万能实验机的控制,包括试件的装夹、实验机控制面板操作和实验机软件操作等部分。

(1) 启动实验机。

①连好实验机电源线及各通信线缆;

②旋转钥匙开关,启动实验机;

③打开电脑显示器;

④打开电脑主机开关;

⑤运行实验程序,双击电脑桌面名称为"电子万能实验机控制程序"图标。

(2) 装夹试件。

①对于标准试样的拉伸实验,首先将试样装夹在上夹头,然后将横梁上升到合适位置,利用控制面板将实验力清零,按照夹头上部红色箭头指示的方向旋转旋柄,夹紧下夹头。

注意:装夹试件时,应该使试件端部深入夹口中部,使得夹块和试件端部充分接触。如果发现上下夹口稍有不对中,夹紧上夹头后,试件无法深入下夹口中,这时需将上下夹口都松开,用手将试件位置进行调整,使之同时深入上下两个夹口中央,再夹紧上夹头,对实验力清零,夹紧下夹头。

②对于标准试样的压缩实验或者弯曲实验,首先将试件安放在下压头的中央,然后将横梁调整到合适的位置,调整时要注意控制实验速度,距离较远时速度可以稍快,距离较近时速度要慢一些,切不可使压头在开始实验前触碰到试件,以免损坏试件或实验机。

(3) 试样信息和试样参数录入。

①打开实验控制程序后,在实验界面上点击"试样录入"按钮,进入试样录入界面,选择相应的实验材料和实验方法,输入试样几何参数,并进行保存。

②在实验界面上点击"联机"按钮,如果实验界面上实验力有变化,且控制面板液晶屏上显示"PC – Control"的字样,说明已经联机成功。

③选择本次实验相应的实验编号。

④点击实验界面上的"参数设置"按钮,根据不同的实验要求,对参数设置界面上的各项内容进行设置。

(4) 进行实验。

①点击实验界面中工具栏上面的"实验开始"按钮,开始实验,在实验的过程中可以选择不同的曲线进行观察。

②实验过程中观察曲线行进情况,并观察和记录实验数据,并根据要求对实验速度进行调整。

③如果设置了实验结束条件,当实验过程中满足条件时,实验自动结束;如果已经得到了实验所需的结果,可以通过点击"实验结束"按钮来结束实验。注意不可以点击实验界面右侧控制栏中的停止按钮来结束实验,因为此时实验数据并没有被保存下来。

(5)数据后处理。

①点击"数据管理"按钮,进入数据管理界面。

②通过查询工具找到已完成实验的实验编号,或在左侧的树形框内找到实验编号,点击选择实验编号,可以查看相应的实验曲线和实验结果。

③在选项栏中选择"输出",将实验结果以 Excel 文件形式输出。

(6)实验结束后,卸下试件,如果有其他试件需要实验,重新开始(1)~(6)步。

7.1.4 Instron5505 电子万能材料实验机

Instron5505 电子式万能材料实验机是与众不同的新一代实验机,该机通过先进的软件进行实验设定、数据显示及处理,并通过先进的控制系统进行 32 位全数字化控制及高速数据采集,是高精度、自动化程度高、功能强、结构紧凑、操作简单可靠,具有先进软件支持的新型的材料实验机。配备的载荷传感器从小至 5 N 大致 100 kN,还有不同标距的电子引伸计,能够对材料进行包括拉伸、压缩、剪切、剥离、撕裂、循环和弯曲实验等。

1. 构造原理

Instron5505 电子万能实验机如图 7.14 所示,该实验机的构造原理与 WDW3100 型电子万能实验机的构造原理相似,都采用"门式"结构,但 Instron5505 采用的是单空间结构形式,即拉伸和压缩实验均在一个加载空间完成,主要由机械加载结构、传动控制系统、测量系统及微机系统等部分组成。在微机系统的控制下,实验机移动横梁向上或向下按一定移动速度运动,通过不同类型的夹具,实现对试件的加载。

图 7.14 Instron5505 电子万能材料实验机

2. 实验机特点

(1)5500 系列实验机可进行弹性体、纺织品、塑料、复合材料、金属等各种材料和零件的拉伸、压缩、弯曲、剪切、剥离和反向应力循环等的实验。

(2)采用最先进的数字信号处理(DSP)技术,进行 32 位全数字化控制及高速数据采集。所有通道均为 400 kHz 采样速率,并以 500 Hz 速度同时连续获取 4 个通道的数据。整机精度高,速度范围广,操作方便,适合于科学研究工作和企业的综合性实验室。

(3)5500 系列实验机采用先进的模块式 Merlin 软件进行实验设定、数据显示及处理。

(4)传感器的自动识别、自动平衡、自动标定,自动选择最佳量程。

(5)紧急安全功能由控制器(硬件)执行,响应速度快,确保安全。

(6)机架上装有手动控制面板,通过软件完成实验设定后,可通过手动控制面板的按键(不必通过计算机)启动和停止实验。准备实验时,可精确定位,启动试样保护,并设有两个由用户定义的功能键,进行实验控制,操作灵活简便。

(7)采用低噪音电机及预加载滚珠丝杠驱动,横梁运行平稳、机架刚度大、同心度高、无反向间隙、可在最大加载能力范围内进行循环应力实验。

(8)实验数据为工程单位,用户可以根据工作需要选用国际单位、公制单位、英制单位或混合单位。可外接记录仪、打印机和绘图仪,记录实验数据和曲线。

7.2 扭转实验机

7.2.1 NJ-100B 机械式扭转实验机

这种实验机采用直流电动机无级调速机械传动加载,可以正反两个方向施加扭矩进行扭转实验,用电子自动平衡随动系统测取扭矩值。实验机最大量程是 100 N·m,200 N·m,500 N·m,1 000 N·m。扭转速度为(0°~36°)/min 和(0°~360°)/min 两个范围。试件最大长度为 650 mm。实验机的外形如图 7.15 所示,原理示意图如图 7.16 所示。两图中同一部件的数字标号相同。

1. 构造原理

本实验机由加载机构、测力计、自动绘图器组成。

图 7.15 NJ-100B 型扭转实验机

(1)加载机构

加载机构 1 由 6 个滚珠轴承支持在机座 2 的导轨上,它可以左右自由滑动。加载时操纵直流电机 3 转动,经过减速箱 4 的减速,使夹头 5 转动,对试件 6 施加扭矩。转速由电表 7 显示。

(2)测力计

在测力计内有杠杆测力系统,如图 7.16 所示。试件受到扭矩后,由夹头 8 传递扭矩,使杠杆 9 逆时针旋转,通过 A 点将力传给变支点杠杆 11(C 支点和杠杆 10 是传递反向扭矩用的),使拉杆 12 有一压力 P 压在杠杆 13 左端的刀口上。杠杆 13 则以 B 为支点使右端翘起,推动差动变速器的铁芯 14 移动,发出一个电信号,经放大器 15 使伺服电机 16 转动,通过钢丝 17 拉动游铊 18 水平移动。当游铊移动到对支点 B 的力矩等于机器施加给试件的扭矩时,杠杆 13 达到平衡,恢复水平状态,差动变压器的铁芯也恢复零位。此时差动变压器无信号输出,伺服电机 16 停止转动。由上述分析可知,扭矩与游铊移动的距离成正比。游铊

第 7 章 实验仪器设备介绍 177

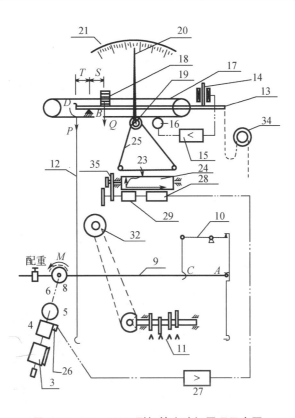

图 7.16　NJ-100B 型扭转实验机原理示意图

1—加载机构;2—机座;3—直流电机;4—减速箱;5—夹头;6—试件;7—电表;8—夹头;9—杠杆;
10—杠杆;11—变支点杠杆;12—拉杆;13—杠杆;14—差动变压器铁芯;15—放大器;16—伺服电机;
17—钢丝;18—游铊;19—滑轮;20—指针;21—度盘;22—自动绘图器;23—绘图笔;24—滚筒;
25—钢丝;26—自整角发送机;27—放大器;28—伺服电机;29—自整角变压器;
30—速度范围开关;31—调速电位器;32—量程选择旋钮;33—电源开关;
34—调零旋钮;35—传动齿轮;36—绘图器开关;37—加载开关

的移动又通过钢丝带动滑轮 19 和指针 20 转动,这样在度盘 21 上便可指示出试件所受扭矩的大小。

(3) 自动绘图器

自动绘图器 22 由绘图笔 23 和滚筒 24 等组成,绘图笔的移动量表示扭矩的大小,它的移动是在滑轮 19 带动指针转动的同时,带动钢丝 25 使绘图笔水平地移动。绘图滚筒的转动表示试件加力端头 5 的绝对转角,它的转动是由装在夹头 5 上的自整角发送机 26 发出正比于转动的电信号,经放大器 27 放大后,带动伺服电机 28 和自整角变压器 29,而使绘图滚筒转动,其转动量正比于试件的转角。

2. 操作步骤和注意事项

(1) 操作步骤

① 检查实验机夹头的形式是否与试件相配合。将速度范围开关 30 置于 (0°~360°)/min 处,调速电位器 31 置于零位。

② 根据所需最大扭矩来转动量程选择旋钮 32,选取相应的测力度盘。按下电源开关

33,接通电源。转动调零旋钮34,使指针对准零点。

③装好自动绘图器的笔和纸,挂好传动齿轮35,打开绘图器开关36。

④安装试件。先将试件的一端插入夹头8中,调整加载机构1做水平移动,使试件另一端插入夹头5中后,再予以夹紧。先紧夹头8,再紧夹头5。

⑤加载。将加载开关37"正"(或"反")按下,逐渐增大调速电位器31的刻度值,操纵直流电机3转动,对试件施加扭矩。

⑥实验结束,停机,取下试件,将机器复原。

(2)注意事项

①施加扭矩后,禁止再转动量程选择旋钮32。

②使用V形夹板夹持试件时,必须尽量夹紧,以免实验过程中试件打滑。

③机器运转时,操作者不得擅自离开,听见异常声音或发生故障应立即停机。

7.2.2 NDW3100 电子扭转实验机

NDW3100电子扭转实验机是一种使用微机控制的电子扭转实验机,它采用交流电机伺服系统和计算机自动控制系统,实验过程中的采样数据可以实时地显示在电脑屏幕上或者配置在装有液晶显示屏的控制面板上。它可以正反两个方向施加扭矩进行扭转实验,用来测量各种金属和非金属材料受到扭转作用时的机械性能。使用微机控制电子扭转实验机,可以实现控制扭转加载的状态,实现对实验过程的开环和闭环控制,实现对实验数据的实时记录和保存,并对实验数据进行后处理,形成实验报表,实验机如图7.17所示。

图7.17 电子扭转实验机

1. 构造原理

实验机主要由加载机构、测力单元、控制面板和控制微机组成。

(1)加载机构

安装在导轨上的加载结构,由伺服电机带动,通过减速器使夹头旋转,对试样施加扭矩。实验机的正反加载和停车可按显示器的标志按钮。为了适应各种扭力实验的需要,实验机具有较宽的调速范围,无级调速0~360°任意角度可调。

(2)测力单元

通过夹头传来的力矩经传感器处理输出,在控制面板的液晶显示器和计算机屏幕上同步显示出来,根据满意程度选择保存或打印。

(3)控制面板

实验机的控制面板可以用来方便地控制实验机运行状态,并用来设置实验机内部传感器的测试参数。控制面板由液晶屏、特殊功能键、数据按键、加载速度调节旋钮和运行状态控制按键等构成,如图7.18所示。

图7.18 电子扭转实验机控制面板

液晶屏实时显示加载过程中各传感器通道的具体数据,包括扭矩、扭角、变形、速度等等。其中

扭矩:显示当前试样承受的扭矩,单位为 N·m。

扭角:表示实验时夹头活动旋转角度,单位为 rad。

变形:用附带的扭角传感器测得的变形量,单位为 mm。

速度:表示夹头扭转的速度,单位为(°)/min。

(4)控制面板操作

①按 F1 可以设置扭角定位、扭矩定载和实验方式(顺时/逆时)。

②按 F3(↑)和 F4(↓)可以调节实验速度,有多个挡位的实验速度可供选择。

③按 F2(曲线界面)可进入曲线界面,可以看到"扭矩 – 扭角"曲线。

④速度调节旋钮在电机运转时,逆时针旋转为速度下降,最小为 0.036°/min;顺时针旋转为速度上升,最大为 360°/min。

⑤清零设置

按"0"键:扭角清零;

按"1"键:扭矩清零;

按"2"键:变形清零;

按"3"键:清曲线。

⑥加载状态控制按钮(▲)代表逆时针旋转,(▼)代表顺时针旋转。

2. 操作步骤

(1)将试件用三爪自动定心卡盘紧紧装夹在主动夹头和从动夹头上。

(2)接好电源,打开实验机开关。此时液晶屏开启,选择好实验参数。

(3)打开控制微机,选择控制软件图标,双击打开控制软件。

(4)点击"联机"按钮,使用微机控制扭转实验机。

(5)点击"试样录入"按钮,对试样基本信息进行录入。

(6)点击实验界面上的"参数设置"按钮,根据不同的实验要求,对参数设置界面上的各项内容进行设置。

(7)点击实验界面中工具栏上面的"实验开始"按钮,开始实验,在实验的过程中可以选择不同的曲线进行观察。

(8)如果设置了实验结束条件,当实验过程中满足条件时,实验自动结束;如果已经得到了实验所需的结果,可以通过点击"实验结束"按钮来结束实验。

(9)点击"数据管理"按钮,进入数据管理界面,将所需的实验结果数据以电子表格形式导出。

(10)实验结束后,卸下试件,如果有其他试件需要实验,重新开始前述步骤。

7.3 电阻应变仪

7.3.1 DH3817 动静态应变测试系统

DH3817 动静态电阻应变仪是江苏东华测试技术有地限公司生产的 8 通道动静态电阻应变仪,该应变仪由数据采集箱、微型计算机及测试软件组成。可自动、准确、可靠、快速地测量大型结构、模型及材料应力实验中多点的静态及变化缓慢的应力应变值。广泛应用于机械制造、土木工程、桥梁建设、航空航天、国防工业、交通运输等领域。若配接适当的应变式传感器,也可对多点力、压力、扭矩、位移、温度等物理量进行测量,如图 7.19 所示。

图 7.19 DH3817 动静态电阻应变仪

1. 主要技术指标

(1)测量点数:每台采集箱 8 点,每台计算机可控制 16 台采集箱;

(2)供桥电压:2 V(DC);

(3)每测点采样速率:1,2,5,10,20,50,100,200(次/秒);

(4)满度值:±3 000 με,±30 000 με(电压输入);

(5)示值分辨率:1 με(电压输入);

(6)自动平衡范围:±10 000 με(应变计阻值误差);

(7)适用应变计阻值:50~10 000 Ω 任意设定;

(8)长导线电阻修正范围:0.0~100 Ω;

(9)应变计灵敏度系数:1.0~3.0 自动修正;

(10)电源:220 V±10%,50 Hz±2%。

2. 工作原理

以 1/4 桥、120 Ω 桥臂电阻为例对测量原理加以说明。测量系统如图 7.20 所示。图 7.21 中,R_g 为测量片电阻,R 为固定电阻,K_F 为低漂移差动放大器增益。因

即
$$V_i = 0.25 E_g K\varepsilon$$

$$V_o = K_F V_i = 0.25 K_F E_g K\varepsilon$$

所以
$$\varepsilon = \frac{4V_o}{E_g K K_F}$$

式中 V_i——为直流电桥的输出电压;

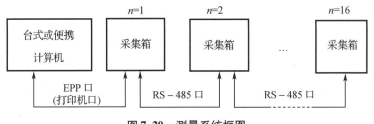

图 7.20 测量系统框图

E_g——桥压,V;

K——应变计灵敏度系数;

ε——输入应变量,$\mu\varepsilon$;

V_o——低漂移仪表放大器的输出电压,μV;

K_F——放大器的增益。

当 $E_g = 2$ V,$K = 2$ 时,$\varepsilon = V_o/K_F$ ($\mu\varepsilon$)

对于 1/2 桥电路
$$\varepsilon = \frac{2V_o}{E_g K K_F}$$

对于全桥电路
$$\varepsilon = \frac{V_o}{E_g K K_F}$$

这样,测量结果由软件加以修正即可。

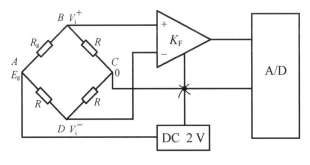

图 7.21 测量原理

3. 使用方法

(1) 用三芯电源线把仪器接到 220 V 电源上,通信电缆将计算机并行口(打印机口)和 DH3817 可靠连接。

(2) 根据实际测试情况,对照表 7.1 中的电阻应变计的接线方法,将电阻应变计接入应变仪的各个通道中。

(3) 打开计算机电源,然后打开 DH3817 电源,计算机运行 DH3817 控制软件。

(4) 参照软件帮助文件,合理设置桥路参数及满度值,平衡清零。

(5) 设置采样速率,根据信号频率,合理选择采样速率。

(6) 参照软件帮助文件完成采样、暂停、停止采样及信号处理等功能。

表 7.1 应变计连接表

序号	用途	现场实例	与采集箱的连接	输入参数
方式一	1/4 桥（多通道共用补偿片）适用于测量简单拉伸压缩或弯曲应变			灵敏度系数 导线电阻 应变计电阻
方式二	半桥（1 片工作片,1 片补偿片）适用于测量简单位伸压缩或弯曲应变，环境较恶劣			灵敏度系数 导线电阻 应变计电阻
方式三	半桥（2 片工作片）适用于测量简单位伸压缩或弯曲应变，环境温度变化较大			灵敏度系数 导线电阻 应变计电阻 泊松比
方式四	半桥（2 片工作片）适用于只测弯曲应变，消除了拉伸和压缩应变			灵敏度系数 导线电阻 应变计电阻
方式五	全桥（4 片工作片）适用于只测拉伸压缩的应变			灵敏度系数 导线电阻 应变计电阻 泊松比
方式六	全桥（4 片工作片）适用于只测弯曲应变			灵敏度系数 导线电阻 应变计电阻

4. DH3816 静态应变测试系统介绍

DH3816 静态电阻应变仪(图 7.22)是江苏东华测试技术有限公司生产静态电阻应变仪,应变仪由数据采集箱、计算机及测试软件组成。该设备通过计算机可以完成自动平衡、采样控制、自动修正、数据存储、数据处理和分析、生成和打印实验报告等,DH3816 有 60 测点,最多可串联 16 个仪器,采样速度为 60 点/秒,采用 220 V 交流电或 24 V 直流电供电,采集仪与计算机采用 USB 接口,即插即用,方便可靠。

图 7.22　DH3816 电子应变仪

(1) 主要技术指标

①根据测量方案,完成全桥、半桥、1/4 桥(公用补偿片)状态的静态应力应变的多点检测,电桥的连接方法参见附录。

②和各种桥式传感器配合,实现压力、力、荷重、位移等物理量的多点检测。

③与热电偶配合,通过热电偶分度号的计算,对温度进行多点巡回测。

④对输出电压小于 20 mV 的电压信号进行巡回检测,分辨率可达 1 $\mu\varepsilon$。

⑤独立化模块设计,每个模块可测量 60 个测点,每台计算机可控制 16 个模块(即 960 个测点),模块可多台并行工作,也可单台独立工作。

⑥数据采集箱可通过 USB 口和笔记本计算机通信,实现了便携式测量系统,更加适用于工程现场。

⑦系统在进行平衡操作后自动保存平衡结果数据,当发生突然断电或实验当天不能结束时,可在下次开机后,先查找机箱,再进行平衡结果下传操作,可自动恢复工作机箱状态,保证实验长期连续进行。

(2) 使用方法

①用三芯电源线把仪器接到 220 V 电源上,利用 USB 线将计算机和 DH3816 可靠连接。

②根据实际测试情况,按照仪器上标明的电阻应变仪接线方法,将电阻应变计接入应变仪的各个通道中。

③打开计算机电源,然后打开 DH3816 电源,计算机运行 DH3816 应变测量系统。

④参照软件帮助文件,查找机箱,合理地进行参数设置,如桥路方式、应变计阻值等,并进行平衡清零测试软件设置等工作。

⑤点击软件上的采样按钮即可进行测量。

⑥同时也可以参照软件帮助文件完成自动采样、停止采样数据存储等功能。

7.3.2　无线应变测试系统

1. SJ 无线应变测试系统特点

(1) 动态测量、静态测量均可进行应变、振弦、数字信号多种采集模式,一次安装,多种测量;

(2) 分布式检测,数据在测量点处已经数字化,保证测量结果真实可靠;

(3) 数字传输,数据在传输过程中无失真;

(4) 从传感器附近至通信主机只需通过无线传输,数据传输距离远达 2 km,免除布线烦恼;

(5) 无线中继技术装置"中转器",避免了无线通信盲区;

(6)数据传输率高,应用无线自动跳频技术,系统主机对各子网可同时通信,动态数据并行采集;

(7)采集器内置海量存储器,最大可达 32 MB 存储容量;

(8)测量准确度高,量程大,零点自动平衡;

(9)测量点数多,最大可以达到 1 000 点;

(10)各测量点的数据同步采集,可实现对被测建筑结构进行模态分析;

(11)在网络中可对单点进行数据读取,方便关注重要测量点;

(12)数据采集器功耗低,待机时间长达 180 天;

(13)充电器智能电源管理,防止过充损坏电池。

2. 技术创新点

(1)应用了无线网络传感器技术,它不同于一般的无线数据传输,可以方便地对网络中的各个节点进行设置、控制、增减。还可以对网络中的各检测点进行多点控制和单点控制,方便检测人员及时对特异点的变化进行重点测量,采集器的优化设计,解决了以电池供电时系统的长期使用问题,使得待机时间可以达到超长的 180 天以上。

(2)首创性地将无线通信的中继技术、无线跳频技术应用于数据采集系统中,解决了无线网络传感器内部通信在一些屏蔽性强的建筑结构测试过程中数据信号受到屏蔽的技术瓶颈,使得通过系统主机的软件操作即可轻松对数据采集子网络进行配置、采集和数据读取以及进行定点读取数据等功能操作。

(3)创造性地将数据映射技术、数字滤波、自适应数字均衡、数字检错/纠错编码等多种先进数字技术综合应用于采集系统中,在完成各类算法和组合逻辑时独创了许多算法技巧,高效、准确地完成了数据采集。动态采集分辨率≤0.1 $\mu\varepsilon$,动态噪声(ε 峰峰值)≤0.8 $\mu\varepsilon$,动态噪声(ε 有效值)≤0.3 $\mu\varepsilon$,阻带下降斜率大于 -80 dB/oct,并能实现多种控制功能。

(4)各子系统内配置有大容量存储器,在采集过程中已经将数据作了备份存储,数据不丢失。

(5)系统多层通信协议自行定制,保密性强,数字通信稳定可靠。

(6)系统软件自主开发,利用多层程序软件能实现系统主机与中转器、中转器与采集器的数据设定、通道选择、采集选择以及显示数据和数据趋势曲线。

(7)我公司自行研制的射频功率放大器,解决了大型建筑远距离大范围检测的要求,使得数据传输质量和稳定性大大提高,在 2 km 距离传输时仍可以达到 50 kb/s 的数据传输速率,最新开发出的无线系统数据传输速率可以达到 2 Mb/s,解决了测试过程中的实时监测问题。

3. 配置设备的功能及技术指标

(1)SJAD-NC 网络控制器

①外形

网络控制器外形如图 7.23 所示。

②功能

SJ-NC 无线网络控制器可对多种采集器进行直接的采集控制,能方便地应用于户外测试和实验室测试,该控制器小巧、方便、实用。该设备通过 USB 接口与笔记本电脑或台式 PC 机连接,配套的 PC 机软件具有多种采集模式和设置功能,可配合多种传感器进行应变、振动、压力、位移、沉降、倾角以及温度等项目测试。可完成静态采集和动态采集功能;测量精度高达 0.1% $\mu\varepsilon$,无线通信距离达 300 m。

(2) SJAD – SC 模拟应变采集器

①外形

模拟应变采集器外形如图 7.24 所示。

图 7.23 无限网络控制器

图 7.24 模拟应变数据采集仪

②功能

SJ – SC 模拟应变采集器有 SJ – SC – 1J/1D 和 SJ – SC – 4J/4D(4 通道)四种型号,包括单通道动静态和 4 通道静态以及 4 通道动静态采集器,可配合应变类传感器测量应变、位移、土压力、温度等物理参量,还可配合电压输出类传感器、拉线式位移传感器、片式电阻应变计进行数据采集,最具优势之处是应用于大面积的地质物探勘测,完全无线,极大地减轻了工作强度和节约了数据电缆的费用,在 10 平方公里的范围内布置 1 000 个采集点,可以提高工作效率。完全分布式设计,抗干扰、防潮、防震,选用高性能、低功耗 MCU,及时对采集信号进行处理;24 位高精度 A/D 转换器,内置大容量存储器;可完成静态数据采集和动态数据采集;具有数字滤波功能,测量精度高达 0.1% $\mu\varepsilon$;无线通信距离达 300 m;设备功耗低,三节 5 号电池供电,待机时间长达 180 天以上;配合我公司自己开发的桥路适配器可实现对片式电阻应变计的 1/4 桥、1/2 桥、全桥的测量。

7.3.3 TS3865 动/静态电阻应变仪

TS3865 动/静态电阻应变仪是一种高速静态应变测试系统,可对多点静态应变进行快速测量及数据储存。该测量系统可在 WIN98/XP 操作系统平台上运行,图表显示,操作简便,测量数据可由 Excel 调用处理。本仪器可广泛应用于机械、航天、航空、土建、车辆、船舶、铁路、桥梁、港口、堤坝等工程领域对结构应力的测量分析。

1. 技术指标

(1)测点数:每台 8 点,多台接连可扩展至 240 点;

(2)桥路形式:1/4 桥(公共补偿片)、半桥、全桥,可混接;

(3)桥压:约 2 VDC;

(4)桥路电阻:120 Ω,240 Ω,350 Ω;

(5)测量范围:±20 000 $\mu\varepsilon$;

(6)平衡方式:计算机清零;

(7)平衡范围:±20 000 $\mu\varepsilon$;

(8)平衡模式:初始值记忆,软件扣除;

(9)漂移:零漂(室温)<3 $\mu\varepsilon$/小时,温漂 < 1 $\mu\varepsilon$/℃;

(10)采样速率:1 kS/s;

(11)电源:220 V ±10%,50 Hz ±2%。

2. 工作原理

本仪器由前置放大器、低通滤波器、多路切换开关、电源等部分组成。仪器内装 A/D 采集器,可对 8 点测量信号进行采集。每台仪器装有 USB 接口,用于与计算机通信;并装有 RS485 口,用于多台仪器接连使用。

3. 面板功能

（1）上面板

上面板如图 7.25 所示,第 1~8 点可接 1/4 桥、半桥、全桥应变信号,第 9 点 A,B1 端子接公共补偿片。第 1~8 点可按上面板上的接线图接线如图 7.26 所示,A,B1 端子接 1/4 桥工作片,A,B2,C 接半桥工作片,A,B2,C,D 接全桥工作片,屏蔽层也接在 C 端子上。

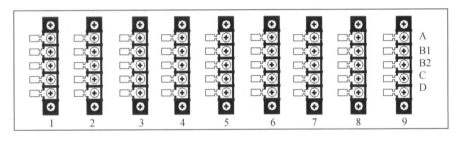

图 7.25　仪器上面板示意图

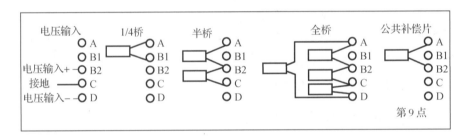

图 7.26　应变片接线图

（2）后面板

仪器后面板如图 7.27 所示。

①机箱号按码开关:用于多台仪器接连使用,第 1 台仪器开关设为"00",第 2 台仪器开关设为"01",依此类推。

②USB 接口插座:用于与计算机通信用。

③RS485 接口插座:两个插座并联使用,仪器台与台之间可任意接连。

④保险丝座:内装 0.1 A 保险丝。

⑤接地开关:根据需要接地,开关拔下时,仪器地与大地连通。

⑥电源开关:用于开启电源。

⑦三芯电源插座:用于接入 220 V 交流电源。

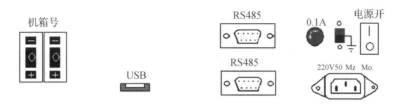

图7.27　仪器后面板示意图

4. 使用方法

(1)根据桥路形式,将屏蔽电缆的一端与应变片相连,另一端与桥盒上的测点焊片(端子A,B1,B2,C,D)相连,屏蔽层与桥盒的地线(端子C)相连。1/4桥测量时用同样长度的屏蔽电缆将公共补偿片连接至桥盒上的第9点A,B1端子。

(2)打开TS3865的电源,用USB专用电缆将计算机与应变仪后面板USB插座连接起来,用三芯电源线将应变仪主机与电源插座连接起来,开启计算机和应变仪。注意与计算机通信的应变仪机箱号必须为"01";如果不是,请先拔掉USB连接线,将仪器机箱号设置为"01"后,重新打开TS3865的电源,再用USB线与计算机相连。如果中途仪器断电后又上电,则必须将测量软件退出,重新进入。预热半小时后,再调零一次,则可进行数据测量处理。

5. 软件使用方法

(1)启动TS3865高速静态应变仪

点击"开始→程序→TS3865动静态应变测量软件→TS3865测量软件",启动TS3865动静态应变测量软件。测试软件界面如图7.28所示。

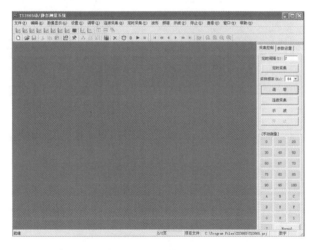

图7.28　测试软件界面

(2)文件处理

进入操作界面后,默认文件名为上次测量文件名。如果有多个测量文件,则按下列界面打开所需要的文件名,如图7.29所示;如果要新建测量文件,则按下新建界面建立文件,如图7.30所示。

(3)设置

点击"设置"菜单下的"通道设置",弹出"通道设置"对话框,如图7.31所示。

图 7.29　打开已有文件界面

图 7.30　新建文件界面

"通道设置"界面可以对 8 通道测量进行设置,在设置电阻、线阻、灵敏系数和弹性模量时,需要输入数字。在某通道输入所需数字,然后将鼠标移到别处按一下左键确认,则该通道数字输入正确。如果所有或多数通道的参数相同,则将鼠标移到该通道点右键,按一下全部,则所有通道的参数(电阻或其他)相同。对于少数通道参数的设置,则可逐个通道输入数字即可。对于通道状态、桥路形式、单位、测量内容,双击鼠标左键,在弹出的快捷菜单中进行选择。

"曲线显示参数设置"界面可对 8 通道进行设置,同时示波的通道数最多为 8 个。按图 7.32 界面选择所需通道,在"显示方式"栏选择 TY 图或 XY 图,在"Y 轴"或"X 轴"选择所需通道号,在"颜色"栏单击对应通道的颜色,可以修改颜色。

图 7.31　设置界面

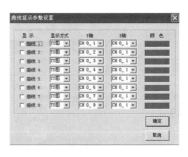

图 7.32　曲线设置界面

(4)测量

点击下列工具栏中的"√"图标,则当前示波的通道为 8 个;点击"×"图标,则取消示波通道。如果当前示波的通道数小于 8 个,则可以根据需要点击 8 个示波通道的任意几个图标,如图 7.33 所示。

图 7.33　图形工具栏

工具栏快捷键如图 7.34 所示。

图 7.34　快捷键

图 7.35 为测量主界面,按"调零"键,再按"确定"键,等待"调零结束"出现后,按"参数

设置"键。逐点检查每个通道的初始应变值,初始应变值应小于±5 000 με,否则应检查对应通道的应变片和连线是否连接好,使其应变值正常。

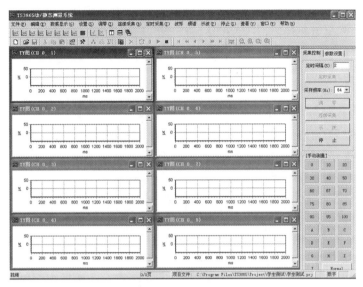

图 7.35　测量界面

图 7.36 为采集控制界面,按"示波"键,则测量数据不保存。点击"连续采集"按钮,则数据采集仪以设置好的采样频率连续采集。点击"定时采集"按钮,则数据采集仪按设置好的固定时间间隔采集,注意"定时间隔"不能小于 2 s。当点击"0""10""20"…"J"按钮时,保存一次采集数据。每按一次"NORMAL"键,启动一次数据采集并存盘。

数据采集好之后,按"开始转换"键,则将当前项目的数据,转换到 Excel 可调用的文件,如图 7.37 所示。

图 7.36　采集控制界面

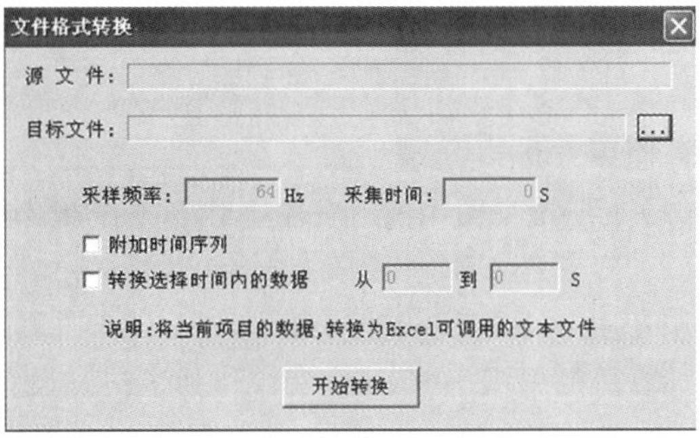

图 7.37　文件转换界面

7.3.4　CML-1016型应变&力综合测试仪

CML-1016型应变&力综合测试仪是静态应变仪,它主要用于实验应力分析及静力强度研究中测量结构及材料任意点变形的应力分析,其主要特点是:测量点数多,操作简单,携带方便,可进行单臂、半桥或全桥测量,K值连续可调,具有便捷的人机接口功能,广泛地应用于机械、土建等工程领域的测量。

1. 主要技术指标

(1)测量点数:每台机箱16+1测点(系统可扩展至256台)。

(2)量程: ±25 000 με,初始不平衡值 ±25 000 με。

(3)测量精度:测量值的0.2% ±2 με。

(4)测量速度:对系统全部测点进行一次测量的时间约1 s。

(5)全数字化智能设计,液晶触摸屏显示,便于参数设置,操作简单,测量功能丰富,USB接口通信,RS485扩展,与计算机连接后配合相应软件组成虚拟仪器测试系统,系统可扩200台。

(6)配接CM静态测量软件可以进行静态应变采集、分析,每个独立系统能够对16+1个测试通道的静态数据进行处理,计算相应的应力、应变值,显示应变片贴片处的最大主应力、最小主应力、最大主应变、最小主应变及最大主应力方向,数据可以转化为通用数据格式(Word文档、Excel表格或图形)显示、存储或打印。

(7)应变系数:K值可调范围为0.001~9.999。

(8)适调应变电阻值范围:120~1 000 Ω。

(9)可方便地进行单臂、半桥、全桥测量。

(10)桥压:2 VDC。

(11)电源:220 V ±10%,50 Hz。

2. 工作原理

(1)CML-1016应变&力综合测试仪由测量桥、放大器、滤波器、A/D、单片机、数字显示、电源等部分组成,其原理方框图如图7.38所示。

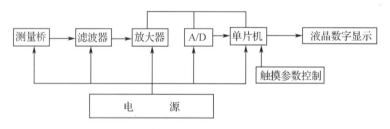

图7.38　仪器原理图

3. 使用方法

(1)本系统在使用前应在断电状态下按图7.39连接。

(2)PC机与CML-1016的连接。

用专用USB连机线把一台CML-1016右侧的"USB"接口与计算机的USB口连接。把连接计算机的CML-1016应变仪作为主机并设置站号为NO.1(见机号设置),为系统中的第一站点。用专用485扩展电缆把第二台CML-1016应变仪"COM1"口与第一台的"COM2"口连接,此台设置站号为NO.2,就成为系统中的第二站点;NO.2的"COM2"口与

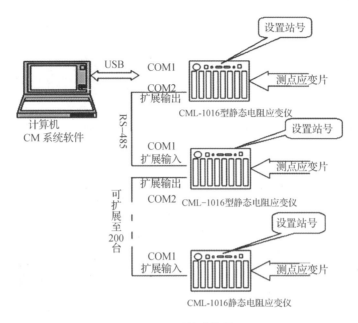

图 7.39 系统连接图

下一台的"COM1"口连接,此台设置站号为 NO.3,为系统中的第三站点,依此类推连接其他仪器,即完成与微机连接准备工作。

4. 应变片与 CML-1016 的连接

仪器是这样安排的,一个机箱共分两组,每组 8 个测点,一个公共补偿端子(位于 8,16 点后)用于单臂(即 1/4 桥)及半桥测量,即"1 组"1~8 点、"2 组"9~16 点,每组示意图如下图 7.40 所示。

每组测点组成同一种电桥的接线方式如图 7.41、图 7.42、图 7.43 所示。

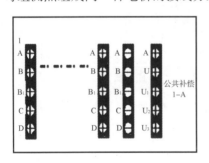

图 7.40 上面板测点示意图

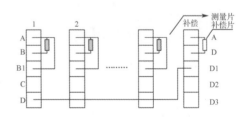

图 7.41 1/4 桥接线方法

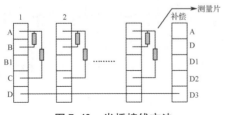

图 7.42 半桥接线方法

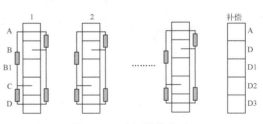

图 7.43 全桥接线方法

同时为了方便用户的使用,本应变仪每一组内的测点也可根据需要组成不同方式的电桥。全桥方式只需接好对应电桥的 A,B,B_1,C,D 端即可。

注意:每一测试组连线应使用屏蔽电缆,长度相等,应变片阻值也应预先挑选,使其基本相等,以利桥路平衡。

5. 使用方法

CML-1016 型应变 & 力综合测试仪较原有静态应变仪改进了人机对话接口功能,采用液晶触摸显示屏,集示和设置于一体。显示分为测量界面和参数设置界面。

(1)测量显示

仪器测量数据显示采用数据窗显示、柱状分布图和 X-Y 绘图三种显示,如图 7.44 所示。

点击显示窗体右侧"G/B/X"标签切换显示模式。

"G"——数据窗显示;

"B"——柱状分布图显示;

"X"——X-Y 图显示。

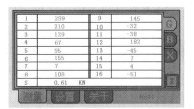

图 7.44 液晶屏显示界面

"G/B"显示模式点击"清零"键,平衡桥路初始不平衡值,X-Y 图显示模式,点击一次"测量"键记录一级数据,并根据 XY 轴所选的相应通道,取值绘图。仪器硬件绘制 40 级数据。

(2)参数设置

仪器在测量窗显示状态,点击"设置"可切换到参数设置窗,分应变片灵敏度设置、力传感器设置、位移传感器、柱状图参数设置、X-Y 图参数设置及机号设置,如图 7.45 所示。

①应变片灵敏度系数设置

设置窗口下点击"应变片"键,进入应变片灵敏度设置界面,如图 7.46 所示。

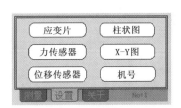

图 7.45 参数设置界面

图 7.46 应变片设置界面

在该界面下点击任一通道 K 值即可使用数值键,如图 7.47 所示。

数字键盘含 12 个按键,数字 0~9、负号"-"键、Backspace"←"键。点击数字键输入相应通道 K 值,完成该通道 K 值设置,点击窗体空白处隐藏数字键盘并将 K 值上传 K 值表,点击"确定"存储设置 K 值,"取消"键不存储设置 K 值。

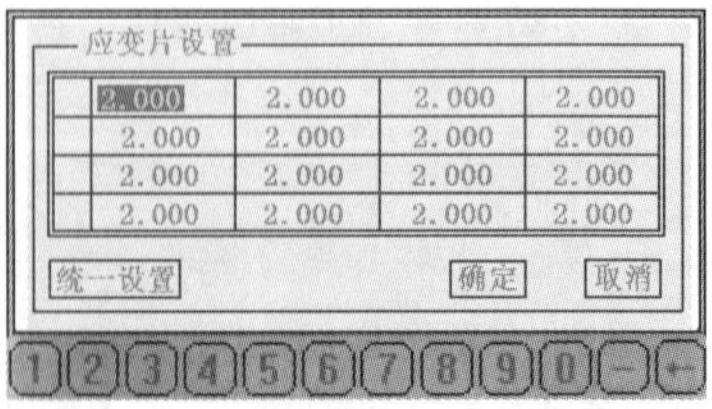

在该界面下点击"统一设置"进入统一设置 K 值界面,实现对从起始通道到结束通道的 K 值统一设置。

图 7.47 应变片灵敏系数设定

设置完 K 值后(单一设置或统一设置),点击应变片 K 值设置主界面的"确定",方可保

存 K 值。

②力传感器设置

设置窗口下点击"力传感器"键,进入力传感器参数设置界面,如图7.48所示。

按仪器所接力传感器的相应参数依次选择单位,设置满度值,设置传感器灵敏度系数及过荷设置。

③位移传感器设置

设置窗口下点击"位移传感器"键,进入位移传感器参数设置界面,具体设置同力传感器设置。

④柱状图参数设置

点击设置窗口的"柱状图"可切换到柱状图坐标设置,如图7.49所示。

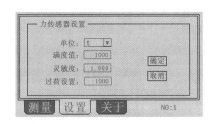

图7.48 力传感器设置界面

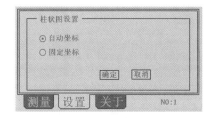

图7.49 柱状图设置界面

选择"自动坐标",绘图坐标可以根据16通道的最大最小值自动切换坐标;"固定坐标",可以由用户设置绘图的坐标极值,点坐标上/下限值输入框,激活下限值输入框,激活数字键,输入设置值。

⑤X-Y图参数设置

点击设置窗口的"X-Y图"可切换到X-Y图参数设置,如图7.50所示。

⑥机号设置

点击设置窗口的"机号",进入机号设置界面,设置该台仪器在测试系统中的连机站号,点击"确定"保存(图7.51)。

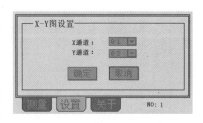

图7.50 X-Y图参数设置界面

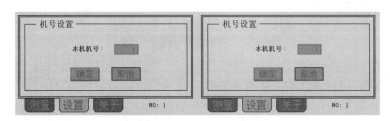

图7.51 机号设置界面

6. 测量注意事项

连线接好后打开电源,完成仪器自检进入工作状态,显示屏进入测量界面实时显示16+1通道数据。预热30 min,检查每个测量点初始不平衡值,如果该数值稳定时,表示此点连接正确;出现不平衡数值有大的跳变或显示"E"时,应查明应变片或导线是否断、短路或其他异常情况,根据具体情况排除故障。经此检查正确后按"清零"键对测量通道减初始值。清零后给试件加载,仪器以每秒所有测点的速率进行测量,可通点击"G/B/X"标签切换数据表与柱状分布图、XY 图显示方式。

7. 测试软件使用步骤

测试软件使用步骤框图如图 7-52 所示。

```
接好应变片的应变仪与PC
机连接检查扩展系统
        ↓
    进入测量系统软件
        ↓
打开"文件—新建/打开目录",选择路径及输入新项目名称,点击"确定"。将在选择的路径下
新建一文件夹,此文件夹中包含mdata文件夹(用于存放测量数据)、rdata文件夹(用于存放记录
数据)、cdata文件夹(用于存放通过参数修正后的数据)、param文件夹(用于存放修正参数等数
据),每个文件夹都建有相应系统联机站数子文件夹,自动命名1,2,3
        ↓
进入"设置—测点编号",设置各测点的助记码。进入"设置—参数设置",设置各测点的灵敏度
(如应变仪已对灵敏度进行了修正,此处灵敏度应设置为2)、片阻、线阻、弹性模量、片型、屈
服极限、工程单位、比例因子
        ↓
点击"运行",系统界面显示数据表格,各测量点的应变值(应变片灵敏度系数为2.0时)将显示在
数据表格对应点的位置上,如各点数据数值较小(视平衡状况而定),并且给测点一定的力后该点
数值有变化,说明仪器与计算机连接正常,可以进行下一步的数据采集。
        ↓
点击"顺序测量"或"单级测量"将各测点在数    在数据测量的同时可对各测点的数据进行进
据表格上显示的应变值存储到mdata文件夹中的    行"记录",数据存储到rdata文件夹中。目
相应站号文件夹的一个文件中,第一次采集的数    的是对加载过程数据的变化进行连续采集。
据一般是初始不平衡值,存到d00文件中;第二    方法是点击"记录",设置采集间隔时间后,
次采集的数据一般是第一次加载后测量的应变值,   进行数据的连续采集,最小采集数为2秒
存到d01文件中,第三次、第四次、…依此类推
        ↓
点击"应力计算",将"测量数据"或"记录数据"同通过参数进行修正,算出实际应变、应力、
应变花的第一主应力、第二主应力、第一主应力方向、传感器的实际物理量值。计算后的数据存储
到cdata文件夹中
        ↓
点击"应力综合"查看计算结果,并可打印输    点击"绘图",可绘各点的趋势图、X-Y
出,生成Excel可用文件                   图、应变应力分布图
```

图 7-52 测试软件使用步骤框图

7.3.5 CS-1D 超动态电阻应变仪

CS-1D 超动态应变仪采用电子自动平衡技术,是我国最新一代超动态高性能自动平衡应变仪(频带范围达 0-1 MHz)。本仪器既可以作为一般应变仪使用,也可作为冲击爆炸等特殊宽频测量使用,配接不同类型的应变片及应变片式传感器,可以实现应力、拉压力、速度、加速度、位移、扭矩等多种物理量的测量,仪器如图 7.53 所示。

1. 技术指标

(1)通道数:8。

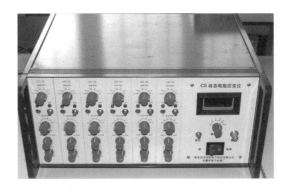

图 7.53 CS-1D 超动态电阻应变仪

(2) 桥路电阻适用范围:60~1 000 Ω。
(3) 供桥电压:2 V,4 V,6 V。
(4) 应变系数:$K = 2.00$。
(5) 平衡范围:电子自动平衡,平衡范围为桥路电阻的 ±1%(约 5 000 με),手动微调范围 ±100 με。
(6) 平衡方式及时间:自动平衡,平衡时间约 2 s,平衡保持时间约 48 h。
(7) 系统增益约 1 000 倍。
(8) 非线性:≤ ±0.1%。
(9) 校准值:±1 000 με,±2 000 με,±5 000 με,±10 000 με,±20 000 με,误差 ±0.5% ±2 με。
(10) 增益可调:1 000,500,200,100,20,10,挡差≤0.5%。
(11) 频带及低通滤波(Hz):20 kHz,200 kHz,1 MHz,其中 20 kHz 和 200 kHz 截止点 −3 dB ±1 dB,截止特性 −40 dB/10 倍频程,1 MHz 带宽处衰减不大于 −3 dB。
(12) 输出电压:±10 Vp(5 mA)。
(13) 电源:220 V。
(14) 工作温度:10 ℃ ~40 ℃。
(15) 工作湿度范围:30% ~85%。

2. 使用方法

(1) 桥压选择

按表 7.2 选择相应桥压。

表 7.2 桥压及电阻选择

桥压/V	桥路电阻/Ω			
	60	120	350	1 000
2	√	√	√	√
4	×	√	√	√
6	×	×	√	√

(2) 桥路的连接

桥盒是应变测量元件与动态应变仪连接的桥梁,桥盒内的 120 Ω 精密线绕电阻,作为辅助组桥用。在桥盒上画出了桥路的连接方式,根据测试要求,按照画图连接即可完成组桥。

(3) 应变片灵敏度系数的修正

本仪器设计使用的应变片系数 $K = 2.00$,若使用灵敏度系数为 K_p 的应变片,实际的应变值 ε_p 应为

$$\varepsilon_p = \frac{2.00}{K_p \varepsilon_c}$$

式中,ε_c 为测量的应变值。

(4) 接通电源

所有测量通道桥路接好后,放大器增益开关置于"1"的位置。

(5) 零点调平衡

将功能转换开关置于"测量"位置。按动自动平衡按钮,使放大器处于平衡状态,也可按电源上总复零按钮,平衡后的值由公用电源通道上的数字表指示。为了获得较好的平衡,可以用小螺丝刀调节每通道前面的桥路微调电位器来完成。

(6) 测量

① 低通滤波器挡位的选择

为了滤除测量信号中不必要的频率分量,应将滤波器开关置于最高被测信号频率 5~10 倍的截止频率处。如需测量频率大于 200 kHz 的信号时,应使用后面板标有 1 M 的 Q9 插座输出。

② 量程选择

为了正确地测量,使被测信号有一个适宜的输出幅度,可用放大通道前面板上方增益量程开关来完成。为此,预测被测输出电压值或应变量是必要的。每个通道放大器放大倍数约 1 000 倍,若桥压为 2 V,单只应变片产生 1 με 时,输出约 1 mV 峰值电压,1 000 με 产生约 1 V 输出峰值电压。用户可以根据预计的应变产生值来放置增益开关位置。增益开关打在"1"时,增益约 1 000 倍,1/2 时为 500 倍,依此类推。

③ 校准值给定

校准(标准等效应变)通常在测量开始前进行。校准值应放置到预期的应变值附近。仪器给出正校和负校,无论正校或负校,都应使系统连接起来进行一段时间记录。本装置允许在连续测量过程"随时校准",不会造成被测量信号与校准信号的叠加。这对于长时间被测应变片或传感器总处于负荷情况下校准尤为方便。

④ 预热

仪器接通电源后即进入工作状态,为了保证稳定运行,电路应预热 10~15 min,对于小应变或长时间测量,则需要 30~60 min 预热。预热完毕,即可进行测量。

7.4 疲劳实验机

7.4.1 PLG-200C 高频疲劳实验机

PLG-200C 型高频疲劳实验机(20 t)一般用于金属材料的高频疲劳实验(100~200 Hz),如图 7.54 所示。

高频疲劳实验机在各种类型的疲劳实验机中,具有结构简单、使用方便、效率高、耗能低等特点,广泛地应用于测试各种材料的抗疲劳断裂性能,测试 K_{IC} 值、$S-N$ 曲线等方面,配以各种夹具,可以广泛地测试各种零部件(如板材、齿轮、曲轴、螺栓、链条、连杆、紧凑拉伸等)的疲劳寿命,可以完成对称疲劳实验、不对称疲劳实验、单向脉动疲劳实验、块

图 7.54 PLG-200C 型高频疲劳实验机

谱疲劳实验、调制控制疲劳实验、高低温疲劳实验、三点弯曲、四点弯曲、扭转等种类繁多的疲劳实验。

1. 结构及工作原理

(1)主机结构及工作原理

主机的框架由底座、减震弹簧、主柱、横梁等部分组成。丝杠、横梁上下的两个大齿轮、位于横梁前方的电动机及变速箱以及预负荷环等部件组成预负荷调整装置,该装置同时可用来调整实验空间。激励电磁铁、预负荷环及砝码组成交负荷激励装置。试样、砝码、预负荷环及衔铁构成一个质量—弹簧系统,当电磁铁的激励信号频率与该系统固有频率相同时,则将激发该系统共振,从而在很小的激励力作用下,就可在试样上得到一个大得多的交变负荷。

实验前按要求对试样施加预负荷,即平均负荷。此项操作可自动亦可手动。当大齿轮使丝杠上升或下降时,则预负荷弓形环产生变形,通过调频砝码托盘传到试样上。平均负荷加载装置是一个具有两种变速比的齿轮减速机构,由一台单相交流电机驱动。电动机可用手动按钮盒操纵,亦可由控制平均负荷的伺服系统控制。

电磁激励器由电磁铁、衔铁及气隙调节螺母等部分组成。电磁铁与衔铁之间的气隙可调,可按实验中试样最大变形量进行调节。气隙宽度通常不大于 1 mm。电磁铁绕组有多个抽头,可根据不同频率、载荷及气隙尺寸适当选择。一般频率高、载荷大、气隙小,应选择少的匝数;反之,应选较多的匝数。

调频砝码由八个半圆形砝码及砝码托组成,共分五级。在一定的实验条件下,如欲改变实验频率,只需增减砝码的级数即可。

负荷传感器在下夹头下方,其弹性体上贴有应变计,可以将机械变形转换为电量输出。

(2)电控系统工作原理

电控系统原理方框图如图 7.55 所示。电控系统中的测力放大器将来自负荷传感器的微弱电信号加以放大、标定。将对应于平均负荷的电压和对应于交变负荷峰值的电压分离并输出,同时还输出一个与交变负荷同频率、同相位的正弦电压作为同步信号,以控制斜波

发生器的频率相位。

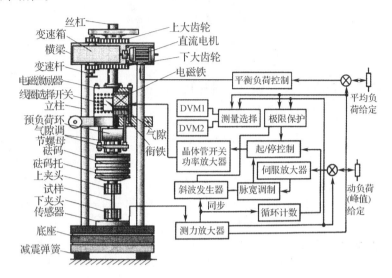

图 7.55　PLG－200C 型高频拉压疲劳实验机结构及电控原理

动负荷峰值电压与给定值进行比较,误差信号经伺服放大器放大后,与斜波电压一起进入脉宽调制器。其输出为与交变负荷同频率而其脉冲宽度与误差电压成正比的脉冲电压,脉冲的下降边对应于交变负荷波形的上升边过零点处。这一脉冲将受启动/停止控制电路的控制而决定是否进入晶体管开关功率放大器。晶体管开关功率放大器受调宽脉冲的控制,由电平转移、晶体管开关及保护电路所组成。最大峰值输出功率可达 2 kVA 以上。电磁铁的激励绕组为其负荷,在大功率晶体管开关的控制下交替由直流电源充电和放电,在绕组中形成等腰三角形脉冲电流,电流波形的峰值点,对应于调宽脉冲的后沿。

循环计数器将对交变负荷的循环次数进行记数,其计数容量最大可达 $999\,999 \times 10^6$,并可预置循环次数,以控制实验在达到指定循环基本数时自动停止。

极限保护部分可对交变负荷峰值、平均负荷、二者之和、二者之差以及频率设置上下限。极限保护共有两个通道,可同时设置上述参数的任意两个极限值。一旦实验中有一个参数越限,即可自动停止对试样施加交变负荷,并发出信号。极限保护可用于试样断裂时的自动停车。例如将交变负荷峰值或平均负荷、频率的下限值设置成一个远小于实验值的大小,当试样破断时,交变负荷峰值、平均负荷及频率均会大幅度下降,当它们降至设置的下限值时,实验机会在保护作用下自动停车。

平均负荷控制部分除可用手动按钮盒操作外,亦可通过本单元自动加荷,即由测力放大器得到的平均负荷电压与给定比较,然后检测误差电压的极性,控制加荷电机的转向,直至误差电压趋于零为止。

本机共有三块数字电压表,其中装在一起的两块,通过测量选择电路,可选择显示动荷峰值或频率及平均负荷或负荷给定值;另一块在功率放大器单元,可选择显示激磁电流峰值或调宽脉冲宽度。显示仪表负荷单位为 kN,频率单位为 Hz,电流单位为 A,脉冲宽度单位为 %。

2. 操作步骤及注意事项

(1) 开机操作

① 接好电源;

②将手动开关盒上的 MAN/AOUT 开关打开 MAN 一边；
③打开总电源开关；
④进行测量单元的调零标定；
⑤装夹试样；
⑥调整激振器气隙,线圈匝数选择开关置"OFF"位置；
⑦设置循环计数器预置值(按指定循环基数)；
⑧加平均负荷到预定数值；
⑨设置极限保护,但暂不进入保护；
⑩选择适当线圈匝数；
⑪启动交变负荷,并逐渐增大到预定负荷峰值；
⑫将极限保护开关扳到"In"一方进入保护。

(2)关机操作
①按"Stop"键；
②用手动方式将平均负荷降至 0；
③卸下试样；
④关掉总电源。

(3)注意事项
①调整实验空间或调整平均负荷前应先按下"Stop"键；
②在加压力平均负荷前应先松开调气隙螺母,使气隙增大,以免损坏磁铁与衔铁；
③试样应安装牢固,任何程度的松动将使交变负荷无法施加；
④任何时候不得超载；
⑤计数器的预置值不能是"000000",因为这样将无法启动实验机；
⑥极限保护必须在施加好交变负荷后进入,否则,保护作用将使实验无法启动,出现保护起作用的情况时,保护指示灯闪动,这时只有按下"Reset"键,才能重新启动；
⑦不得在振动情况变更线圈匝数开关,欲变更时,可先按"Stop"键,变更后再重新启动。

7.4.2　INSTRON 8801 电液伺服疲劳实验机

美国 Instron 公司 FastTrackTM8800 电液伺服疲劳实验系统(图 7.56)用于材料在较大载荷疲劳和静态力学性能测试,提供更大的测试空间、更高的最大作动器动作,更大程度上满足用户个性化需求。可用于生物医药、先进材料和生产部件等的测试。结合先进的 FastTrack^{TM}8800 数字控制器以及英斯特朗专利 Dynacell^{TM} 疲劳负荷传感器。8801 主机紧凑的结构设计更加便于安装在实验室环境,不需要加强地基或提高室内升限高度。配备了全套的动静实验分析软件,能够对不同直径、不同厚度的试样进行拉压、拉拉、弯曲、压压疲劳等实验,同时可以进行断裂韧性测试。还配备了 1 100 ℃ 的高温炉,从而进行材料高温疲劳实验。针对特殊实验,可以设计夹具进行测试。

实验机特点如下：
(1)刚性高、对中精密,确保试样加载一致、实验结果可靠；
(2)内置多功能性；
(3)专利惯性补偿；
(4)可根据需要配置测试空间；

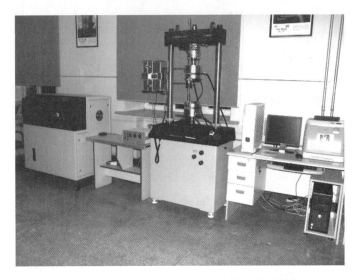

图 7.56　INSTRON 8801 电液伺服疲劳实验机

(5)多种丰富的系统选项,夹具,附具和附件;
(6)附加数据采集和控制通道。

7.5　RKP450 示波冲击实验机

7.5.1　RKP450 示波冲击实验机简介

RKP450 型示波冲击实验机(图 7.57)适用于各种不同材料,特别是金属材料在(150～450 J)冲击荷载下的物理力学性能。整机设计精巧美观,在一台主机上就能完成简支梁、悬臂梁、拉伸冲击,Brugger 等多种冲击测试,因而具有测试范围广、功能齐全等特点,可以满足 DIN,ASTM,EN,ISO 等各类不同标准的测试要求。同时该机附件齐全,包括能满足各种不同标准,测试负荷的锤头、夹具、试样对中装置,并可升级配备示波分析装置,以进一步拓宽测试范围,提高测试水平。

图 7.57　PKP450 示波冲击实验机

7.5.2　RKP450 示波冲击实验机特点

与传统冲击实验不同的是,RKP 智能示波冲击实验机不仅给出冲击所消耗的总功,还能够定量地测出冲击力、位移和能量特征值,使表征材料特性有更明确的物理意义。

通过特定的测试软件,可以计算各种"冲击力特征值"包括:动态屈服力、最大力不稳定裂纹拓展起始力以及不稳定裂纹终止力、动态屈服位移、最大力时位移、不稳定裂纹拓展起始位移以及不稳定裂纹拓展终止位移、总位移。同时还可以提供各种"能量特征值"包括冲断试样消耗的总能量、裂纹形成能量及裂纹拓展能量。提供冲击实验曲线包括：力-时间、力-位移、能量-时间等曲线。

通过给出的冲击力-位移曲线，可以直观地表达在冲击过程中试样从弹性变形、塑性变形、裂纹形成和裂纹拓展的全过程，并同时给出各阶段材料所固有的力学特征值，它为比较不同材料或相同材料不同状态下的冲击性能优劣、定量分析和深入研究被冲击材料的韧脆性质提供了更先进的测试手段，在汽车、航空、造船、钢铁制造等领域有广阔的工程应用前景。

7.5.3 测试参数

位器测试参数见表7.3。

表7.3 位器测试参数

测试负荷	150 J,300 J,450 J
摆锤质量	11 kg;22 kg;33 kg;
释放角度	150 ℃
冲击速度	5.23 m/s
采样频率	1 MHz

7.6 光学测试系统

7.6.1 408-I型光测弹性仪

408-I型光测弹性仪是用来进行光弹性应力测试的基本设备，它的光路布置如图7.58所示。

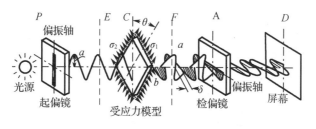

图7.58 408-I型光测弹性仪光路布置

1. 构造及使用

图7.58中 P 为起偏镜，光源有单色光和白色光两种。当光源发出的光波通过起偏镜后，只有沿偏振轴方向振动的光波，此时，在 PC 间形成了平面偏振光。C 为受力模型中的一个单元体，A 为检偏镜，它和起偏镜 P 一样，都是用偏振片制成的。这种由光源和两个偏振片组成的光学系统称为平面偏振光场。当两个偏振片的偏振轴相互垂直时，由起偏镜 P 过来的偏振光波全被检偏镜 A 阻挡，此种情况则称为平面偏振光场的暗场，一般书中也称

为正交平面偏振光场。反之,如果两个偏振片的偏振轴相互平行时,通过起偏镜 P 的光波则全部通过检偏镜 A,此种情况称为平面偏振光场的亮场,也叫平行平面偏振光场。在实验中,一般主要采用暗场。D 为投影屏幕,用于映射出模型的条纹,以便测量。如果在起偏镜 P 后面,检偏镜 A 的前面,如图 7.58 的 E,F 处,各加上一片 1/4 波片(即使两束偏振光产生 1/4 波长的光程差的薄片),并且使两个波片的快轴和慢轴相互垂直,调整到与偏振轴成 $45°$ 夹角的位置,此时就可以得到圆偏振光场。在暗场的情况下为正交圆偏振光场,在亮场时为平行圆偏振光场。

2. 注意事项

(1)光测弹性仪上各部位的镜片切勿用手触摸;

(2)必须缓慢加载,以免加载过快而使模型弹出损坏光学元件;

(3)做完实验把载荷卸掉,取下模型,整理仪器,使仪器复原;

(4)关闭电源。

7.6.2 激光全息干涉系统

可以由光学散件建立下图所示的光路,该光路主要用于测量物体的离面位移。所有光学元件及实验操作均在隔震平台上进行。下面介绍全息干涉系统中的光学元件及实验技术。

典型的激光全息干涉系统如图 7.59 所示。典型的激光全息干涉系统实物布置如图 7.60 所示。

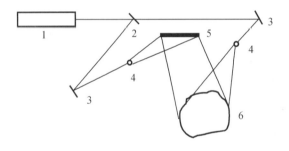

图 7.59 激光全息干涉系统

1—激光器;2—分光镜;3—反射镜;4—扩束镜;
5—全息干板;6—被测物

图 7.60 激光全息干涉系统

1. 实验设备

(1)防震平台

由于全息法利用光干涉原理,两相邻干涉条纹间的光程差为光波长的数量级,极为细密,所以全息照相要求整个拍摄装置必须能够防震。为获得清晰的全息图,要求在曝光过程中光程变化必须不超过 1/8 波长。

(2)激光器

激光器的主要技术指标是相干性。相干性包括时间相干性和空间相干性。

时间相干性就是指光波在长时间内保持正弦波形,其相关程度就是时间相干的程度,通常是用迈克尔逊干涉仪测试。

空间相干性就是光场中空间两点光的位相差在相当长时间内保持恒定。空间相干性的好坏是由整个光束波面上各点的位相是否一致所决定的,或者也可以说,是由发光面或光束中空间位置不同的两点的位相关系是否具有次序性所决定的。

全息干涉系统中使用最多的激光器是氦-氖激光器。氦-氖激光器也是气体激光器中最先振荡成功的、有代表性的激光器，其振荡波长为 632.8 nm（暗红色）的连续振荡，相干性好，输出功率从小型的 0.5 mW 到大型的 50 mW 左右。另外，它也是价格相对便宜，使用方便的激光器。

常用的气体激光器性能见表 7.4。

表 7.4 常用气体激光器的技术指标

名称	振荡波长/nm	输出功率	输出方式	激励方法	相干长度/cm
氦-氖激光器	632.8	0.5 ~ 100 MW	连续	气体放电	20 ~ 30
氩离子激光器	488.0 514.5	0.01 ~ 几 W	连续	固体放电	2 ~ 3
氪离子激光器	647.1 530.9 476.2	0.01 ~ 1 W 0.01 ~ 0.2 W 1 ~ 50 MW	连续	气体放电	2 ~ 3

（3）主要光学元件

①准直镜：采用通光直径大的透镜作为准直镜，焦距尽量短，透镜质量高并且有准确的焦点。

②扩束镜：与准直镜匹配，可选用超半球扩束镜，这样可使光场干净，而且使用简单、容易清洗。

③分光镜：方便调节，达到合适的光强比，可将透射率不同的几块分光镜装在同一个旋转腔座内。

④快门：激光器功率越大，全息底片的感光速度越快。为了准确曝光，可以利用时间继电器控制部件作为曝光快门控制，控制时间在 1/90 ~ 1/200 s 之间即可满足要求。

⑤加载装置：要求加载装置稳定可靠，不产生附加振动，对试件加力应由一个滑动导向架传递。

（4）记录介质

全息照相最常用的记录材料是超微粒卤化银照相乳剂，这种乳剂既可以制作振幅型全息图，又可以通过漂白成为位相型全息图。通常将该乳剂涂于玻璃板上做成全息干板。

2. 实验技术简介

（1）光强比选择

拍摄全息照片时，一般取底片上的物光与参考光光强比为 1∶1 ~ 1∶1.5 之间，而以 1∶2 获得的全息像不发生畸变。实时法实验时，光强比常取为 1∶5。

（2）冲洗底片

全息底片曝光后，在暗室中冲洗，采用 D-19 显影液显影，SB-1 显影液停显，F-5 定影液定影，水洗后用 50% 浓度的酒精浸泡 30 s，然后晾干。这样能使药膜收缩均匀、快干及清洁。有时需要用漂白液，可用 E-3 漂白液。注意显影时可用很暗的绿灯，定影后可用红灯。几种显定影液配方如下：

D-19 显影液配方

蒸馏水	1 000 ml		
米妥尔	2 g	无水亚硫酸钠	90 g
对苯二酚	8 g	无水碳酸钠	48 g
溴化钾	5 g	(顺序放入)	

停显影液配方

蒸馏水	1 000 ml	冰醋酸	13.5 ml

F-5 定影液配方

蒸馏水	800 ml	硫代硫酸钠	240 g
无水亚硫酸钠	15 g	冰醋酸	13.5 ml
硼酸(结晶)	7.5 g	硫酸铝钾	15 g
溶解后加水到	1 000 ml		

漂白液配方

重铬酸钾	9 g	浓盐酸	6.4 ml
加水到	1 000 ml		

7.6.3 电子散斑干涉系统

1. 系统概述

三维电子散斑干涉(3D-ESPI)是一种实验力学新方法。它舍弃了传统拍摄冲印照片复杂的湿处理过程,而直接依靠光学成像系统和计算机图像采集处理系统获得干涉条纹。这种方法在工程上已得到了较广泛的运用。用于解决工程中的强度和刚度问题,残余应力测量问题等,还可用于非破坏性检测上。基于散斑干涉原理制成的商用化测试系统为电子散斑干涉系统,系统实物如图 7.61 所示。

图 7.61 三维电子散斑干涉系统

该套系统由一台单模固体泵浦激光器(波长为 532 nm)作为光源,一个 CCD 及与其相连的光学成像设备采集图像,通过数据线和插在计算机主板上的图像卡,输入计算机,再经过软件图像处理,直接获得三维干涉条纹。

2. 仪器特点

该套系统具有以下特点:

(1)可以测得反映被测物的三维位移场(U,V,W 场)的干涉条纹;

(2)具有相移功能,从而使仪器有高的灵敏度,并可使干涉条纹数学化及结果定量化;

(3)具有独特的空间相移器及其控制器,也可使干涉条纹数学化,使得仪器在功能上更加完善,有广泛的适应性;

(4)时间相移可由计算机直接控制,也可手动控制;而空间相移器由步进电机控制器操纵,给精确实验带来方便;

(5)采用体积小(30 mm×50 mm×150 mm)的 532 nm 绿光泵浦激光器,使得整台仪器紧凑便于搬运；

（6）实验无须在暗室中即可进行；

（7）系统结构合理、轻巧、美观，同时具有良好的刚度及调节方便的特点，仪器具有良好的可操作性和稳定性；

（8）系统中光学部件设计、加工考究，保证光能损失小，因而具有很好的性能。

3. 主要技术条件

（1）激光器为绿光泵浦激光器：单模。输出功率 ≥ 15 mW；波长 = 532.8 nm。

（2）扩束镜采用 $\Phi 4$ 精密过半球扩束镜。

（3）半反射半透射棱镜，尺寸为 12.7 mm^3，对 532 nm 激光的分光比为 $R/T = 1 \pm 5$。

（4）全反射镜表面镀电子枪硬膜，其反射率 99%，减少光能损失。

（5）变焦镜为可调的 28 mm ~ 80 mm ZOOM 镜头。

（6）CCD 传感器采用日本产 WATEC 系列，具有 768×576，512×512 像素两种分辨模式。

（7）图像板卡采用加拿大产 Matrox Meteor - II/Standard 卡。

（8）相移器电源精度为 0.01 V/step，具有四通道，可以实时数字显示电压，220 V/50 Hz。

（9）干涉仪主体结构尺寸：

仪器盒由铝合金制作，表面阳极氧化处理后再经喷漆发黑；

长约 500 mm（延长手臂约增加 150 mm 左右）；

宽约 150 mm，若加上 W 场套筒等，最宽 300 mm；

高约 510 mm（接杆加延长手臂约增加 150 mm 左右）。

（10）最近工作距离约 300 mm，最远工作距离约 1 500 mm。

此外还可以按照 6.7 节介绍的散斑干涉原理，由光学散件组建适当的光路系统，实现面内、离面位移测量及缺陷检测等。

4. 操作步骤及注意事项

在实验之前首先检查仪器部件完备性，按光路布置仪器及被测物；将相移器的电源、激光器电源、步进电机控制箱电源、CCD 电源接线接好；将 CCD 的数据线一端接 CCD，另一端接安装在电脑主机上的图像采集卡的 BNC 插头上；将三根电机控制线一头接步进电机，一头接控制箱，注意对应关系；将三根 PZT 控制线一头接 PZT，一头接相移器电源；将一根 COM 口控制线一头接相移器电源上，另一头接电脑主机上的 COM 口；再开启电脑及 CCD 电源，打开软件 ，其界面如下：

首先，在被测物表面做一标记（通常粘贴一张白纸黑字），用均匀光照射，点击 Grab 按钮抓取一幅图像，再点击 Camera 按钮实时监视所采集的图像。

根据被测物的距离，调整 ZOOM 镜头使被测物成像大小合适、较为清晰后，再调节 CCD 后之平动螺杆，可以实现调节成像较为清晰后的微调，图像成像过程为手动控制，图像不作特殊处理，要求成像清晰。

将粘贴的标记取下,改用激光照明被测物表面,要求光场均匀。

暂停监视时,点击 Stop Grab 按钮,图像实时监控过程立即停止,图像定格,可以通过点击 Image Export 按钮存储所采集的图像,存储普通采图和 ESPI 实时相减采图得到的单幅图像,存储格式可以选择 *.bmp 格式和 *.raw 格式。

再重复以上过程,可以实现采集位置图像采集区域及位置的调整。

在以上调整完毕后,即可进入 ESPI 实验阶段。首先点击 ESPI Reference 菜单命令或相应的按钮,使图像采集过程进入 ESPI 实时相减采图方式,同时采集 ESPI 参考散斑场图像。

其次,点击 ESPI Camera 菜单命令或相应的按钮,使图像采集过程进入 ESPI 实时相减采图过程。此时,在试件未加载情况下,所显示的图像应为全黑。对试件加载,可以在计算机上看到实时相减的相关条纹。

再次,点击 ESPI Pause 菜单命令或相应的按钮,使 ESPI 实时相减采图过程暂停。此时计算机显示的图像冻结,可以选用 Image Export 菜单命令或相应的按钮,将当前冻结的图像保存到计算机里。

其他操作可以参考随机附赠的软件使用说明书。

注意:

(1)严禁用手触摸光学实验中的各种镜头及镜面;

(2)所有实验操作均在光学隔振平台上完成;

(3)用光学散件组建特定光路时,散件要轻拿轻放,在位置确定后,确保支座锁定旋钮处于 on 的状态。

7.6.4 高密度云纹干涉系统

1. 系统概述

云纹干涉法的基本原理是在试件表面制有可随试件变形的高频试件栅,用两束准直光以一定的角度照射试件栅,由试件栅产生的衍射波相互干涉,得到反映试件(物体)表面位移信息的干涉图,由此开发的商用化测量系统称为云纹干涉系统。系统实物如图 7.62 所示。图 7.63 为基于云纹干涉原理,在隔振平台上组建而成的测量系统。

图 7.62 三维云纹干涉系统

图 7.63 二维云纹干涉系统

2. 光路简介

云纹干涉测量光路如图 7.64 所示。

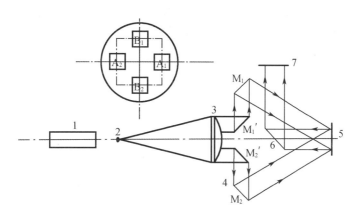

图 7.64 二维云纹干涉系统光路图

激光经过扩束镜 2 及非球面镜 3 形成高质量的准直光,再经二维云纹反射系统,其中准直光 A_1 经过反射镜 M_1' 反射再照射到试件栅上。同样准直光 A_2 经反射镜 M_2' 和 M_2 的反射也照射到试件栅上。这两束特定角度照射的光所形成的虚栅的频率正好是试件栅频率的一倍,当试件栅受载变形后,与虚栅相干涉形成云纹干涉条纹,此干涉条纹正好反映试件的变形,经输出反射镜在屏幕上可以看到反映试件在水平方向(U 场)变形的云纹条纹。同理 B_1 和 B_2 两部分准直光,经该反射系统垂直方向的反射镜,照射在试件栅上,试件受载后,经输出反射镜 6 在屏幕 7 上观察到反映垂直方向(V 场)变形的云纹干涉条纹。系统中有一转动挡板,当同时挡住 B_1 和 B_2 时可以看到 U 场的云纹干涉条纹;挡住 A_1 和 A_2 时,可以看到 V 场云纹干涉条纹。

3. 仪器特点

(1) 采用非球面镜可以得到高质量的准直光;

(2) 采用电子枪镀膜的高反射硬膜,使激光能量充分得到利用;

(3) 采用 $M_6 \times 0.25$ 或 $M_8 \times 0.3$ 的细牙螺纹,使调节更平稳;

(4) 具有特定转换装置,方便 U 场和 V 场的切换和观察。

4. 操作步骤

以二维云纹干涉系统为例。

(1) 按照图 7.64 第一步,移去光学元件。

(2) 光路中心的调节。系统中心高约为 200 mm,使激光束始终和防震台台面保持 200 mm 的距离。为使调节方便,激光出射时经过一孔板(板上有直径 2 mm 的孔)。云纹干涉系统中心有一 3 mm 的长孔,使激光束经过此孔,入射到试件栅。仔细调节试件栅上的调节螺丝,使零级反射光也经此孔从原光路返回,注意进行这一步调节时可以挡住栅板的 ±1 级衍射光。只考虑零级反射光,并使光束返回到孔板 2 mm 的小孔内。

(3) 将非球面准直镜置于光路中,仔细调节非球面镜框上的调节螺钉,使原来调节好的光束(指零级反射光),虽两次经过非球面镜,不发生改变,说明非球面准直镜已和光路同轴了。详见图 7.65 的第二步所示。

(4) 由于试件栅是正交栅,所以入射在试件栅上的激光束会衍射为四束光,即水平方向 ±1 级和垂直方向 ±1 级。沿光线照射方向移动试件栅,使这四束光尽可能入射在反射镜 M_1,M_2,M_3 和 M_4 的中心 Q_1,Q_2,Q_3 和 Q_4 上。通过调节使经过 M_1,M_2,M_3 和 M_4 的反射光,尽量接近入射在反射镜 M_1',M_2',M_3' 和 M_4' 的中心 Q_1',Q_2',Q_3' 和 Q_4' 上。在调节时使这四束光最终经过非球面镜折射到同一点 O 上。完成图 7.65 中第三步调节步骤。

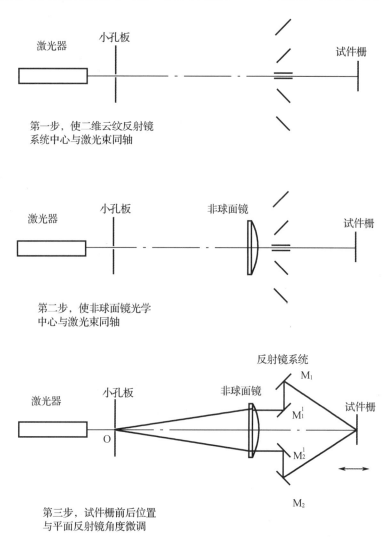

图 7.65　图解操作步骤

(5) 在光路中布置激光扩束镜,使扩束镜的焦点正好是在 O 点上。只有这样才能使非球面准直镜获得高质量的准直光,可用准直光校验器进行调试。当扩束镜的焦点和非球面准直镜的焦点精确重合时,会产生水平平行的干涉条纹。利用准直光校验器可以检查所获得的准直光的质量,利用剪切板准直光校验器能精确直观地检验准直光的质量。剪切板准直光校验器和准直光成 45°方向布置,其前后表面的反射光相干涉,结果可以在屏幕上看到清晰的干涉条纹。见图 7.66(注意:图上所示为理想情况,实际上,干涉条纹有微小的起伏,这是允许的)。首先使非球面的光轴和激光束相合。在光路中放入扩束镜后,当扩束镜的焦点和非球面准直镜的焦点完全重合时,会出现水平的干涉条纹(图 7.66 中的 A),当扩束镜的焦点和非球面准直镜的焦点不重合时会出现图 7.66 中 B 或 C 所示的干涉条纹。

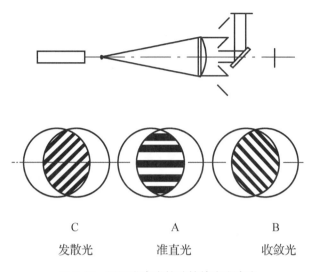

C　　　　　A　　　　　B
发散光　　准直光　　收敛光

图 7.66　利用准直光校验镜检查准直光

B 显示的是扩束光经非球面镜后形成收敛光。这时扩束镜的焦点位于非球面准直镜焦点以左,需将扩束镜向右移动,调节到产生如 A 所显示的水平干涉条纹为止,也就达到了准直的效果。C 显示的是扩束光经非球面镜后形成发散光。这时扩束镜的焦点在非球面准直镜焦点以右,需将扩束镜向左移动,调节到产生如 A 所显示的水平干涉条纹为止,也就达到了准直的效果。这种调节方法直观而灵敏,操作非常方便。

(6)这样就有四束平行光入射在栅片上(或试件栅上)分别对 U 场和 V 场反复微调,直到在屏上观察到云纹干涉条纹为止。若试件未受载,这一初始条纹几乎不出现或出现很少。

7.7　光纤光栅应变测试系统

在目前的各种智能传感器中,光纤传感器是其中最具发展前途和市场前景的智能传感器。光纤传感器研究的时间虽然不长,进展却非常迅速,目前已有 70 多种光纤传感器用于各种物理量的测量。光纤光栅是利用光纤的光敏特性,在纤内形成空间相位光栅,其作用实质是在纤内形成一个窄带的滤波器或反射镜。利用这一特性可以构成许多性能独特的光纤无源器件。其显著特点是耐久性、抗干扰以及分布式采集。从光纤传感器的传感机理来看,主要分为强度型、干涉型和布拉格光栅波长型三种。在这里主要介绍布拉格光纤光栅应变传感器。

7.7.1　光栅光纤传感器原理

当布拉格光栅受到外界温度或应变作用时,布拉格波长 λ_B 将发生变化,并且布拉格波长 λ_B 与应变和温度存在线性关系,并同时受到应变、温度的影响,具有交叉敏感性。

当外界待测物理量(如温度、应变)发生变化时,会引起布拉格波长变化,光栅光纤结构如图 7.67 所示。通过对布拉格波长的测量达到对物理量的测量,其数学表达式如下,即

$$\lambda_B = 2n_{\text{eff}} \Lambda \tag{7.1}$$

其微分形式可表示为

$$\frac{\Delta \lambda_B}{\lambda_B} = \frac{\Delta n_{\text{eff}}}{n_{\text{eff}}} + \frac{\Delta \Lambda}{\Lambda} \tag{7.2}$$

式中 Λ——光栅的周期;
n——纤芯的有效折射率。

由式(7.2)可以看出,有效折射率的变化与光栅周期的变化均能引起布拉格波长的变化。当某一物理量(如应变、温度)的变化能够引起有效折射率以及光栅周期即光栅长度的变化时,布拉格波长将产生相对变化。理论上通过对布拉格波长的测量即可实现对该物理量的测量。

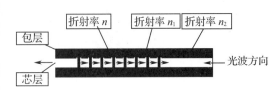

图 7.67 光栅光纤结构示意图

当布拉格光栅受到外界应变影响时,光栅长度将产生变化,其光栅周期将发生变化,同时有效折射率由于弹光效应也产生变化。有效折射率可以表示为

$$\Delta n_{\text{eff}} = -\frac{n_{\text{eff}}^3 [P_{12} - \nu(P_{11} + P_{12})]}{2} \varepsilon_x \tag{7.3}$$

从而

$$\frac{\Delta n_{\text{eff}}}{n_{\text{eff}}} = -\frac{n_{\text{eff}}^2}{2} [P_{12} - \nu(P_{11} + P_{12})] \varepsilon_x \tag{7.4}$$

式中 P_{1i}——Poskel 系数,$i = 1, 2$;
ν——Poisson 比;
ε_x——轴向应变。

已知

$$L = n\Lambda \tag{7.5}$$

式中 L——布拉格光栅长度;
n——光栅周期数;
Λ——每个周期的长度。

因为

$$\varepsilon_x = \frac{\Delta L}{L} = \frac{\Delta n \Lambda}{n \Lambda} \tag{7.6}$$

所以

$$\frac{\Delta \Lambda}{\Lambda} = \varepsilon_x \tag{7.7}$$

两种作用产生的布拉格波长变化为

$$\frac{\Delta \lambda_B}{\lambda_B} = \left\{ 1 - \frac{n_{\text{eff}}^2}{2} [P_{12} - \nu(P_{11} + P_{12})] \right\} \varepsilon_x \tag{7.8}$$

记

$$P_e = \frac{n_{\text{eff}}^2}{2}[P_{12} - \nu(P_{11} + P_{12})] \tag{7.9}$$

P_e 称为有效光弹系数。

记

$$K = 1 - P_e \tag{7.10}$$

K 称为灵敏性系数。则有

$$\frac{\Delta\lambda_B}{\lambda_B} = K\varepsilon_x \tag{7.11}$$

光纤应变传感器温度补偿基本原理如下：

在实际工程中，由于环境温度不断变化，由于光纤布拉格光栅对温度效应同样有感知效应，也即是温度的变化也引起光纤布拉格光栅中心波长的变化，因此采用布拉格光栅传感器测量实际工程构件的应变时需进行温度补偿。

通过大量的实验确认，在温度变化（-50~180 ℃）和10 000 微应变下，光纤光栅的应变和温度效益可以认为是独立的，即

$$\Delta\lambda/\lambda = K_\varepsilon\varepsilon + K_T\Delta T \tag{7.12}$$

当温度恒定时，由式(7.11)可知，$\varepsilon = \Delta\lambda/(K_\varepsilon\lambda)$，一旦应变仪灵敏度系数确定，则可以方便地通过波长变化获得应变值。当温度变化时，我们必须对应变传感进行温度补偿法，具体方法如下：

将一根布拉格光栅布设于被测对象，另一根布设于与被测材料一样、温度场一致且不受力的构件上，即保证两者发生同样的温度效应。因此

$$\frac{\Delta\lambda_{B1}}{\lambda_{B1}} = K_{\varepsilon1}\varepsilon + K_{T1}\Delta T \qquad \frac{\Delta\lambda_{B2}}{\lambda_{B2}} = K_{T2}\Delta T \tag{7.13}$$

令 $\gamma = K_{T1}/K_{T2}$，我们可以得到

$$\varepsilon = \frac{\left(\dfrac{\Delta\lambda_{B1}}{\lambda_{B1}} - \dfrac{\gamma\Delta\lambda_{B2}}{\lambda_{B2}}\right)}{K_{\varepsilon1}} \tag{7.14}$$

若忽略光栅中心波长导致的灵敏度系数影响，温度与应变共同作用产生的波长变化表示

$$\Delta\lambda_B = \alpha_\varepsilon\varepsilon + \alpha_T\Delta T \tag{7.15}$$

则 $\Delta\lambda_{B1} = \alpha_{\varepsilon1} + \alpha_{T1}\Delta T$，$\Delta\lambda_{B2} = \alpha_{T2}\Delta T$，令 $\psi = \dfrac{\alpha_{T1}}{\alpha_{T2}}$，可得

$$\varepsilon = \frac{\Delta\lambda_{B1} - \psi\Delta\lambda_{B2}}{\alpha_{\varepsilon1}} \tag{7.16}$$

如果光纤布拉格光栅的传感特性一致，而基体材料也一样，即光栅的温度传感系数一致，ψ 和 γ 可以取 1，从而将给实际操作带来极大的方便。

光纤传感器测量系统结构如图 7.68 所示。

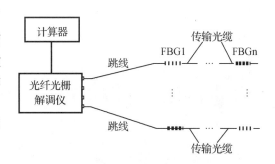

图 7.68 光纤传感器测量系统结构图

7.7.2 TFBGD-9000 光纤光栅解调仪

1. 性能简介

(1)仪器简介

TFBFGD-9000 是一款高精度、多通道光纤光栅解调仪,具有扫描速度快、各通道完全同步采集和处理、无通道切换延迟的特点。仪器采用一体化设计,无需额外配置光开关附件,安装简便,易于操作,非常适于实验测试和大型土木工程结构监测的工程应用。

(2)仪器外观

仪器外观如图 7.69 所示。

TFBGD-9000 光纤光栅解调仪采用 TFT 真彩液晶屏显示测量结果,人机界面柔和,全汉化提示,通过前面板右侧的功能按键对解调仪进行参数设置及操作。仪器背面配有 220 V/50 Hz 交流电源输入接口、电源开关、排风扇、8 个光栅接入通道端口、网络接口、RS232 接口以及 USB 接口。

图 7.69 TFBGD-9000 光纤光栅解调仪

(3)性能参数

电压范围:交流 220 V/50 Hz;

通道数量:8 个独立光学通道;

波长范围:1 510~1 590 nm;

扫描频率:1~300 Hz;

波长分辨率:1 pm。

2. 解调仪操作说明

(1)主界面:开机后出现主菜单界面,如下图 7.70 所示。

其中左上角显示的文字其意义是:通道号代表当前显示通道,默认为第 1 通道;光栅数显示通道内可检测到的光纤光栅数目;光栅号表示所选通道内正在显示的光栅编号,光栅编号依波长从小到大排列。在主菜单界面下,按"上",显示后一个通道(最大为 8);按"下",显示前一个通道(最小为 1);按"左",显示前一个探测到的光纤光栅(最小为 1),按"右",显示后一个探测到的光纤光栅(最大为 10)。右侧功能选项包括:"曲线选择""功能设置""数据存储""光栅选择""退出"。

(2)曲线选择:选择曲线线形和查看某通道光栅中心反射波长实时记录。

该功能键包括:"波形曲线""时程曲线""历史记录""返回"等 4 个子键。

(3)功能设置:公式、报警、单位等参数的设置在这一选项中完成(图 7.71)。

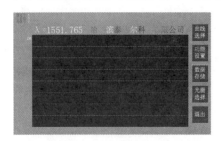

图 7.70 主菜单界面

图 7.71 "功能设置"功能界面

该功能键包括"光栅选择""公式报警""返回"。光栅选择:选择所观察的光栅。公式报警:先选择通道编号,然后按提示输入相关参数(输入 0 代表光栅中心反射波长、输入 1 代表应变、输入 2 代表温度;k,b 为光栅曲线参数:$Y=kX+b$,Y:波长;X:应变或温度值)。报警限绝对值应小于 100 000,应变/温度在报警上下限之间时不报警,应变/温度值在报警上下限值之外时报警。在"历史记录"窗口可见应变/温度换算值,该值在报警上下限之间时,字符显示黄色,该值高于"报警上限"时,字符显示红色,该值低于"报警下限"时,字符显示蓝色。另外,报警上限应大于报警下限,否则报警值归零,相当于未设置;在"应变/温度"处设置"0",在"历史记录"里显示的数据为波长值,单位为 nm,在"应变/温度"处设置"1"或"2",在"历史记录"里显示的数据为应变值或温度值,单位依录入的公式。一般来说,应变单位为微应变,温度单位为摄氏度。返回:返回上一级菜单。

(4)数据存储:数据交换、存储的相关选择与设定。

该功能键包括:"网络设备""返回"。网络设备:通过网络与计算机接口。按此键后可与计算机进行通信,该界面包括"网络启动""网络停止""返回"。

网络启动:数据通过网络上传给计算机,解调仪液晶屏停止曲线刷新;网络停止:数据停止上传给计算机,解调仪液晶屏曲线开始刷新;返回:返回上一级菜单。

(5)光栅选择:选择显示任意通道任意光栅的相应曲线(波形或时程)。

通道号范围:1~8;

光栅号范围:1~10。

注意:若输入的通道光栅与解调仪探测到的实际数目有差别,将显示"无效输入",此时,可按"光栅选择"键重新输入,或按"退出"键退出该功能窗口。

图 7.72 为"光栅选择"窗口。通道选择:输入通道编号,按"左"键修改,按"ENT"键确认。光栅选择再输入该通道下的某一序号的光纤序号(按波长从小到大排列)。退出:刷屏重新显示曲线。

图 7.72 "光栅选择"功能输入界面

3. 注意事项

(1)主窗口显示的波长值单位为 nm,未探测到光栅时"光栅数"显示"0",波长值显示"*"。

(2)若在"历史记录"选项内不进行任何输入,直接按"ENT"键返回,则系统会默认至第 8 通道,可以在主界面"光栅选择"选项中进行修改。

(3)只有在主菜单界面内才能利用"上、下、左、右"键来改变通道号和光栅号。

(4)主窗口显示波形时并非满屏,约占全屏的 5/7。

(5)在主菜单界面内按"ENT"键,可以暂停"波形/时程曲线"以方便观察,再按一次"ENT"键则恢复显示。

4. 网络操作说明

(1)将要连接解调仪的计算机 IP 设为与解调仪同一号段:192.168.1.X(X 为除 1,7 外的任一数字,因为解调仪的 IP 是 192.168.1.7);子网掩码:255.255.255.0;网关:192.168.1.1。

(2)将网线连接好,解调仪设定为网络传输菜单后,打开上位机软件。此时软件默认是停止状态,用户可以设定采样间隔、保存通道数量、保存光栅数量、保存路径(要事先手动创建此文件夹,否则无法保存)。点击"已停止"图标,使其变为"已启动",这时软件开始运行,但不会实时存储数据。点击存储键"No",变为"Yes",软件开始实时存储所选各通道的光栅波长。

(3)采样频率会根据所设定的采样间隔自动显示,当需要 1 Hz 时,将采样间隔设到 1 000 ms 即可;当需要 150 Hz 时,将采样间隔设到 6 ms 即可,其余类推。

7.8 4017 信号采集仪

传感器通常是将采集到的物理信号转化为电压信号或电流信号,4017 信号采集的功能就是采集这种模拟量并将其转换为计算机能识别的数字信号,然后送入计算机,计算机再借助相应的软件,对所采集的数据进行各种分析、处理或存储,因此对于某一测试而言,只要先期利用数据采集仪对力、变形等传感器进行标定,即可进行测量。

4017 数据采集仪采用串口(RS-232)进行与计算机的数据传输,可以采集 8 个通道的电压或电流信号,如图 7.73 所示。

图 7.73　4017 信号采集仪

信号采集仪所采用的采集卡是一款 16 位 8 通道模拟输入模块,所有通道都提供可编程输入。该模块是工业测量和检测应用的非常经济有效的解决方案。采集卡提供信号调节、A/D 转换、距离修正和 RS-485 数字通信功能,它使用 16 位受微处理器控制 sigma-delta A/D 的转换,转换传感器的电压或电流到数字信号。

在软件方面,采用 LabVIEW 软件所编写的虚拟仪器来对所采集数据的进行分析和处理,LabVIEW 是实验室虚拟仪器集成环境(Laboratory Virtual Instruments Engineering Workbench)的简称,它是由美国著名的国家仪器公司(National Instruments,简称 NI)研发的一种基于图形开发、调试和运行程序的集成环境。它适用于数据采集、测量和仪器控制。

采用 4017 数据采集仪所完成的比较典型的实验是力与变形数据的采集与处理实验(实验 3.25),该测试的目的是利用 4017 数据采集仪实现机械式万能实验机的数字化改造,由于传统机械式万能实验机的实验分析能力有限,只能测得一些基本的实验数据,所以利用 4017 数据采集仪和 LabVIEW 软件对传统机械式万能实验机的拉伸实验进行了数字化改造,使实验机上测量的数据可以在计算机上实时显示、分析和处理。

实验原理如下:通过在机械式万能实验机上装加拉压力传感器,位移引伸计来测量实验机在实验时所施加的载荷以及横梁所移动的位移,并将传感器所测量的数据通过 4017 信号采集仪传入计算机中,然后利用 LabVIEW 所编写的虚拟仪器对所采集的数据进行处理和分析。硬件连接图如图 7.74 所示。

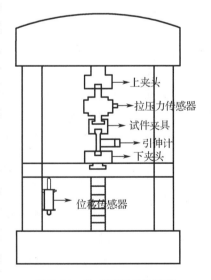

图 7.74　传感器硬件连接图

利用 LabVIEW 软件所编写的虚拟仪器如图 7.75 所示。

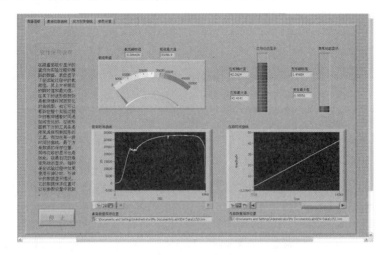

图 7.75　所编写的虚拟仪器的前面板

低碳钢拉伸所得到的前面板如图 7.76，图 7.77，图 7.78 所示。

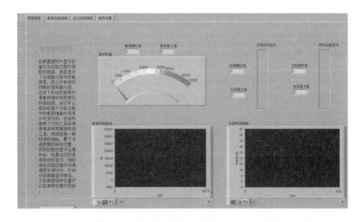

图 7.76　实验中所采集到的曲线图

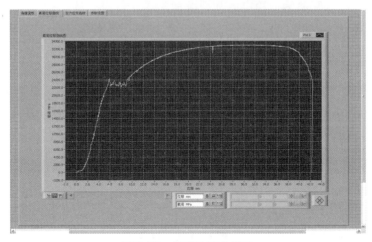

图 7.77　载荷位移曲线图

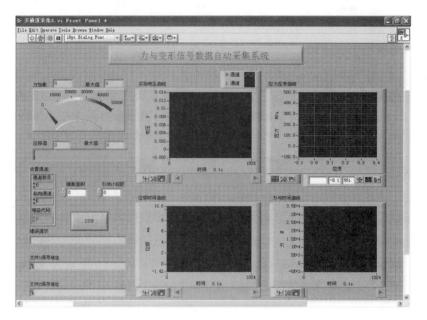

图 7.78　数据采集程序前面板

在实验的同时也保存了传感器所采集到的数据。

7.9　积木式组合实验台

积木式组合实验台是力学实验教学中心自行设计、研制开发的多功能实验台。该实验台可以根据测试需要进行各种组合，并结合相关的仪器与软件来完成不同的材料力学实验测试项目，同时也可以作为学生自行设计实验的基础平台。

积木式组合实验台实验是小型化的实验，能将实际问题抽象出来进行简化，建立力学模型。在一定程度上能实现用简单的实验去说明复杂的工程问题。使用简单的实验条件，通过合理搭建实验台架，灵活运用电测知识等而实现比较复杂的实验。操作方便，易于调整更新，易于测试，便于查找问题，同时可实现多次重复性测量等。

7.9.1　数据采集及存储

该实验平台的数据采集采用 4017 数据采集仪，数据的记录与存储是以 LabVIEW 软件编写的虚拟仪器测试程序来完成。该数据采集程序可以结合具体实验参数进行相关的编写。例如数据采集程序(力与变形信号数据自动采集系统)前面板，如图 7.78 所示。

7.9.2　积木式组合实验台

积木式组合实验台主要由 T 型槽底座(图 7.79)和立柱(图 7.80)构成。通过连接件可以将不同高度的立柱和 T 型槽底座牢固地连接在一起，如图 7.81 所示，从而建立一个可以根据实验要求进行组合装配的实验台，再通过其他的测量装置和附件即可以实现对不同材料力学实验项目的测试。本节列出了几个典型的实验，其具体的实验方案在 3.17 节积木式组合实验台自行设计实验中有详细的介绍,当然也可以依托该积木式组合实验台设计开发更多的实验项目,从而完成各种不同的测试。

图 7.79　积木组合实验台底座　　图 7.80　积木组合实验台立柱　　图 7.81　积木组合实验台组装

7.9.3　积木式组合实验台的实验项目

1. 压杆稳定实验

实验装置如图 7.82 所示。

2. 超静定实验

实验装置如图 7.83 所示。

3. 冲击实验

实验装置如图 7.84 所示。

  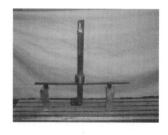

图 7.82　压杆稳定实验装置　　图 7.83　超静定梁实验装置　　图 7.84　自由落体冲击实验装置

4. 拉伸实验

实验装置如图 7.85 所示。

5. 梁的挠度与转角测量实验

实验装置如图 7.86 所示。

6. 等强度梁应变测试实验

实验装置如图 7.87 所示。

图 7.85　微型拉伸实验装置　　图 7.86　梁的挠度与转角测定实验装置　　图 7.87　等强度梁实验装置

7. 梁在纯弯曲是应力分布测定实验

实验装置如图 7.88 所示。

8. 桁架应力测定实验

实验装置如图 7.89 所示。

9. 拱形桁架应力测定实验

实验装置如图 7.90 所示。

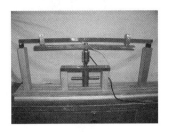

图 7.88　梁在纯弯曲时应力分布测定实验装置

图 7.89　桁架应力测定实验装置

图 7.90　拱形桁架应力测定实验装置

附录 A 误差分析及数据处理

在材料力学实验中,了解实验原始数据采集、数据处理过程中的误差理论和数据处理的理论和方法,并合理加以运用,对于保证测量质量、减少工作量是非常重要的。我们将在本附录中扼要予以介绍。

A.1 误差和有效数字

一、误差

(一)误差概念

任何实际物理量的测量都或大或小存在测量误差。这些原始数据在处理、分析过程中都有误差的传递,使计算结果也产生一定的误差。为有效地进行数据记录、误差分析,先介绍下述术语。

1. 真值

真值是某一物理量客观存在的量值。实测过程中,由于试件加工质量、设备仪器精度和调试水平、操作者的素质及状态、环境等外在因素的影响,在数据处理过程中,又有数学模型的近似、计算过程的舍入……这些因素必然导致结果与真值之间存在一定的误差。严格说,测试量的真值靠测量是得不到的。实际测量值只是在一定精确水平上对真值的近似。通过不断提高测量技术和水平,可以使测量误差尽可能减小,将它控制在工程需要的范围内。

2. 绝对误差

定义绝对误差为

$$\delta = x - X \tag{A.1}$$

式中 x——测量值;
      X——真值。

真值及其取值范围在测量前是未知的。对测量原始数据进行统计分析时,常以测量数据的代数平均值作为近似的真值。容易理解绝对误差描述测量精度,能确定测量值应落在真值的某一邻域内,δ 值恰好表示邻域尺度大小。δ 值越小,就可以对真值作出越接近实际的判断。

3. 相对误差

定义相对误差

$$\Delta = \frac{\delta}{X} \times 100\% \tag{A.2}$$

相对误差是绝对误差相对于真值的百分比表示。有些情况下用相对误差表示测量值的精确度更便于工程判断和应用。

(二) 误差分析

物理量的测量包括多种误差的影响因素。用系统工程学的术语说,它是个复杂的系统,可用图 A.1 表示。研究每个子系统的误差传递的规律,就能够确定最终测量结果的误差范围。

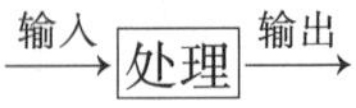

$$\xrightarrow{\text{输入}} \boxed{\text{处理}} \xrightarrow{\text{输出}}$$

图 A.1 系统模型图

设对于一个确定的处理,其数学模型为

$$y = f(x_1, x_2, \cdots, x_n) \tag{A.3}$$

如果各输入量 $(x_1, x_2, \cdots, x_n)$ 具有微小误差 δ_{x_i} $(i = 1, 2, \cdots, n)$,由数学分析知识,输出 y 量满足

$$y + \delta_y \approx f(x_1, x_2, \cdots, x_n) + f'_{x_1}(x_1, x_2, \cdots, x_n)\delta_{x_1} + \\ f'_{x_2}(x_1, x_2, \cdots, x_n)\delta_{x_2} + \cdots + f'_{x_n}(x_1, x_2, \cdots, x_n)\delta_{x_n} \tag{A.4}$$

容易知

$$|\delta_y| \leq \sum_{i=1}^n |f'_{x_i}||\delta_{x_i}| = \|\delta_y\| \tag{A.5}$$

式中 $|\delta_{x_i}|, \|\delta_y\|$——输入量 x_i 及输出量 y 的误差界;

f'_{x_i}——函数 y 对 x_i 的偏导数。

y 的相对误差界

$$\|\Delta_y\| = \frac{\|\delta_y\|}{|y|} \times 100\% = \sum_{i=1}^n |f'_{x_i}|\frac{|\delta_{x_i}|}{|y|} \times 100\% \tag{A.6}$$

下面讨论对各种运算和处理过程的误差传递。

1. 加、减运算

$$y = x_1 \pm x_2 \tag{A.7}$$

易知

$$\|\delta_y\| = |\delta_{x_1}| + |\delta_{x_2}| \tag{A.8}$$

$$\|\Delta_y\| = \frac{|\delta_{x_1}|}{|x_1 \pm x_2|} + \frac{|\delta_{x_2}|}{|x_1 \pm x_2|} \tag{A.9}$$

(1) 当各输入量有相同的绝对误差时,如果计算次数不多,可认为输出量的绝对误差数量级保持不变。

(2) 由于输入量的误差分布具有随机性,正、负值误差能相互抵消(见 A3 节),对不很多次的计算时,一般也认为输出量绝对误差数量级不变。

(3) 对于可靠性要求很高的计算,应按式(A.8)和式(A.9)确定其误差界。

(4) 如果 $\delta_{x_1}, \delta_{x_2}$ 之间有数量级上的差异,$\|\delta_y\|$ 可取其中较大者。

(5) 如果输入量具有相同的相对误差,则输出量的相对误差,对加法运算可取输入量的相对误差;对减法运算,如果被减数与减数有数量级上的差异,可取输入量的相对误差;如果被减数和减数相近,则差值的相对误差将显著增大。因而,数值计算中应采取措施力求避免计算大数微差时对相对误差引起不利影响。

2. 乘、除运算

$$y_1 = x_1 \cdot x_2 \qquad y_2 = x_1/x_2 \quad (x_2 \neq 0) \tag{A.10}$$

$$\|\delta_{y_1}\| = |x_1||\delta_{x_2}| + |x_2||\delta_{x_1}|$$

$$\|\delta_{y_2}\| = \frac{|x_1||\delta_{x_2}| + |x_2||\delta_{x_1}|}{x_2^2} \tag{A.11}$$

$$\|\Delta_{y_1}\| = \frac{|\delta_{x_1}|}{|x_1|} + \frac{|\delta_{x_2}|}{|x_2|} = \|\Delta_{x_1}\| + \|\Delta_{x_2}\| \quad (x_1 \neq 0)$$

$$\|\Delta_{y_2}\| = \frac{|\delta_{x_1}|}{|x_1|} + \frac{|\delta_{x_2}|}{|x_2|} = \|\Delta_{x_1}\| + \|\Delta_{x_2}\| \tag{A.12}$$

(1) 如果输入量具有相同的绝对误差,输出量的绝对误差主项为大数因子对应项。如果两数间有数量级的差异,可略取较小因子的对应项。

(2) 由式(A.11)和式(A.12)可以看出减小乘除运算输出量误差的关键是尽可能减小较小因子的绝对误差。比如进行微商的数值计算,应该较多地保留输入量的位数。

3. 其他常见运算

由式(A.5)和式(A.6)可推导出其他测量数据处理过程中的常见运算的误差传递公式,列于表 A.1。

表 A.1　常见运算误差传递表

y	$\|\delta_y\|$	$\|\Delta_y\|$
x^n	$n\|x^{n-1}\|\|\delta_x\|$	$n\|\Delta_x\|$
$\sqrt[n]{x}$	$\frac{1}{n}\|x^{\frac{1}{n}-1}\|\|\delta_x\|$	$\frac{1}{n}\|\Delta_x\|$
$\sin ax$	$\|a\cos ax\|\|\delta_x\|$	$\|ax\cot ax\|\|\Delta_x\|$
$\cos ax$	$\|a\sin ax\|\|\delta_x\|$	$\|ax\tan ax\|\|\Delta_x\|$
e^{ax}	$\|a\|e^{ax}\|\delta_x\|$	$\|ax\|\|\Delta_x\|$
$\ln ax (a>0)$	$\frac{1}{x}\|\delta_x\|$	$\frac{1}{\|\ln ax\|}\|\Delta_x\|$

4. 复合函数

$$y = f_2[f_1(x)] = f(x) \tag{A.13}$$

由

$$y = f_1(x), y = f_2(y_1) \tag{A.14}$$

复合而成。由式(A.5)

$$\|\delta_y\| = |f_x'|\|\delta_x\| = |f_{2y_1}'| \cdot |f_{1x}'| \cdot \|\delta_x\| \tag{A.15}$$

用这一模型可以描述复合运算或由子系统串联而成的复杂系统的误差传递。既可用于理论计算的误差分析,也能用于串联仪器信号转换过程的误差估计。

二、有效数字

(一)有效数字概念

由于实测原始数据和处理分析过程中得到的数据都具有一定的精度。因此在数据记录和数据处理过程中,应该选择合理的数据位数表示这些近似数,以便简明清晰地辨识各测试量的精度,保证间接测量时最终测试结果的可靠性,这就涉及有效数字的应用。

如测量一批钢材的弹性模量 E 时,可确认其值位于 196 GPa ~ 216 GPa 之间,这表示每次测量结果可用三位有效数字表示。约定这种写法表示近似值的绝对误差为最后一位有效数字的 ±0.5 个单位以内。如记 $E = 201$ GPa,表示真值取值在 200.5 GPa $\leq E \leq 201.5$ GPa 范围内,可写为 $E = 201 \pm 0.5$ GPa。可见,对上述测量有:

1. $E = 196$ GPa ~ 216 GPa 与 $E = (196 \sim 216) \times 10^3$ MPa 以及 $E = (0.196 \sim 0.216) \times 10^3$ GPa,表示的数据精度相同。

2. 如果记 $E = (20 \sim 22) \times 10^4$ MPa 和 $E = (196 \sim 216) \times 10^2$ MPa 及 $E = (1958 \sim 2163) \times 10^2$ MPa,则表示测量值具有不同的精度。三种近似值表示的测量精度逐次增高一个数量级。

3. $E = 2 \times 10^5$ MPa 与 $E = 2.0 \times 10^5$ MPa 的意义不同,后者表示的测量精度较高。

(二)有效数字的选择和运算

由前面的讨论,关于原始数据和中间运算分析所得数据的有效数字的选择,应既要保证测量结果的精度,又应避免无效劳动,减少工作量投入。

1. 实际观测的原始数据的有效数字选择,应按照仪器仪表所指示的精度来确定。仪表盘上多余的指示数应经四舍五入至末位有效数。

2. 为数不多的(如十个以内)近似数作加减运算时,各加数应按精度最低加数的有效数位下取一位进行舍入。计算结果的有效数字应保留至精度最低位(计算大数微差除外)。

3. 为数不多的(如十个以内)近似数作乘除运算时,各因数的有效数字应按其中有效数字个数最少者多保留一位,计算结果的有效数字个数取得与有效数字最少的因数相同。

4. 近似数作乘方、开方运算时,计算结果的有效数字可取与原近似数的有效数字个数相同。其他运算或分析结果有效数字的取法可参考误差分析一节中的结果来进行。

5. 在近似计算中,应注意尽可能避免相近的大数之间微小差值的计算,因为这种计算将大大减少计算结果的有效数字。如果必须作这类运算,应对被减数、减数都多保留有效数位,以保证计算结果所要求的精度。

A.2 直接测量中的误差

一、直接测量原始数据的误差来源

力学量的测量,通常包含着许多种引起误差的因素,这些因素的影响规律是很复杂的。实验观测到的原始数据中,存在下述误差来源,称这种由观测产生的误差为直接测量误差。

(一)试件设计和加工产生的误差

试件设计要有工程允许误差。每个试件加工后的实际尺寸与设计公称尺寸间都存在允许的加工偏差。如圆截面拉伸试件,在每个横截面处、沿不同方向测量都可能得到具有微小差异的观测值。

(二)测量工具精度产生的误差

测量所使用的仪器、仪表等设备都有一定的测量精度。如仪表的设计、制造及使用前调试的质量都会对测量读数有一定的影响。信号的输入和输出的过程中也有一定的误差。

(三)测量系统各元件、仪表间的连接产生的误差

测量系统是由多个元件和仪表连接而成的。元件、仪表之间的连接质量和配合方式以及连接后系统联调中各设备间的匹配,也可能产生测量误差。如实验机连接中的机械间隙、电阻应变仪的粘贴质量以及仪器连接电阻都会产生相应误差。

(四)观测者的素质和状态产生的误差

设备操作和实际观测者所具备的知识水平,对设备的熟悉和操作熟练程度,综合测试经验和技能,将直接影响到观测方案的确定,仪器的合理选配、连接、观测技术的合理使用等关键问题的处理。此外,人的责任心、疲劳程度等因素也会影响到读数精度,产生误差。有时甚至出现误读等失效数据。

(五)环境因素产生的误差

测量环境的温度、湿度、电磁场、腐蚀介质等因素,都可能对试件和仪表的物理参数、使用性能产生改变,引起干扰,对测量结果产生误差。

可见实验观测数据是包含着各种误差影响的近似值。要得到可靠的、精度较高的观测值,必须在进行计算、分析之前,对原始数据进行必要的数据处理,并确定原始数据的误差范围,用适当的有效数字表示之。

二、观测数据的精确度

在相同条件下,对同一观测量进行多次独立的重复观测,可以得到多个原始观测值。它们对真值的误差,可以引入下述概念来描述。

(一)准确度

观测数据的平均值与真值之间的偏差。

(二)精密度

观测数据之间的分散程度。

(三)精确度

准确度和精密度的合成效应。

以打靶为例,图 A.2(a)表示射击靶心精密度高,但准确度低的弹着点分布,图 A.2(b)表示精密度低,但准确度较高的分布,图 A.2(c)表示两者都较高,即精确度较高的分布。

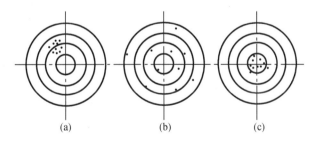

图 A.2 打靶弹着点精确度示意图

三、观测数据误差分类

(一)过失误差

在相同的测量条件下,对同一观测对象的测量,由于人为误读或者仪表数据采集失效等原因产生的偏差远远大于其他观测数据(如大一个数量级以上)的个别观测值所对应的

误差,这种误差被称为过失误差。过失误差非常容易识别,可以从观测原始数中,剔除含有过失误差的数据,或者通过分析进行合理修订。如测量拉伸试件直径的一组原始数据为 10.03 mm,10.01 mm,10.04 mm,10.03 mm,10.30,10.04 mm,显然可以去掉数据 10.30 或将它改为 10.03,这样将显著提到测量精确度。

(二)系统误差

相对于真值,误差的正负和大小都有确定的倾向,这种误差将损失观测的准确度。这种误差产生通常有其固有的原因。比如重要的影响因素的漏估、错估;仪器状态和调试没有达到要求的精度;转换参数选择不准;观测方法、习惯不当等因素都能使观测结果产生系统误差。具体例子如:质量测量所使用的砝码未经标定;应变测量时应变仪灵敏系数与应变计不相匹配。

控制系统误差最好防患于未然。

1. 在正式实施测量前,制订正确、严密的测试方案。统筹估测各误差因素对观测结果的影响,合理地选配仪器,构成合理的测试系统。

2. 认真细致地调试每个测量仪表,严格保证每个连接点的质量,精心全面地进行系统联调,将每个仪表及每个技术环节的误差严格控制在规定的控制范围内。

3. 严格按照规程操作使用仪器设备,细心观测。数据读数、记录,力求一丝不苟,发现问题及时研究、处理。

如果实测原始数据已经采集、记录完毕,如何判断测量中的系统误差是否满足实验要求?如何找到产生系统误差的确定原因,并于观测数据中修正因此而产生影响?这是测量中的基本问题和观测成功的关键之一。通常的做法如下:

1. 分析观测到的原始数据,通过观测值和理论预估值相比较,用应该遵循的规律观测数据的分布。如果确认存在系统误差,则进一步找出系统误差引起偏差的规律。

2. 根据系统误差的特点,回顾测试过程中的仪器状态、实验现象、技术操作,经过仔细认真的分析,确定产生系统误差的直接原因。比如砝码超过其标准质量,引起每一观测值产生均匀的下浮;应变仪灵敏系数与应变计不相匹配,将导致观测量有规律的线性偏差。这一步骤技术性较强,既要细心认真,又要思维开阔。

3. 初步判断产生系统误差的原因后,可对症下药地修正之。再重新调试测试系统后,有针对性地作少量观测,以最终确定产生系统误差的原因。

4. 针对已知的系统误差来源及由此产生系统误差的规律,将此信息反馈给包含系统误差的观测原始数据,就能够得到修正后的有效观测值。如果时间和条件允许,最好在消除系统误差的来源后,重新测量。切忌草率姑息、牵强附会。

(三)随机误差

测量中的某些误差,是由多种随机的影响因素造成的。在相同的测量条件下,对同一不变的物理量进行多次观测,将得到不同测量结果。每次测量产生的误差时正时负,忽大忽小。但是对于很多次测量,测量误差的分布服从一定的统计规律,这种误差称为随机误差。这种误差将损失观测结果的精确度。如读数过程因仪表波动造成的读数误差,人在读数时对观测量的舍入误差,温度、风力在测量过程中的变化对测量的影响等,都能造成读数的随机误差。

初看起来,这种误差较为变幻莫测,但是经验和理论研究表明,这种误差可以通过多次观测和对多次观测结果统计分析,予以评估、判断。

A.3 随机误差的性质和分析

在一定的测量条件下,人们总期望测得更接近真值的实验结果。除了力求避免或消除过失误差,抑制减小系统误差以外,重要的是控制观测量的随机误差,这是提高测量质量的关键。下面简介随机误差的性质及其分析、处理的基本知识和方法。

一、随机误差的分布

实验过程中观测值随机误差的正负和大小都是随机发生的。大量实验研究表明,在相同条件下,对同一观测量所进行的实验测量,随着观测次数逐渐增大,各种观测数值出现的次数可用图 A.3 表示。选择横坐标表示观测值绝对误差 δ、纵坐标表示观测量在单位长度 δ 的范围内所发生的次数,即绝对误差分布密度,记作 p。不同观测值处的分布密度将按图 A.3 描述的所谓"正态分布",数学上称为高斯分布来变化。这种分布可写成函数关系

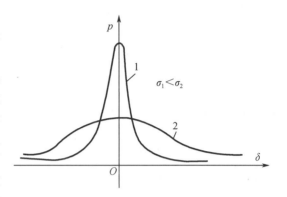

图 A.3 随机变量正态分布函数曲线

$$p = p(\delta) = \frac{1}{\sigma\sqrt{2\pi}} e^{-\frac{\delta^2}{2\sigma^2}} \quad (A.16)$$

式中,p 表示观测次数趋于无穷大时,绝对误差为 δ 的观测值分布密度的极限值,它被称为概率密度;δ 为随机绝对误差,$\delta = x - X$,σ 为随机变量均方根差,由下式定义

$$\sigma = \lim_{n \to \infty} \sqrt{\frac{1}{n} \sum_{i=1}^{n} \delta_i^2} \quad (A.17)$$

σ 的大小表示误差 δ 的分散程度。如图 A.3 中曲线 1 对应的 σ 较小,曲线 2 对应 σ 较大。易知由式(A.16)可计算观测随机误差发生在区间 $[\delta_a, \delta_b]$ 内的概率

$$p\{\delta_a \leq \delta \leq \delta_b\} = \int_a^b p(\delta) \mathrm{d}\delta \quad (A.18)$$

式中,p 称为概率函数。

二、随机误差的统计参数

$p = p(\delta)$ 函数是对应 $n \to \infty$ 的无穷多次观测得到的理想模型。在实际得到的限次观测资料的基础上,如何描述测量随机误差的分布呢?我们引入下述数理统计参数。

(一)算术平均值

设观测量真值 X,今有一组观测值 $\{x_1, x_2, \cdots, x_n\}$。理论可以证明,在最小二乘意义下,$X$ 的误差最小的最佳逼近值,就是所有观测值的算术平均值,即

$$\bar{x} = \frac{1}{n}(x_1 + x_2 + \cdots + x_n) = \frac{1}{n}\sum_{i=1}^{n} x_i \quad (A.19)$$

$\bar{x}$ 为 X 值的最佳逼近值可以由图 A.3 曲线的对称性分布特点来理解。

（二）标准差

真值 X 未知时，以算术平均值 $\bar{x}$ 近似代替 X。在我们进行有限的 n 次测量时，记

$$\varepsilon_i = x_i - \bar{x} \quad (i = 1, 2, \cdots, n) \tag{A.20}$$

易验证

$$\sum_{i=1}^{n} \varepsilon_i = 0 \tag{A.21}$$

如果观测误差为正态分布，由数理统计理论可以证明如下等式（可参阅有关书籍）

$$\sum_{i=1}^{n} \varepsilon_i^2 = \frac{n-1}{n} \sum_{i=1}^{n} \delta_i^2 \tag{A.22}$$

在数理统计中，以下述标准差代替式(A.17)中的均方根差

$$S = \sqrt{\frac{1}{n-1} \sum_{i=1}^{n} \varepsilon_i^2} \tag{A.23}$$

可见标准差 S 可由观测数据直接计算得到。

（三）算术平均值的标准差

无限多次测量的算术平均值趋近于真值，而多组有限次测量的算术平均值都不尽相同。但是，可以计算这些算术平均值的标准差 $S_{\bar{x}}$ 来评价，以 $\bar{x}$ 代替 X 进行分析的可靠性（$S_{\bar{x}}$ 为算术平均值的标准差）。

$$S_{\bar{x}} = \sqrt{\frac{\sum_{i=1}^{n} \varepsilon_i^2}{n(n-1)}} = \frac{S}{\sqrt{n}} \tag{A.24}$$

即 n 次测量的算术平均值的标准差是单次测量标准差的 $1/\sqrt{n}$ 倍。通常可取 $n = 5 \sim 10$ 即可。因为继续增大 n，式(A.24)收敛缓慢，同时也增大了测量工作量，所以其实际意义不大。

三、置信概率和置信区间

一组等精度测量，观测值落入指定区间 $[\delta_a, \delta_b]$ 内的概率，可由式(A.18)求得，称之为对应于区间 $[\delta_a, \delta_b]$ 的置信概率，对应的指定区间为置信区间。置信概率的取值越大，表明观测值落在指定置信区间内的可能性就越大，测量结果的可信程度就越高。

概率论理论证明，对应于正态分布的观测，观测值落入区间 $[X-\sigma, X+\sigma]$ 内的置信概率为 68.3%；落入区间 $[X-2\sigma, X+2\sigma]$ 内的置信概率为 95.4%；对应 $[X-3\sigma, X+3\sigma]$ 的置信概率高大 99.7%。在 $[X-3\sigma, X+3\sigma]$ 置信区间以外，观测值出现的可能性极小，以至于可以认为是由过失误差引起的失效观测值，可予以剔除。在实测中，以标准差 S 代替均方根差 σ，称绝对误差 $\delta_1 = 3S$ 为观测值的极限误差。可以取它作为观测近似值的误差界，实测结果可表示为 $\bar{x} \pm \delta_1$。

例 A.1 设精确测量一圆截面拉伸试件的直径 d_0，原始数据为 $\{x\} = \{10.03, 10.08, 10.00, 10.02, 10.70, 10.06, 10.01, 10.00, 10.03, 10.04, 10.05, 10.03\}$ mm。求单次测量的极限误差 δ_1 及算术平均值的极限误差 $\delta_{\bar{x}_1}$。

解：(1) 求 δ_1。

由于 $x_5 = 10.70$，误差显著大于其他观测值，包含有过失误差，舍去此值。

$$\bar{x} = \frac{\sum_{i=1}^{n} x_i}{n}$$

$$= (2 \times 10.00 + 10.01 + 10.02 + 3 \times 10.03 + 10.04 + 10.05 + 10.06 + 10.08)/11$$

$$= 10.03$$

$$S = \sqrt{\frac{\sum_{i=1}^{n}(x_i - \bar{x})^2}{n-1}}$$

$$= \sqrt{\frac{3 \times 0.03^2 + 2 \times 0.02^2 + 2 \times 0.01^2 + 0.05^2}{10}}$$

$$= 0.025$$

$$\delta_1 = 3S = 0.075$$

单次测量读数应在 $d_0 = (10.03 \pm 0.08)$ mm 范围内。

(2) 求 $\delta_{\bar{x}_1}$

$$S_{\bar{x}} = \frac{S}{\sqrt{n}} = \frac{0.025}{\sqrt{11}} = 0.0075$$

$$\delta_{\bar{x}_1} = 3S_{\bar{x}} = 0.02$$

按算术平均值取值应在 $d_0 = (10.03 \pm 0.02)$ mm 范围内。如果不剔除失效数据 $x_5 = 10.70$，则一次测量时 $d_0 = 10.11 \pm 0.56$，按算术平均值计算时 $d_0 = 10.11 \pm 0.054$，显然导致错误的结果。可见在对原始数据进行统计分析之前，必须剔除无效观测数据。

例 A.2 上例中，如果要求 $\sigma_1 = 0.01$。求需要进行多少次测量，即 $n = ?$。

解：由上例数据，测量标准差 $S = 0.025$。

由 (A.24)

$$S_{\bar{x}} = \frac{S}{\sqrt{n}} \leqslant \frac{\delta_1}{3}$$

可解得

$$n = \left(\frac{S}{S_{\bar{x}}}\right)^2 \geqslant \left(\frac{0.025}{0.01/3}\right) = 56.3 \approx 57$$

可见需经 57 次测量得到的算术平均值才能达到要求的精度。

四、存疑数据取舍的数理统计方法

第二节中叙述的对过失误差的判断和处理，最好在判明它的产生原因之后再进行。切忌为了得到主观测量结果，不问具体情况，随意去掉一些原始数据。如天文学中冥王星的发现就是在分析反常的观测数据中得到的启示。下面介绍一种从含有随机误差的观测数据中，取舍过大过小原始数据的方法（格拉布斯法）。

设观测值 $\{x\}$ 服从正态分布规律。$\{x\} = \{x_1, x_2, \cdots, x_n\}$，设 $\bar{x}, S$ 为算术平均值和标准差，则可按下述步骤判定最大或最小观测值为异常数据。

(一) 选定危险率 a

危险率即由本方法将正常数据误判为异常数据的概率。通常按照对观测结果可靠性的要求，所选的 a 为一个小的百分数。

(二) 计算 T 值

设 x_M 和 x_m 为存疑的大值和小值。定义

$$T_M = \frac{x_M - \bar{x}}{S}, \quad T_m = \frac{\bar{x} - x_m}{S} \tag{A.25}$$

其中，$\bar{x}, S$ 为算术平均值和标准差，分别按式(A.19)和式(A.23)计算。

(三) 查表

查表 A.2，由已知参数 a 和观测次数 n，查出对应的 $T(n,a)$ 值。

表 A.2 $T(n,a)$ 值表

a \ n	3	4	5	6	7	8	9	10	11
5.0%	1.15	1.46	1.67	1.82	1.94	2.03	2.11	2.18	2.23
2.5%	1.15	1.48	1.71	1.89	2.02	2.13	2.21	2.29	2.36
1.0%	1.15	1.49	1.75	1.94	2.10	2.22	2.32	2.41	2.48

(四) 判断

如果 T_M（或 T_m）$\geq T(n,a)$，则存疑数 T_M（或 T_m）可以舍弃；否则，不应舍弃。这种失效数据判断产生失误的概率为 a。

A.4　间接测量中的误差

通过对原始数据的处理和误差分析，可以得到经过勘正的具有一定精确度的直接观测值数据。但是，多数力学测试的最终结果并不是直接观测量，而是由直接观测数据，按照一定数学模型，经过理论计算或信号分析得到的间接测量值。这一步骤可以由人工来实现，也可以借助计算机及其专用分析处理系统来完成。

由于数学模型有一定近似性，分析仪器有其固有的精度，数值计算和信号输入输出都可能有舍入误差和处理误差。因而，在由直接测量数据求得间接测量值的最终结果的过程中也将伴随着误差的传递和积累。

一、数值计算的误差传递

对于数值计算过程中的误差分析、有效数字表述，可以参照第一节有关误差分析、有效数字的论述逐步分析，来确定间接测量结果的误差。

对于经过大量运算产生的计算误差，运用误差界的理论得到的误差估计将过分保守。因为计算误差中的舍入误差是随机的，正、负偏差机会均等，可相互抵消，随着舍入次数的增多这项误差服从正态分布。估计计算机的计算误差，可以对所选定的计算方法通过实算来做。通常有效数字的损失和计算次数有一定关系。数值计算的另一类误差则是由计算方法本身带来的，比如，计算中包含较多的相近大数微差的计算，数值微分计算，病态矩阵、病态方程的计算、求解等都会造成有效数字的显著损失。这种误差属于系统误差。当然可以由计算方法的知识估计产生这类误差的规律，但是由于这样分析过于烦琐，一般并不这样做，而是通过改进或选择合理的算法，力求减少此项误差。实际的计算误差，可以通过对

采用的计算方法进行实算进行估计。

二、理论模型的误差

分析时采用的理论模型,是由实际问题抽象、简化得到的,具有一定的误差。如用 $\sigma = E\varepsilon$ 公式,由 ε 的观测值计算弯曲正应力 σ 值时公式中的线性关系就有一定的精度;E 值也具有一定精确度。再如由公式 $\sigma = P/A_0$ 计算拉杆正应力时,因弹性阶段泊松比的影响,A_0 并不是常量;到了塑性阶段,材料屈服导致 A_0 发生更大改变。计算过程由理论模型产生的误差,也是可以通过分析加以估计和判断的,必要时可以进行修正或选用更精确的理论模型。

三、分析仪器的误差传递

一般在仪表标牌和说明书中,都表明了精度等级。我们可以按这些指示来确定使用哪一种分析仪器,并分析出由于分析仪精度产生的误差。

上述计算和分析过程,常可构成一个串联系统,需要分析其全过程的误差传递。上一步骤的输出数据,就是下一步骤的输入数据,因而,可参见第一节中对复合函数运算的误差分析来做。由于整个测量、分析是个复杂的系统,影响因素很多,在进行误差分析和精度控制过程中,应抓住影响全局的主要因素。只有处理好这些关键环节,才能经济、有效地达到预期的测量效果。

A.5 实验结果的表示方法

通过实验观测、采集、记录到需要的原始数据,经过分析处理,得到了直接测量的测量值及其误差范围,再经过分析、计算,求得间接测量的测试结果和测量精度。事实上,在实测之前就要根据测试结果的精确度的要求,制定实验测试方案、测试线路和程序,进行设备仪器的选配。并事先设计好相应的原始数据的记录、分析表格,以便既不遗漏,又不重复地采集记录原始数据,使整个数据处理、分析计算过程思维清晰、流畅高效,为最终完成实验报告打好基础。实测结束并得到最终测量结果之后,为了清晰、准确、简明、直观地将这些结果表达出来,也应该认真地选择有效的表示方法和表达形式,以便于查阅、交流和工程应用。常见的方法有表格法、图示法、解析法。

一、表格法

表格法,即将测量的结果,通过直接列表的方法表示出来。

（一）优点

1. 简单、明了,可以直接读取数据、估计误差。
2. 可以表示二个、三个,甚至四个正交变量之间的数量关系,便于分析、对比。
3. 便于对数据作求和、求积分及进行统计分析等简单的运算。

（二）缺点

1. 不如图示法直观形象。比如数值的变化趋势等,必须经过简单计算或详细比较才能得到。
2. 只能表示有限个离散量之间的联系。讨论非表列数值间的关系,必须进行插值运算。

二、图示法

图示法,即将测量的结果,用变量间的函数图线表示出来。

(一) 优点

1. 形象、直观。变量之间函数关系的增减性、凹凸性、周期性、极致点、拐点等特征都能一目了然。对测量中的反常值也可以明显看出。

2. 便于估计、观察函数与自变量之间的变化规律,能启事我们发现物理量之间在内的相互联系,找到适当的解析表达方式。在进行数值曲线拟合时,使我们容易选择合理的拟合函数形式。

3. 可以采用几何作图的方法,分析研究某些规律。

(二) 缺点

1. 仅对两个变量间的函数关系描述方便,对三变量、四变量的问题,须借助于较为繁复的图谱进行表示。

2. 数值采集要靠几何量度量,其精度通常不易保证。因而,这种方法用于定性描述较好,不宜用来表示精度要求较高的函数关系。精确地估计误差也较困难。

3. 对不太规则的数据,如何处理既要忠实于实测结果又要保持函数曲线光顺的矛盾,将是个棘手的问题。这时对同一组观测数据,采用不同的曲线来描绘,可能有显著差异。可见,只有对测试精确、物理规律规则的问题用图示法描述才方便。

三、解析法

解析法,即将测量的结果,通过解析表达式的方式表示出来。

(一) 优点

1. 形式简明,物理关系表示得清晰、明确,便于分析、计算以及进行理论上的推导和作深入研究。

2. 可以方便地描述多变量之间的函数关系。

3. 解析计算的误差传递,也可给出解析的表述。

(二) 缺点

1. 解析式的函数形式,要在对所表示的函数关系有较清楚的认识之后,才能选择得恰当。而表述函数形式的选择,对变量间函数关系描述的精度非常重要。

2. 熟练使用此方法,要求有一定的学科修养、必要的数学基础。需要进行相应的数学计算,工作量比较大。

3. 对数据不规则或规律复杂的情况不便应用。

解析表达式的选择方法较多,可以直接由经验,也可以由数学的方法来确定。目前使用较多的是插值法(如多项式插值)、观测值曲线拟合法、分段样条函数法等。最为常用的方法应首推采用最小二乘原理寻求多数据最佳逼近解析式的曲线拟合法。

A.6 实验数据的最小二乘法曲线拟合

材料力学研究线弹性小变形杆的力学问题。它的理论是线性的。各主要变量间的函数关系多为线性关系。我们首先讨论最小二乘线性拟合的方法。

一、最佳逼近和最小二乘法

如果两个变量间存在确定的函数关系,通常物理量之间的函数关系曲线是连续的。但是通过实验直接测量得到的原始数据总存在各种误差的干扰,实验的数据对应点并不很规则,需要运用数学中最佳逼近的概念和理论,在选定的函数形式构成的曲线族中,寻求一条特定的曲线,使它最"接近"所有的测试点。这样,我们便由实际观测数据的分析出发,得到一条排除误差因素干扰的光滑、连续的实验曲线。它是描述变量间真实物理关系的"最佳逼近"解析表达式。图

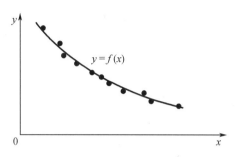

图 A.4 观测点曲线拟合示意图

A.4 给出了由某实验点列所得到的最佳逼近函数曲线示意图。

实现实验数据的曲线拟合应解决下述两个问题。

1. 在进行数学逼近的分析中,所选定的"函数形式"是如何确定的呢(下面称这种函数为拟合函数)?拟合函数的选择是否唯一?

显然合理选择拟合函数,对最终确定的实验函数曲线的表述形式是否简明、对拟合过程耗用的工作量,特别是对解析表达式的精确度,都是非常重要的。当然对一组实验测量数据,所选择的拟合函数形式不是唯一的。比如,在高等数学中我们曾研究过用泰勒多项式或傅里叶级数去逼近任意连续函数的问题,此外还可以构造多种其他拟合函数。常用的比较简单的方法是通过对观察数据点的分布规律,与人们熟知的初等函数的曲线形状加以对照,选择从整体上看尽可能相接近的曲线作为初步选定的拟合函数。在拟合函数中合理设置少量待定参数,使之既便于使拟合函数适应各种观点,又容易加以确定。如果有必要,应对拟合函数通过分析计算加以修正,才能得到既形式简单,又保证精度的拟合解析式。

2. 究竟什么是"最接近"或"最佳逼近"? 首先必须使它有确定的含义。事实上,可以从不同的角度规定不同的标准。但是概念最清晰、数学方法最简明的提法是在"最小二乘"意义下的最佳逼近。用最小二乘法确定最佳逼近拟合函数的步骤可叙述如下:

(1) 按照对实测数据 $\{(x_i, y_i) | i = 1, 2, \cdots, n\}$ 的分析,选择包含待定参数的拟合函数曲线族

$$y = f(x, a_0, a_1, \cdots, a_n) \tag{A.26}$$

式中,$(a_0, a_1, \cdots, a_n)$ 为待定参数。

(2) 计算测量值与由拟合函数解析式理论计算值间之差的平方,并对各测试点求和,得下述函数

$$U(a_0, a_1, \cdots, a_n) = \sum_{i=1}^{n} [y_i - f(x_i, a_0, a_1, \cdots, a_n)]^2 \tag{A.27}$$

(3) 函数 $U(a_0, a_1, \cdots, a_n)$ 对 $(a_0, a_1, \cdots, a_n)$ 取极小值。其必要条件为

$$\frac{\partial U}{\partial a_i} = 0 \quad (i = 0, 1, 2, \cdots, n) \tag{A.28}$$

得到关于 $(a_0, a_1, \cdots, a_n)$ 的 $n+1$ 个线性无关的方程。

(4) 求解式(A.28)，确定出待定参数 $(a_0, a_1, \cdots, a_n)$，将这些参数回代(A.26)，便可得到观测点列的最小二乘最佳逼近解析式。这一过程也称为观测点的曲线拟合。

如果式(A.26)拟合函数取为多项式函数

$$y = f(x, a_0, a_1, \cdots, a_n) = \sum_{i=0}^{n} a_i x^n \tag{A.29}$$

易知式(A.28)将为 $n+1$ 阶线性方程组。将使求解变得容易。同时多项式函数能够通过系数的选择去适应各种变化规律的光滑连续曲线。因而多项式函数拟合被广为采用。

二、线性拟合

对应观测值

$$\{(x_i, y_i) \mid i = 1, 2, \cdots, n; n \geq 2\} \tag{A.30}$$

取

$$y = a_0 + a_1 x \tag{A.31}$$

式中，a_0, a_1 为待定参数，称为线性拟合。它是式(A.29)中取 $n=1$ 的情况。由式(A.27)和式(A.28)可得

$$\begin{cases} \left(\sum_{i=1}^{n} x_i\right) a_0 + n a_1 = \sum_{i=1}^{n} y_i \\ \left(\sum_{i=1}^{n} x_i^2\right) a_0 + \left(\sum_{i=1}^{n} x_i\right) a_1 = \sum_{i=1}^{n} x_i y_i \end{cases} \tag{A.32}$$

解得

$$\begin{cases} a_1 = \dfrac{\left(\sum_{i=1}^{n} x_i\right)\left(\sum_{i=1}^{n} y_i\right) - n\left(\sum_{i=1}^{n} x_i y_i\right)}{\left(\sum_{i=1}^{n} x_i\right)^2 - n\left(\sum_{i=1}^{n} x_i^2\right)} \\ a_0 = \dfrac{\left(\sum_{i=1}^{n} x_i y_i\right)\left(\sum_{i=1}^{n} x_i\right) - \left(\sum_{i=1}^{n} y_i\right)\left(\sum_{i=1}^{n} x_i^2\right)}{\left(\sum_{i=1}^{n} x_i\right)^2 - n\left(\sum_{i=1}^{n} x_i^2\right)} \end{cases} \tag{A.33}$$

如果预先知道直线通过原点，则式(A.31)为

$$y = a_1 x \tag{A.34}$$

由式(A.32)

$$a_1 = \frac{\sum_{i=1}^{n} x_i y_i}{\sum_{i=1}^{n} x_i} \tag{A.35}$$

运用曲线拟合技术应该注意：

1. 对原始数据要严格分析筛选。不可将含有很大过失误差的数据混入拟合点列，因为这将严重歪曲实验曲线。

2. 拟合时,除精心选择拟合函数形式(这是拟合成功与否的前提)之外,合理选择待定参数的数量和形式,从滤除测量误差的干扰和避免数值计算中的误差积累的角度看,并非待定参数选用越多越有利。尤其当原始数据精确度不高时,切忌这样选择。

例 A.3 用杠杆引伸仪测量某低度钢材料的弹性模量 E。已知数据为圆截面,试件的直径 $d_0 = 10.03$ mm,杠杆引伸仪标距 $l_0 = 20.01$ mm,放大系数 $k = 501.4$。引伸计伸长量测量读数 $\{(0.00 \text{ mm}, 0.000 \times 10^3 \text{ N}), (2.00 \text{ mm}, 3.256 \times 10^3 \text{ N}), (4.01 \text{ mm}, 6.510 \times 10^3 \text{ N}), (5.99 \text{ mm}, 9.765 \times 10^3 \text{ N}), (8.02 \text{ mm}, 13.01 \times 10^3 \text{ N}), (10.01 \text{ mm}, 16.26 \times 10^3 \text{ N})\}$。

数据对的前、后数据分别为杠杆引伸仪读数和实验机载荷读数。

试用线性拟合方法,确定材料的 E 值。

解:(1)经过对实测数据分析,为避免装夹效果引起的误差,取后面五对数据进行拟合。

(2)由材料力学理论,有

$$\sigma = E\varepsilon$$

式中

$$\sigma = \frac{P}{A_0} \quad \left(A_0 = \frac{\pi d_0^2}{4}\right), \quad \varepsilon = \frac{\Delta l}{l_0} \quad \left(\Delta l = \frac{a}{k}\right)$$

a 为引伸仪读数,P 为拉伸载荷。可以导出

$$E = \frac{4Pl_0 k}{\pi d_0^2 a}$$

或

$$P = \frac{E\pi d_0^2}{4l_0 k} a = Ka$$

式中,$K = \dfrac{E\pi d_0^2}{4l_0 k}$。

(3)由数据 $\{(a_i, P_i) \mid i = 1, 2, \cdots, 5\}$ 应用式(A.33),可求得 $a_0 = 153.8$,$a_1 = 1\,623$,即 $K = 1\,623$。

于是

$$E = \frac{4l_0 kK}{\pi d_0^2} = \frac{4 \times 20.01 \times 501.4 \times 1623}{3.1416 \times 10.03^2} = 206 \times 10^3 \text{ MPa}$$

(4)测量及计算过程的误差分析与控制。由于使用杠杆引伸仪进行测试时的读数精度至多精度至 0.05 mm,即 $\delta_{a_i} = 0.05$ mm。由第一节可知式(A.32)中方程组各求和因子的相对误差应主要取决于参与求和的各项乘积中绝对误差较大者,应约为 5‰ 以内。解式(A.33)运算之后,求得 a_0, a_1(即 K)值的相对误差将与方程组的状态有关。可参考有关计算方法书籍,简单估计是否发生较大误差的方法是试算式(A.33)各式分母是否导致大数微差的运算。如果发生这种情况,应具体按第一节的叙述细致估计。原始数据只有达到很高精度,才能保证算得的结果达到必要的精度。对于状态良好的方程,可估计 a_0, a_1 的相对误差约为 3% 以内。最后估计得 E 的测试精度可以达到 4% 以内。可记 $E = (206 \pm 10) \times 10^3$ MPa。

由上述分析可知计算结果的主要误差来源于 a_i 的读数误差及其运算中的误差传递。因而,应力求减小此项误差,这是保证测量结果精度的技术关键。为此,应精心调试、标定

杠杆引伸仪;还要按正确的操作要领一丝不苟地读取 a_i 的观测数据,认真分析、勘正。如果要求更高的测量精度,显然必须采用其他测量方案、选择精度更高的测量仪器。

(5)原始数据线性精度分析。按第三节步骤列表计算(表 A.3)。

表 A.3 线性精度分析计算表

a_i 观测值/mm	2.00	4.01	5.99	8.02	10.01
P_i 载荷观测值/N	3 256	6 510	9 765	13 010	16 260
P_i^* 计算值/N $P_i^* = Ka_i$	3 261	6 523	9 737	13 031	16 261
$\delta_i = \|P_i - P_i^*\|$/N	5	13	28	21	1

绝对误差平均值

$$\bar{\delta} = \frac{\sum_{i=1}^{5}\delta_i}{5} = \frac{5+13+28+21+1}{5} = 13.6 \text{ N}$$

观测值的标准差

$$S = \sqrt{\frac{(\sum_{i=1}^{5}\delta_i^2)}{4}} = \sqrt{\frac{5^2+13^2+28^2+21^2+1^2}{4}} = 18.8 \text{ N}$$

一次测量读数误差

$$\delta_l = 3S = 3 \times 18.8 = 56 \text{ N}$$

由 5 次读数确定的线性方程的精度可估计如下观测值与线性方程间的标准差

$$S_{\bar{\delta}} = \frac{S}{\sqrt{5}} = \frac{18.8}{\sqrt{5}} = 8.4 \text{ N}$$

在拟合区间(2.00 mm $\leq a_i \leq$ 10.01 mm)之内,线性公式的计算误差约为

$$\delta_1 = 3 \times 8.4 = 25 \text{ N}$$

对于一般多项式函数的拟合,式(A.28)也导致由求解线性方程组确定待定参数。这里不再赘述。

三、非线性拟合

在研究对某些金属材料的应力应变关系的测试数据的处理等问题时,经常采用幂函数、指数函数等非线性函数进行拟合。这时式(A.28)将得到非线性方程组,这里以指数函数拟合为例予以简单介绍。设观测值为 $\{(x_i, y_i) | i = 1, 2, \cdots, n\}$

选

$$y = a_0 e^{a_1 x} \tag{A.36}$$

即

$$\ln y = \ln a_0 + a_1 x \tag{A.37}$$

记 $Y = \ln y, A_0 = \ln a_0$,原问题仍可以按线性拟合中的公式来计算。

对于一般的非线性最小二乘拟合问题,也应力求通过分析将不易求解的非线性方程组转化为易于求解的形式。也可借助于几何作图、级数展开、数值近似计算等方法相机处理。

四、最小二乘曲线拟合法解析式的精度

实验数据曲线拟合得到的解析表达式是力学量之间固有的函数关系的一种确定的近似数学模型。它的精度可作如下估计。

将原始观测数据中的对应于 x_i 的 y_i 值看作近似值,将由拟合解析式 $y_i = f(x_i)$ 求得的 y_i 作为对应 x_i 的真值。其中 $i = 1, 2, \cdots, n$,共计 n 个观测值。容易判断,两者之间偏差的正负号和大小都是变化的,可视为随机量。因而可以借助于讨论随机误差的理论(见 A.3 节)来估计拟合解析式的计算精度。相应步骤可参阅例 A.3。

附录 B 常用材料力学性能

表 B.1 常用材料力学性能

材料名称	牌号	E/GPa	μ	$\sigma_{0.2}$/MPa	σ_b/MPa	δ_5/%	ϕ/%
普通碳素钢	Q235	210	0.28	215~315	380~470	25~27	
	Q255	210	0.28	205~235	380~470	23~24	
	Q275	210	0.28	255~275	490~600	19~21	
铸钢		210	0.30	>200	>400	20	
优质碳素钢	20	210	0.30	245	412	25	55
	35	210	0.30	314	529	20	45
	40	210	0.30	333	570	19	45
	45	210	0.30	353	598	16	40
	50	210	030	373	630	14	40
	65	210	0.30	412	696	10	30
合金钢	15Mn	210	0.30	245	412	25	55
	16Mn	210	0.30	280	480	19	50
	30Mn	210	0.30	314	539	20	45
	65Mn	210	0.30	412	700	11	34
	40Cr	210	0.30	785	980	9	45
	40CrNiMo	210	0.30	835	980	12	55
	30CrMnSi	210	0.30	885	1 080	10	45
	30CrMnSiNi$_2$A	210	0.30	1 580	1 840	12	16
灰铸铁	HT100	120	0.25		100(拉)500(压)		
	HT150	120	0.25		100(拉)500(压)		
	HT200	120	0.25		100(拉)500(压)		
	HT300	120	0.25		100(拉)500(压)		
球墨铸铁	QT400-18	120	0.25	240	400	17	
	QT400-15	120	0.25	270	420	10	
	QT500-7	120	0.25	420	600	2	
	QT600-3	120	0.25	490	700	2	
	WT700-2	120	0.25	560	800	2	

表 B.1(续)

材料名称	牌号	E/GPa	μ	$\sigma_{0.2}$/MPa	σ_b/MPa	δ_5/%	ϕ/%
可锻铸铁	KTH300-06	120	0.25		300	6	
	KTH370-12	120	0.25		370	12	
	KTZ450-06	120	0.25	280	450	5	
	KTZ700-02	120	0.245	550	700	2	
铝合金	2A12	69	0.33	343	451	17	20
	7A04	71	0.33	520	580	11	
	7A09	67	0.33	480	530	14	
	2A14	70	0.33		480	19	
铜合金	62黄铜	100	0.39		360	49	
	90黄铜	100	0.39		260	44	
	4-3锡青铜	100	0.39		350	40	
	2铍青铜	100	0.39		1 250	4	
	1.9铍青铜	100	0.39		1 400	2	
钛合金		1 100	0.36		1 200		
红松木		10			98(拉)33(压)		
杉木		10			77-98(拉) 36-41(压)		
混凝土		14-29			25-800(压)		
非金属	橡胶	8(MPa)	0.47				
	高密聚乙烯	414-1 035		17-34	17-34		
	聚四氟乙烯	414		10-14	14-27		
	尼龙66	1 242-2 760		58-78	61-82		

表 B.2 典型单向复合材料层压板的工程常数纤维积含量和密度

材料	牌号	E_1/GPa	E_2/GPa	μ/GPa	G_{12}/GPa	V_f	ρ/g·cm^{-3}
碳/环氧	T300/5208	181	10.3	0.28	7.17	0.70	1.60
硼/环氧	B(4)/5505	204	18.5	0.23	5.59	0.50	2.00
碳/环氧	AS/3501	138	8.95	0.30	7.10	0.66	1.60
苏轮/环氧	49/环氧	76	5.50	0.34	2.30	0.60	1.46
玻璃/环氧	斯考奇1002	38.6	8.27	0.26	4.14	0.45	1.80

附录 C 国际单位换算表

表 C.1 国际单位

	物理量	单位名称	符号	说明
基本单位[①]	长度(length)	米(metre)	m	
	质量(mass)	千克(kilogram)	kg	
	时间(time)	秒(second)	s	
导出单位	力(force)	牛顿(Newton)	N	$1\ \text{N} = 1\ \text{kg}\cdot\text{m/s}^2$
	力矩(moment of force)	牛顿米(Newton metre)	N·m	如此写单位符号可避免与毫牛顿(mN)混淆
	应力(stress)	帕斯卡(Pascal)	Pa	$1\ \text{Pa} = 1\ \text{N/m}^2$
	压力(pressure)			
	功(work)	焦耳(Joule)	J	$1\ \text{J} = 1\ \text{N}\cdot\text{m}$
	能(energy)			
	功率(power)	瓦特(Watt)	W	$1\ \text{W} = 1\ \text{J/s}$
	速度(velocity)	米每秒(metre per second)	m/s	
	⋮			

①国际单位制基于七个基本单位：长度、质量、时间、电流、温度、物质的量与光强度，用 L、M、T、I、Θ、N 与 J 表示它们的基本量纲，这里只列三个力学量。

表 C.2 米制、英制单位换算为国际单位

米制或英制单位			换算为国际单位			应乘以	物理量名称
名称	英文	符号	名称	英文	符号		
英寸(吋)	inch	in	米	metre	m	2.54×10^{-2}	长度
磅力	pound-force	1bf	牛顿	Newton	N	4.448	力
千克力	kilogram-force	kgf	牛顿	Newton	N	9.807	力
千克力米	kilogram-force metre	kgf·m	牛顿米	Newton metre	N·m	9.807	力矩
千克力米	kilogram-force metre	kgf·m	焦耳	Joule	J	9.807	功、能
千克力米每秒	kilogram-force metre per second	kgf·m/s	瓦特	Watt	W	9.807	功率

表 C.2（续）

米制或英制单位			换算为国际单位			应乘以	物理量名称
名称	英文	符号	名称	英文	符号		
马力	horse-power	H.P.	瓦特	Watt	W	735	功率
千磅力每平方吋	kilopound-force per square inch	ksi	帕斯卡	Pascal	Pa	6.895×10^4	应力、压力
千克力每平方米	kilogram-force per square metre	kgf/cm²	帕斯卡	Pascal	Pa	9.807	应力、压力
千磅力每吋$\sqrt{吋}$	kilopound-force per inch three seconds power	ksi $\sqrt{in}$	帕斯卡米二分之一次方	Pascal times metre one second second power	Pa·m$^{1/2}$	1.099×10^6	应力强度因子 stress intensity factor
千克力每毫米$^{3/2}$	kilogram-force per millimetre three seconds power	kgf/mm$^{3/2}$				0.3101×10^4	

表中换算系数 9.807 的精确值 9.806 65。

表 C.3 国际单位制的十进倍数与分数

因数	词头名称	符号	因数	冠词名称	符号
10^{12}	tera	T	10^{-2}	centi	c
10^3	giga	G	10^{-3}	milli	m
10^5	mega	M	10^{-5}	micro	μ
10^3	kilo	k	10^{-9}	nano	n
10^2	hecto	h	10^{-12}	pico	p
10	deca'	da	10^{-15}	femto	f
10^{-1}	deci	d	10^{-18}	atto	a

附录 D　部分实验国家标准

表 D.1　部分实验国家标准

序号	标准编号	标准名称	说明	备注
1	GB/T 228—2002	金属材料 室温拉伸实验方法	本标准规定了金属材料拉伸实验方法的原理、定义、符号和说明、试样及其尺寸测量、实验设备、实验要求、性能测定、测定结果数值修约和实验报告。本标准适用于金属材料室温拉伸性能的测定。但对于小横截面尺寸的金属产品,例如金属箔,超细丝和毛细管等的拉伸实验需要协议	
2	GB/T 7314—2005	金属材料 室温压缩实验方法	本标准规定了金属材料室温压缩实验方法的原理、定义、符号和说明、试样及其尺寸测量、实验设备、实验要求、性能测定、测定结果数值修约和实验报告。本标准适用于测定金属材料在室温下单向压缩的规定非比例压缩强度、规定总压缩强度、上压缩屈服强度、下压缩屈服强度、压缩弹性模量及抗压强度	
3	GB/T 22315—2008	金属材料 弹性模量和泊松比实验方法	本标准规定了用静态法测定金属材料杨氏模量、弦线模量、切线模量、泊松比,用动态法测定金属材料动态杨氏模量、动态切变模量、动态泊松比的范围、规范性引用文件、术语和定义、符号及说明、原理、试样、实验设备、实验条件、性能测定和实验报告。本标准静态法部分适用于室温下测定金属材料弹性状态的杨氏模量、弦线模量、切线模量和泊松比;动态法部分适用于 $-196 \sim 1\,200\ ℃$ 间测定材质均匀的弹性材料的动态杨氏模量、动态切变模量和动态泊松比的测量	
4	GB/T 5028—2008	金属材料 薄板和薄带 拉伸应变硬化指数(n值)的测定	本标准规定了金属薄板和薄带拉伸应变硬化指数(狀值)的测定方法	
5	GB/T 10128—2007	金属材料 室温扭转实验方法	本标准规定了金属材料室温扭转实验方法的术语、符号、原理、试样、实验设备、性能测定和实验报告等	

表 D.1(续1)

序号	标准编号	标准名称	说明	备注
6	YB/T 5349—2006	金属弯曲力学性能实验方法	本标准规定了金属弯曲力学性能实验方法的原理、术语、符号、试样、试样尺寸测量、实验设备、实验条件、性能测定、测试数值的修约和实验报告。本标准适用于测定脆性断裂和低塑性断裂的金属材料一项或多项弯曲力学性能	
7	GB/T 231.1—2009	金属布氏硬度实验 第1部分：实验方法	本标准规定了金属布氏硬度实验的原理、符号、硬度计、试样、实验方法及实验报告。本标准规定的布氏硬度实验范围上限为650HBW。特殊材料或产品布氏硬度的实验，应在相关标准中规定	
8	GB/T 230.1—2009	金属洛氏硬度实验 第1部分：实验方法(A,B,C,D,E,F,G,H,K,N,T 标尺)	本标准规定了金属材料洛氏硬度和表面洛氏硬度实验的原理、符号、硬度计、试样、实验方法及实验报告	
9	GB/T 229—2007	金属材料夏比摆锤冲击实验方法	本标准规定了测定金属材料在夏比冲击实验中吸收能量的方法，包括V形缺口和U形缺口	
10	GB/T 4337—2008	金属材料 疲劳实验 旋转弯曲方法	本标准规定了金属材料旋转棒弯曲疲劳实验方法。本标准适用于金属材料在室温和高温空气中试样旋转弯曲的条件下进行的疲劳实验，其他环境(如腐蚀)下的也可参照本标准执行	
11	GB/T 3075—2008	金属材料 疲劳实验 轴向力控制方法	本标准旨在为金属材料试样轴向等幅力控制的循环疲劳实验提供疲劳寿命数据(例如,应力对失效的循环数)的指导。本标准规定了室温下金属材料试样(没有引入应力集中)轴向等幅力控制疲劳实验的条件。提供给定材料在不同应力比下,施加应力和失效循环周次之间的关系。本标准适用于圆形和矩形横截面试样的轴向力控制疲劳实验，产品构件和其他特殊形状试样的检测不包括在内	

表 D.1(续2)

序号	标准编号	标准名称	说明	备注
12	GB/T 15248—2008	金属材料轴向等幅低循环疲劳实验方法	本标准规定了金属材料轴向等幅低循环疲劳实验的设备、试样、实验程序、实验结果的处理及实验报告。本标准适用于金属材料等截面和漏斗形试样承受轴向等幅应力或应变的低循环疲劳实验,不包括全尺寸部件、结构件的实验。适用于时间相关的非弹性应变和时间无关的非弹性应变相比较小或与之相当的温度和应变速率	
13	GB/T 6398—2000	金属材料疲劳裂纹扩展速率实验方法	本标准规定了金属材料疲劳裂纹扩展速率实验方法的符号、定义、式样、实验设备、实验程序、实验结果的处理和计算及实验报告。本标准适用于在室温及大气环境条件下用标准紧凑拉伸 C(T) 试样、标准中心裂纹拉伸 M(T) 试样、标准单边缺口三点弯曲 SE(B) 试样测定金属材料大于 10^{-5} mm/cycle 的恒力幅疲劳裂纹扩展速率;测定小于 10 的 -5 次方 mm/cycle 的低速疲劳裂纹扩展速率和疲劳裂纹扩展门槛值 ΔK_{th};以附录形式提供了测定疲劳裂纹长度的柔度法和电位法、含水介质中疲劳裂纹扩展测定的特殊要求、疲劳小裂纹扩展测定方法和疲劳裂纹张开力的测定方法。本标准要求试样平面尺寸在实验力下保持弹性占优势,厚度足以防止屈曲,在此前提下试样厚度与强度不受限制。本标准可采用规定以外的试样,但必须有适用的标定的应力强度因子	
14	GB 4161—1984	金属材料平面应变断裂韧度 K_{IC} 实验方法	本方法采用厚度等于或大于 1.6 mm 带材的疲劳裂纹的三点弯曲、紧凑拉伸、C 形拉伸和圆形紧凑拉伸试样,测定金属材料的平面应变断裂韧度 K_{IC}。当实验结果无效时,还可以按本方法规定测定试样强度比 R_{sx}	已作废,暂无替代标准
15	GB 7732—1987	金属板材表面裂纹断裂韧度 K_{Ie} 实验方法	本方法适用于具有半椭圆表面裂纹的矩形截面拉伸试样,在室温(15~35 ℃)和大气环境下测定金属板材表面裂纹断裂韧度 K_e。低温实验也可参照本方法	

表 D.1(续3)

序号	标准编号	标准名称	说明	备注
16	GB/T 21143—2007	金属材料 准静态断裂韧度的统一实验方法	本标准规定了金属材料在承受准静态加载时断裂韧度、裂纹尖嘴张开位移、J积分和阻力曲线的实验方法	
17	GB/T 2358—1994	金属材料裂纹尖端张开位移实验方法	本标准规定了测定金属材料室温及低温裂纹尖端张开位移(CTOD)的实验方法。本标准适用于金属材料延性断裂的情况。本标准不适用于除温度影响以外的环境条件下的裂纹尖端张开位移(CTOD)的测定	
18	GB/T 1040.1—2006	塑料 拉伸性能的测定 第1部分:总则	GB/T 1040 的本部分规定了在规定条件下测定塑料和复合材料拉伸性能的一般原则,并规定了几种不同形状的试样以用于不同类型的材料。本方法用于研究试样的拉伸性能及在规定条件下测定拉伸强度、拉伸模量和其他方面的拉伸应力/应变关系	
19	GB/T 1040.2—2006	塑料 拉伸性能的测定 第2部分:模塑和挤塑塑料的实验条件	GB/T 1040.2 的本部分在第1部分基础上规定了用于测定模塑和挤塑塑料拉伸性能的实验条件	
20	GB/T 1040.3—2006	塑料拉伸性能的测定 第3部分:薄膜和薄片的实验条件	GB/T 1040 的本部分在第1部分基础上规定了测定厚度小于1 mm 的塑料薄膜或薄片拉伸性能的实验条件。本部分通常不适用于测定泡沫塑料和纺织纤维增强塑料的拉伸性能	
21	GB/T 1040.4—2006	塑料 拉伸性能的测定 第4部分:各向同性和正交各向异性纤维增强复合材料的实验条件	GB/T 1040 的本部分在第1部分基础上,规定了测定各向同性和正交各向异性纤维增强复合材料拉伸性能的实验条件	
22	GB/T 1041—2008	塑料 压缩性能的测定	本标准规定了在标准条件下测定塑料压缩性能的方法,规定了标准试样,但其长度可以调整,以防止其压缩尧曲而影响实验结果,以及实验速度的范围。本标准用于研究试样的压缩行为并用来测定在标准条件下压缩应力–应变与压缩强度、压缩模量及其他特性的关系	

表 D.1(续 4)

序号	标准编号	标准名称	说明	备注
23	GB/T 9341—2008	塑料 弯曲性能的测定	本标准规定了在规定条件下测定硬质和半硬质塑料弯曲性能的方法。规定了标准试样,同时对适合使用的替代试样也提供了尺寸参数和实验速度范围。本标准用于在规定条件下研究试样弯曲特性,测定弯曲强度、弯曲模量和弯曲应力-应变关系。本标准适用于两端自由支撑、中央加荷的实验(三点加荷实验)	
24	GB/T 10700—2006	精细陶瓷弹性模量实验方法 弯曲法	本标准规定了利用弯曲实验测试精细陶瓷的弹性模量的实验方法、实验原理、实验器具、试样和检验报告的要求。本标准适用于精细陶瓷在室温下弹性模量的测定。其他陶瓷材料也可参照执行	
25	GB/T 8489—2006	精细陶瓷压缩强度实验方法	本标准规定了测定精细陶瓷压缩强度实验的设备、试样、测试步骤和结果处理。本标准适用于精细陶瓷室温下的压缩强度的测定,也适用于功能陶瓷室温下压缩强度的测定	
26	GB/T 6569—2006	精细陶瓷弯曲强度实验方法	本标准规定了精细陶瓷和纤维增强或颗粒增强陶瓷复合材料的室温弯曲强度实验方法。本标准适用于材料开发、质量控制、性能表征以及设计数据的改进等目的	
27	GB/T 3354—1999	定向纤维增强塑料拉伸性能实验方法	本标准规定了定向纤维增强塑料拉伸性能的方法。本标准适用于测定纤维增强塑料 0°、90°、0°/90°和均衡对称层合板拉伸性能	
28	GB/T 3355—2005	纤维增强塑料纵横剪切实验方法	本标准规定了纤维增强塑料纵横剪切实验方法的试样、实验设备、实验步骤、实验结果计算方法和实验报告。本标准适用于测定单向纤维或织物增强塑料平板的纵横剪切弹性模量、纵横剪切强度和纵横剪切应力–应变曲线	

表 D.1(续5)

序号	标准编号	标准名称	说明	备注
29	GB/T 3356—1999	单向纤维增强塑料弯曲性能实验方法	本标准规定了单向纤维增强塑料弯曲性能实验的方法。本标准适用于测定单向纤维增强塑料层合板的弯曲强度、弯曲模量和载荷－挠度曲线。对称层合板也可参照采用	
30	GB/T 3856—2005	单向纤维增强塑料平板压缩实验方法	本标准规定了单向纤维增强塑料平板压缩性能实验的试样规格、实验条件和实验方法。本标准适用于测定单向纤维增强塑料平板顺纤维方向(0°)和垂直方向(90°)的压缩强度、弹性模量、泊松比及应力－应变曲线	

附录 E 材料力学实验术语中英对照

表 E.1 材料力学实验术语中英对照

中文	英文
一般术语	
力学实验	mechanical testing
力学性能	mechanical properties
力学性能测试	measurement and test of mechanical properties
弹性	elasticity
弹性模量	modulus of elasticity
塑性	plasticity
韧性	toughness
强度	strength
变形	deformation
断裂	fracture
脆性断裂	brittle fracture
延性断裂	ductile fracture
疲劳断裂	fatigue fracture
应力	stress
标称应力	nominal stress
正应力	normal stress
拉应力	tensile stress
压应力	compressive stress
切应力	shear stress
扭应力	torsional stress
真应力	true stress
工程应力	engineering stress
主应力	principal stress
断裂应力	fracture stress
致断力	breaking force
应变	strain
线应变	linear strain

表 E.1(续1)

中文	英文
轴向应变	axial strain
横向应变	transverse strain
切应变	shear strain
角应变	angular strain
真应变	true strain
工程应变	engineering strain
试样	specimen
标距	gauge length
加载(卸载)速率	load rate(unload rate)
应力-应变曲线	stress-strain curve
拉伸和压缩	
拉伸实验	tensile testing
压缩实验	compressive testing
比例标距	proportional gauge length
引伸计标距	extensometer gauge length
原始标距	original gauge length
断后标距	final gauge length
伸长	elongation
伸长率	percentage elongation
比例伸长率	percentage proportional elongation
非比例伸长率	percentage non-proportional elongation
残余伸长率	precentage permanent set elongation
总伸长率	percentage total elongation
断后伸长率	percentage elongation after fracture necking
缩颈	necking
断面收缩率	percentage reduction of area
实际压缩力	real compressive force
摩擦力(压缩)	friction force (in compression)
规定非比例伸长应力	proof stress of non-proportional elongation
屈服点	yield point
上屈服点	upper yield point

表 E.1(续 2)

中文	英文
下屈服点	lower yield point
抗拉强度	tensile strength
抗压强度	compressive strength
细长比	slenderness ratio
泊松比	Poisson's ratio
拉伸杨氏模量	Young's modulus in tension
压缩杨氏模量	Young's modulus in compression
切线模量	tangent modulus
弦线模量	chord modulus
力-伸长曲线	force-elongation curve
力-变形曲线	force-deformation curve
扭转、剪切和弯曲	
扭转实验	torsion test
扭转计标距	twist counter gauge tength
扭角	torsional angle
扭矩-扭角曲线	torque-torsional angle curve
切变模量	shear modulus
屈服点(扭转)	yield point(in torsion)
上屈服点(扭转)	upper yield point(in torsion)
下屈服点(扭转)	lower yield point(in torsion)
抗扭强度	torsional strength
真实抗扭强度	true torsional strength
最大非比例切应变	maximum non-proportional shear strain
剪切实验	shear test
抗剪强度	shear strength
弯曲实验	bend test
抗弯强度	bending strength
冲击	
冲击吸收功	impact absorbing energy
应变时效冲击吸收功	strain ageing impact absorbing energy
夏比冲击实验(V形缺口)	Charpy impact test (V-notch)

表 E.1（续 3）

中文	英文
夏比冲击实验（U 形缺口）	Charpy impact test (U-notch)
艾氏冲击实验	Izod impact test
冲击拉伸实验	impact-tensile test
脆性断口	brittle fracture surface
韧性断口	ductile fracture surface
韧脆转变温度	ductile-brittle transition temperature
疲劳	
疲劳	fatigue
循环	cycle
疲劳载荷	fatigue loading
最大载荷	maximum load
最小载荷	minimum load
载荷范围	load range
平均载荷	mean load
载荷幅	load amplitude
载荷比	load ratio
最大应力	maximum stress
最小应力	mininum stress
应力范围	range of stress
平均应力	mean stress
应力幅	stress amplitude
应力比	stress ratio
疲劳寿命	fatigue life
中值疲劳寿命	median fatigue life
$P\%$ 存活率的疲劳寿命	fatigue life for $P\%$ survival
疲劳极限	fatigue limit
$P\%$ 存活率的疲劳极限	fatigue limit for $P\%$ survival
$S-N$ 曲线	$S-N$ curve
$P\%$ 存活率的 $S-N$ 曲线	$P-N$ curve for $P\%$ survival

参 考 文 献

[1] 潘信吉,何蕴增. 材料力学实验原理及方法[M]. 哈尔滨:哈尔滨工程大学出版社,1995.
[2] 金保森,卢智. 材料力学实验[M]. 北京:机械工业出版社,2003.
[3] 杜云海. 材料力学实验[M]. 郑州:黄河水利出版社,2000.
[4] 李洪升. 基础力学实验[M]. 2版. 大连:大连理工大学出版社,2000.
[5] 邹广平,张学义. 现代力学测试原理与方法[M]. 北京:国防工业出版社,2015.
[6] 王育平,边力. 材料力学实验[M]. 北京:北京航空航天大学出版社,2004.
[7] 陈峰,段自力. 材料力学实验[M]. 武汉:华中理工大学出版社,1999.
[8] 计欣华,邓宗白. 工程实验力学[M]. 北京:机械工业出版社,2005.
[9] 张如一,陆耀桢. 实验应力分析[M]. 北京:机械工业出版社,1981.
[10] 范钦珊,王杏根. 工程力学实验[M]. 北京:高等教育出版社,2006.
[11] 钢铁研究总院,冶金工业信息标准研究院. 金属力学及工艺性能实验方法标准汇编[S]. 2版. 北京:中国标准出版社,2005.
[12] 王永保,激光全息检测技术[M]. 西安:西北工业大学出版社,1989.
[13] 赵清澄. 光测力学[M]. 上海:上海科学技术出版社,1982.
[14] 郭茂林. 实验力学[M]. 哈尔滨:哈尔滨工业大学出版社,2000.
[15] 戴福隆,方萃长,刘先龙,等. 现代光测力学[M]. 北京:科学出版社,1990.
[16] 同济大学光测力学教研室. 光测力学教程[M]. 北京:高等教育出版社,1996.
[17] WDW3100型电子万能材料实验机使用说明书.
[18] NDW31000电子扭转实验机使用说明书.
[19] DH3817动静态电阻应变仪使用说明书.
[20] TS3865程控电阻应变仪使用说明书.
[21] CML-1016型应变&力综合测试仪使用说明书.
[22] 中船重工上海711研究所光测实验仪器使用说明书.